ÉLÉMENS D'HISTOIRE NATURELLE ET DE CHIMIE.

TOME CINQUIÈME.

ÉLÉMENS
D'HISTOIRE NATURELLE
ET
DE CHIMIE.

CINQUIÈME ÉDITION.

PAR A. F. FOURCROY, Médecin
& Professeur de Chimie.

TOME CINQUIÈME.

A PARIS,
Chez CUCHET, Libraire, rue & maison Serpente.

L'AN II DE LA RÉPUBLIQUE, UNE ET INDIVISIBLE.

ÉLÉMENS D'HISTOIRE NATURELLE ET DE CHIMIE.

SUITE DU REGNE ANIMAL.

De la Classification méthodique et de la Physique des Animaux.

LE nombre d'animaux qui couvrent la surface de notre globe étant très-considérable, l'homme ne seroit jamais parvenu à les distinguer les uns des autres, & à les bien connoître, si la nature ne lui avoit offert dans la forme variée de ces êtres, des différences remarquables, à l'aide desquelles il lui étoit facile d'établir des distinctions entr'eux. Les naturalistes ont de tout tems, senti l'utilité de ces différences, & ils s'en sont servis avec avantage pour partager les animaux en classes plus ou moins nombreuses, & pour former ce qu'on a appelé des méthodes. Quoiqu'il soit démontré que ces sortes de classifications n'existent pas dans la nature, & que tous les individus qu'elle crée forment une chaîne non interrompue & sans partage, on ne peut cependant disconvenir qu'elles aident la mémoire, & qu'elles sont très-propres à guider dans l'étude de l'histoire naturelle. On doit donc regarder les méthodes comme des instrumens appropriés à notre foiblesse, & dont on peut se servir avec succès pour parcourir le vaste champ des richesses de la nature. Aristote n'a établi que des divisions générales & simples; mais ses belles considérations sur les organes intérieurs & extérieurs des animaux, ont formé une base sur laquelle ont été en grande partie fondées les divisions des premiers naturalistes méthodiques, tels que Gesner, Aldrovande, Jonston, Charleton, Rai, &c. A ces premiers naturalistes en ont succédé un grand nombre d'autres qui ont perfectionné les méthodes, & qui ont ajouté aux connoisſances acquiſes en ce genre; mais parmi ces derniers, ceux dont il eſt néceſſaire de bien connoître les ouvrages, & dont nous emprunterons ce que nous dirons ici, ſont MM. Klein, Arthedi, Linneus, Briſſon, Daubenton, Geoffroy, &c.

Après l'homme dont l'organiſation & l'intelligence exigent qu'on le mette à la tête des corps animés, & qui fait lui ſeul une claſſe à part, tous les autres animaux peuvent être partagés en huit claſſes, qui ſont les quadrupèdes, les cétacés, les oiſeaux, les quadrupèdes ovipares, les ſerpens, les poiſſons, les inſectes, & les vers auxquels on aſſocie les polypes.

Peut-être ſeroit-il poſſible de multiplier davantage ces claſſes; mais alors, en augmentant les diviſions, on multiplieroit les difficultés, & c'eſt ce qu'il faut éviter dans la méthode artificielle dont la ſimplicité & la clarté font le ſeul mérite. M. Daubenton, qui s'eſt beaucoup occupé des claſſifications des animaux, les a partagés de la même manière, & a conſidéré dans chacune d'elles la ſtructure des principales parties qui les conſtituent, pour faire voir que les claſſes ſe dégradent peu à peu depuis les quadrupèdes qui ſont, après l'homme, les plus organiſés, jusqu'aux vers qui le ſont le moins. (*Voyez le Tableau*, N°. I.)

Comme il y a deux objets principaux à considérer dans l'histoire des animaux; savoir, 1°. leurs formes extérieures & les méthodes qui sont fondées sur ces formes; 2°. leurs organes intérieurs & les fonctions à l'exécution desquelles ils sont destinés, nous nous occuperons de ces deux parties dans des sections séparées.

SECTION I.

Esquisse des Méthodes d'Histoire naturelle des Animaux.

ARTICLE PREMIER.

Des Quadrupèdes. ZOOLOGIE.

LES quadrupèdes sont des animaux qui ont quatre pieds, dont le corps est le plus souvent couvert de poils; ils respirent par des poumons semblables à ceux de l'homme; ils ont le cœur comme lui, à deux ventricules; ils sont vivipares. Ces animaux sont ceux dont la structure se rapproche le plus de l'homme; il y en a même, comme le singe & quelques autres, que Linneus a cru pouvoir confondre dans le même ordre que l'homme. Ce naturaliste donne le nom de *Mammalia* à cette classe d'animaux, dans laquelle il comprend les cétacés, parce que tous ces êtres ont des mammelles & allaitent leurs petits.

Quoique cette classe d'animaux semble se rapprocher de l'homme, ils ont cependant de très-grandes différences qu'il est important de réunir ici. Telles sont la situation horisontale de leurs corps, la forme des extrêmités, l'épaisseur, la dureté de leur peau le plus souvent garnie de poils & quelquefois recouverte d'un test dur & comme corné, la colonne vertébrale prolongée en une queue, la partie antérieure du crâne applatie & horisontale, les oreilles larges & allongées; les os du nez & de la mâchoire supérieure très-longs & placés obliquement, les doigts réunis, les os de l'avant-bras immobiles entr'eux. En comparant cette structure à celle de l'homme, dont le corps est élevé & perpendiculaire, l'os du rayon ou le radius est mobile sur le cubitus, les doigts sont bien séparés, le pouce est opposé aux quatre autres, & la peau lisse & mince, on sentira bientôt combien cette conformation exalte sa sensibilité, & le rend supérieur aux animaux les plus parfaits. L'anatomie de ses organes intérieurs, & l'histoire de ses fonctions, donnent encore beaucoup de force à ces importantes considérations.

Les anciens naturalistes à la tête desquels on doit placer Aristote & Pline, n'ont distingué les quadrupèdes que par les lieux qu'ils habitoient. Auſſi faute de deſcriptions exactes & de caractères sûrs, ne ſait-on pas ſouvent de quels animaux ils ont voulu parler. Les naturaliſtes qui ont ſenti les déſavantages de cette méthode, ont adopté une manière très-différente de traiter cet objet. Ils ſe ſont ſervis de la forme extérieure des parties les plus apparentes des animaux, pour leur donner des caractères faciles à ſaiſir, & à l'aide deſquels on pût les diſtinguer ſûrement les uns des autres. Nous n'expoſerons ici que trois méthodes artificielles ſur les quadrupèdes, celles de MM. Linneus, Klein & Briſſon.

Méthode de Linneus.

Linneus a diviſé les animaux à mammelles; *mammalia*, en ſept ordres. Le premier, qui comprend ceux qu'il appelle *primates*, a pour caractères des dents inciſives aux deux mâchoires; leur nombre de quatre conſtant à la mâchoire ſupérieure; deux mammelles ſituées ſur la poitrine, les bras éloignés par des clavicules. Cet ordre contient quatre genres; ſavoir; l'homme *homo*, le ſinge *ſimia*, le maki *lemur* ou *proſimia*, & la chauve-ſouris *veſpertilio*. On ne peut s'empêcher de diſconvenir que cette méthode eſt bien éloignée de la nature, puiſqu'elle rapproche des êtres auſſi éloignés que l'homme & la chauve-ſouris.

Les animaux du second ordre portent le nom de *bruta*. Leurs caractères sont l'absence des dents incisives, les pieds armés d'ongles forts, la marche lente. Cet ordre renferme six genres, qui sont l'élephant *elephas*, la vache marine *tricheckus*, le paresseux *bradypus*, le fourmilier *myrmecophaga*, le pholidote *manis*, & le tatou *dasypus*. Les deux premiers genres sont fort éloignés des quatre autres.

Dans le troisième ordre que le naturaliste suédois désigne sous le nom de *feræ*, bêtes sauvages, il fait entrer tous les animaux à mammelles, dont les dents incisives sont coniques & le plus souvent au nombre de six aux deux mâchoires, dont les canines sont très-allongées, & les molaires non applaties, dont les pieds sont armés d'ongles aigus, & enfin qui déchirent leur proie & vivent de rapines. Il y a dix genres dans cet ordre; le phocas *phoca*, le chien *canis*, le chat *felis*, le furet *viverra*, la belette *mustella*, l'ours *ursus*, le philandre *didelphis*, la taupe *talpa*, la souris *sorex*, & le hérisson *erinaceus*.

Le quatrième ordre intitulé *glires* les loirs, est distingué par les caractères suivans. Les animaux qui le composent ont deux dents incisives à chaque mâchoire, point de canines; leurs pieds sont armés d'ongles, & propres au saut.

Ils rongent les écorces, les racines, &c. Cet ordre comprend six genres, qui sont le porc-épic *histrix*, le lièvre *lepus*, le castor *castor*, le rat *mus*, l'écureuil *sciurus*, & la chauve-souris d'Amérique, à laquelle Linneus donne le nom de *noctilio*.

Ce naturaliste a réuni dans le cinquième ordre, sous le nom de *pecora*, les quadrupèdes qui ont des dents incisives à la mâchoire inférieure, & qui n'en ont point à la supérieure, dont des pieds sont fourchus, & qui sont ruminans. Le chameau *camelus*, le porte-musc *moschus*, le cerf *cervus*, la chèvre *capra*, la brebis *ovis*, & le bœuf *bos*, sont les six genres qui composent cet ordre.

Le sixième ordre renferme sous la dénomination de *belluæ* les quadrupèdes qui ont les dents incisives obtuses, & les pieds ongulés. Les quatre genres qui composent cet ordre, savoir, le cheval *equus*, l'hippopotame *hippopotamus*, le cochon *sus*, & le rhinocéros *rhinoceros*, se distinguent très-bien les uns des autres par le nombre de leurs dents & par la forme de leurs pieds.

Enfin le septième ordre, qui comprend les cétacés *cete*, est distingué de tous les autres par la forme des pieds qui imitent des nâgeoires; mais comme nous croyons avec plusieurs naturaliſtes modernes, devoir faire une claſſe particulière des cétacés, nous en parlerons après les quadrupèdes.

La méthode de Linneus paroît être défectueuſe en beaucoup de points, non-ſeulement en ce qu'elle rapproche des êtres auſſi éloignés que l'homme & la chauve-ſouris, &c. & en ce qu'elle ſépare des animaux auſſi ſemblables que le rat & la ſouris, &c., mais encore en ce que les diviſions ne ſont pas aſſez nombreuſes, & en ce qu'elles ne conduiſent pas facilement à reconnoître un quadrupède : or ce doit être là le ſeul mérite d'une méthode & ſon ſeul avantage.

Méthode de Klein.

Klein a diviſé les quadrupèdes en deux grands ordres. Dans le premier, il a compris ceux qui ont les pieds ongulés, *pedes ungulati ſive cheliferi ;* dans le ſecond ceux dont les pieds ſont digités, *pedes digitati.*

Le premier ordre eſt diviſé en cinq familles, dont le caractère eſt tiré de la diviſion des pieds ongulés en pluſieurs pièces. La première famille nommée *monochela*, ſolipèdes en françois, comprend le genre du cheval. La ſeconde, dont les individus portent le nom de *dichela*, renferme tous ceux qui ont les pieds fourchus ou les bisulques, *bisulci*. Les uns ont des cornes, comme le taureau, le belier, le bouc, le cerf, la giraffe, &c. Les autres n'en ont point, comme le sanglier, le porc, le babyroussa. Les *trichela* ou animaux dont le pied ongulé est partagé en trois, composent la troisième famille dans laquelle il n'y a que le rhinocéros. La quatrième famille, dont le caractère est d'avoir le pied séparé en quatre pièces, *tetrachela*, ne contient que l'hippopotame. La cinquième, qui se distingue par les pieds partagés en cinq pièces, *pentachela*, ne renferme que l'éléphant.

Le second ordre des quadrupèdes, qui renferme ceux qui sont digités, est également divisé en cinq familles. La première destinée aux animaux qui ont deux doigts au pied, *didactyla*, comprend le chameau & le silène ou le paresseux de Ceylan. La seconde famille, dans laquelle sont compris les animaux à trois doigts aux pieds, *tridactyla*, renferme le paresseux & les fourmiliers. Dans la troisième Klein a compris sous le nom de *tetradactyla*, animaux à quatre doigts, les tatous ou armadilles, & les cavias qui semblent être des espèces de lapins. La quatrième famille, qui a pour caractères cinq doigts aux pieds, *pentadactyla*, est la plus nombreuse de toutes; elle contient le lapin, l'écureuil, le loir, le rat & la ſouris, le philandre, la taupe, la chauve-ſouris, la belette, le porc-épic, le chien, le loup, le renard, le coati, le chat, le tigre, le lion, l'ours, le ſinge; le nombre des eſpèces compriſes ſous ces différens genres, eſt très-conſidérable. Il faut obſerver que Klein, dans tous ces caractères pris de la forme des pieds, ne conſidère que les pieds de devant pour la diſtinction des familles. Enfin, la cinquième famille des digités, eſt formée par les animaux dont les pieds ſont irréguliers, *anomalopoda;* tels ſont la loutre, le caſtor, la vache marine & le phocas.

On pourroit faire à Klein le même reproche qu'à Linneus. Quoique ſes premières diviſions ſoient bien tranchées pour les familles, les genres ne ſont pas aiſés à diſtinguer ſuivant ſa méthode, ſur-tout ceux de la quatrième famille des digités.

Méthode de M. Briſſon.

M. Briſſon a évité la plus grande partie de ces inconvéniens, en combinant tous les caractères donnés par les naturaliſtes qui l'ont précédé. Il s'eſt ſervi du nombre des dents, de leur abſence, de la forme des extrêmités, de celle de la queue, de la nature des appendices, comme les cornes, les écailles, les piquans. Sa méthode combinée est sans contredit la plus complette, & la plus propre à faire reconnoître un quadrupède, & le rapporter au genre auquel il appartient. Nous présentons ici ses divisions en forme de table; elle offre les caractères de ces animaux jusqu'au genre, & elle a le mérite d'être très-simple & très-facile. (*Voyez le Tableau II, à la fin de ce Volume.*)

ARTICLE II.

Des Cétacés.

Les cétacés sont de grands animaux qui habitent les mers, & qui, par la structure de leurs poumons & de leurs vaisseaux sanguins, peuvent vivre dans l'eau, comme nous l'exposerons plus en détail dans l'histoire de la respiration. Ils ressemblent aux quadrupèdes par la structure de leurs mammelles, parce qu'ils font leurs petits vivans, & en général par leurs organes intérieurs. Mais ils en diffèrent par la forme de leurs extrêmités, construites en nâgeoires, & par deux grandes ouvertures placées sur le haut de leurs têtes, par lesquelles ils rejettent l'eau à une hauteur plus ou moins considérable. Les naturalistes appellent ces conduits *spiracula.* M. Daubenton traduit ce mot par celui d'*évents.* Le nombre des genres de ces animaux est beaucoup moins nombreux que celui des quadrupèdes. M. Briſſon les a diſtingués, 1°. en cétacés, qui n'ont point de dents, tel que la baleine *balæna*; 2°. en cétacés, qui n'ont des dents qu'à la mâchoire ſupérieure, tels que le cachalot *monodon vel monoceros*; 3°. en cétacés qui n'ont des dents qu'à la mâchoire inférieure, tels que le narval ou licorne de mer *phyſeter*; 4°. enfin, en cétacés qui ont des dents aux deux mâchoires, tels que le dauphin *delphinus*.

ARTICLE III.

Des Oiſeaux. ORNITHOLOGIE.

Les oiſeaux ſont des animaux bipèdes, qui ſe meuvent dans l'air à l'aide de leurs aîles, qui ſont couverts de plumes, & qui ont un bec d'une ſubſtance cornée. Ces animaux préſentent un grand nombre de faits intéreſſans, relativement à la forme variée de leur bec, à la ſtructure de leurs plumes, aux mouvemens qu'ils exécutent, à leurs mœurs. Nous connoîtrons ce qu'il y a de plus important ſur ces faits dans l'abrégé de Phyſiologie que nous donnerons plus bas; nous ne devons nous occuper ici que des caractères extérieurs dont les naturaliſtes ſe ſont ſervis pour diſtinguer les oiſeaux, & les claſſer méthodiquement. Les premiers ſavans qui ont traité cette partie de l'Hiſtoire Naturelle, n'ont établi d'autres différences entre les oiſeaux, que celles que la nature préſentoit relativement aux lieux habités par ces animaux. Ainſi ils les diſtinguoient en oiſeaux des bois, des plaines, des buiſſons, des mers, des fleuves, des lacs, &c. Quelques autres les ont diſtingués par leur nourriture, en oiſeaux de proie, en granivores, &c. &c.

Mais les méthodiſtes ont ſuivi une autre route pour faire reconnoître les oiſeaux. Linneus les a diviſés d'après la forme de leur bec, en ſix ordres, comme les quadrupèdes avec leſquels il les a comparés. Mais ces diviſions ne nous paroiſſent pas aſſez détaillées, ſur-tout en obſervant que le nombre des eſpèces eſt beaucoup plus conſidérable dans les oiſeaux que dans les quadrupèdes, puiſque Buffon fait monter les quadrupèdes connus à deux cens, & les oiſeaux à quinze cens ou à deux mille; nous ne parlerons ici que de la méthode de Klein & de celle de M. Briſſon.

Klein diviſe les oiſeaux en huit familles, d'après la forme de leurs pieds. La première comprend ſous le nom de *didactiles*, ceux qui ont deux doigts aux pieds; l'autruche eſt ſeule dans cette diviſion. La ſeconde contient les *tridactyles*, tels que le caſoar, l'outarde, le vanneau, le pluvier. La troisième, les *tetradactyles*, qui ont deux doigts devant & deux derrière, tels que le perroquet, le pic, le coucou, l'alcyon. La quatrième comprend les *tetradactyles*, dont trois doigts sont en devant & un en arrière. Cette famille est la plus nombreuse de toutes; elle comprend les oiseaux de proie diurnes & nocturnes, les corbeaux, les pies, les étourneaux, les grives & les merles, les alouettes, les rouge-gorges, les hirondelles, les mésanges, les bécasses, les chevaliers, les râles, les colibris, les grimpereaux, les gallinacés, les hérons, &c. La cinquième famille contient les *tetradactyles* dont les trois doigts antérieurs sont réunis par une membrane, & le postérieur est libre. On nomme ces oiseaux *palmipedes*; les oies, les canards, les mouettes, les plongeons, composent cette famille. La sixième renferme les oiseaux *tetradactyles*, dont les quatre doigts sont réunis par une membrane. On les appelle en latin, *planci*. Le pélican, le cormoran, le fou, l'anhinga, sont rangés par Klein dans cette famille. La septième est composée de ceux qui n'ont que trois doigts réunis par une membrane; ce sont les *tridactyles palmipedes*. Le guillemot, le pingoin, l'albatros, appartiennent à cette famille. Enfin, la huitième renferme les oiseaux *tetradactyles*, dont les doigts ſont garnis de membranes frangées ou comme découpées. On les appelle auſſi *dactylobes*. Les colimbes & les foulques compoſent cette dernière famille. La méthode de Klein, quoique plus détaillée que celle de Linneus, eſt encore pleine de difficultés pour reconnoître les genres, ſur-tout ceux de la quatrième famille. Auſſi croyons-nous qu'on doit préférer celle de M. Briſſon. Il eſt vrai que cette dernière, dans laquelle l'auteur a fait uſage de tous les caractères réunis, comme pour les quadrupèdes, paroît très-compliquée au premier aſpect, mais en la réduiſant en tableau, comme nous l'avons fait, elle préſente d'un ſeul coup-d'œil toutes les diviſions qui la compoſent, & on peut facilement reconnoître un oiſeau, en ſuivant la marche de ces diviſions. (*Voyez le Tableau III, à la fin de ce Volume.*)

ARTICLE IV.

Des Quadrupèdes ovipares.

Linneus avoit réuni dans ſon ſyſtême, ſous le nom d'amphibies, les quadrupèdes ovipares, les ſerpens & les poiſſons cartilagineux; mais M. Daubenton, après avoir fait obſerver que le mot *amphibie* ne peut pas appartenir à une claſſe particulière d'animaux, puiſque ſi l'on entend

entend par cette expreſſion, des animaux qui vivent auſſi long-tems qu'ils le veulent, dans l'air ou dans l'eau, il n'y en a aucun qui jouiſſe de cet avantage ; & ſi on l'applique à des animaux terreſtres qui peuvent reſter quelque tems dans l'eau, ou à des animaux aquatiques qui peuvent vivre quelque tems dans l'air, tous les animaux ſeroient amphibies. Linneus range dans la même claſſe, mais ſous deux ordres, les quadrupèdes ovipares & les ſerpens, & il place les amphibies nâgeurs parmi les poiſſons.

Les quadrupèdes ovipares forment dans la diviſion de M. Daubenton, le quatrième ordre des animaux. Ils ſont aſſez bien organiſés, puiſqu'ils ont, comme les quadrupèdes, les cétacés & les oiſeaux qui les précèdent, une tête, des narines, & des oreilles internes. Mais ils en diffèrent par les caractères ſuivans. 1°. Ils n'ont qu'un ſeul ventricule dans le cœur; 2°. leur ſang eſt preſque froid; 3°. ils n'inſpirent & n'expirent l'air qu'à de longs intervalles; 4°. ils ſont ovipares & par conſéquent dépourvus de mamelles; ce dernier caractère leur eſt commun avec les quatre ordres d'animaux qui les ſuivent. Enfin l'exiſtence de quatre pieds ſans poil leur appartient excluſivement.

M. Daubenton remarque que les divers genres de cet ordre d'animaux ont de trop grandes différences entr'eux pour qu'il soit possible d'en donner des notions générales & qui conviennent à tous. Il traite cette généralité dans l'histoire de chaque genre, tels qu'aux mots tortues, lézards, crapauds, grenouilles, raines, du deuxième volume de l'histoire naturelle des animaux, qui fait partie de l'Encyclopédie méthodique.

La disposition méthodique & les caractères de l'ordre des quadrupèdes ovipares donnés par ce célèbre naturaliste, étant une des parties les mieux faites & les plus complettes de l'histoire naturelle des animaux, j'ai cru devoir réunir dans un Tableau toutes les divisions de M. Daubenton, depuis les classes jusqu'aux espèces, parce que celles-ci ne sont qu'au nombre de 100. (*Voyez le quatrième Tableau.*) Depuis le travail de M. Daubenton, M. la Cepède a donné un ouvrage très-détaillé & très-exact sur les quadrupèdes ovipares, dans lequel il a présenté une méthode particulière. On trouvera cette méthode dans le cinquième Tableau extrait de l'ouvrage de M. la Cepède.

ARTICLE V.

Des Serpens.

Les serpens forment le cinquième ordre des

animaux dans la division de M. Daubenton. Les écailles qui recouvrent leur corps, & l'absence des pieds & des nâgeoires les caractérisent bien; ils ont une tête, des narines, des oreilles internes, un seul ventricule dans le cœur, le sang presque froid; leur respiration se fait par de longs intervalles, & ils font des œufs comme les quadrupèdes ovipares. Les serpens n'ont point de cou ni d'épaules; les écailles qui les recouvrent sont de trois espèces; ou elles sont rhomboïdales, & placées à recouvrement à la manière des tuiles, Linneus les appelle alors *squammæ*; ou bien elles ont une forme quarrée allongée, & sont placées les unes contre les autres sans recouvrement, Linneus nomme celles-ci *scuta*, plaques; on ne les rencontre que sous le corps des serpens; lorsqu'elles sont très-petites & de même forme, elles prennent la dénomination de *scutella*, petites plaques; ou enfin elles forment des anneaux qui ceignent le corps des serpens, comme cela a lieu dans les amphysbènes.

Les serpens, quoique dépourvus de pieds, se traînent souvent avec assez de vîtesse en s'appuyant d'abord sur le devant, en relevant le milieu, & en rapprochant la partie postérieure de leur corps; ils se dressent sur leur queue, & s'écartent à quelque distance, pour saisir leur proie. Ils changent de peau une ou deux fois par an.

Quelques serpens sont venimeux; sur 131 espèces indiquées par Linneus, il y en a 23 de dangereuses, suivant ce naturaliste. Tous ceux de ces animaux dont la morsure est venimeuse, ont de chaque côté de la mâchoire supérieure une dent beaucoup plus grosse que les autres, munie d'un réservoir rempli d'une liqueur particulière, qui est versée dans la plaie par un demi-canal ou une rainure creusée dans cette dent.

On ne peut douter aujourd'hui, d'après plusieurs témoignages authentiques, qu'il n'y ait de très-grosses espèces de serpens. M. Adanson fixe, d'après des données fort exactes, la taille des plus grands serpens à 40 ou 50 pieds pour la longueur, & à un pied ou un pied & demi pour la largeur.

M. Laurenti est de tous les naturalistes celui qui s'est occupé avec le plus de détails de la classification des serpens. Il les distribue en 17 genres; mais la difficulté de reconnoître leurs caractères distinctifs, a empêché M. Daubenton d'admettre la méthode de ce naturaliste, & il a suivi celle de Linneus. J'ai réuni dans le sixième Tableau les divisions & les caractères des serpens, depuis les genres jusqu'aux espèces indiquées par M. Daubenton. M. la Cepède a publié aussi une méthode pour distinguer les serpens; l'étendue du tableau qui la contient est trop grande pour qu'il soit possible de l'insérer dans cet ouvrage. (*Voyez le sixième Tableau.*)

ARTICLE VI.

Des Poissons. ICTHYOLOGIE.

Les poissons sont des animaux très-différens des précédens, dont les organes intérieurs ont une structure tout-à-fait particulière, comme nous le verrons dans notre abrégé de Physiologie. Ils se distinguent des autres animaux, en ce qu'ils n'ont point de pieds, mais des nâgeoires qui leur servent pour se mouvoir dans l'eau, & en ce qu'ils respirent l'eau au lieu d'air. Les poissons sont beaucoup plus difficiles à connoître que les autres animaux; aussi leur histoire naturelle est-elle en général beaucoup moins avancée.

Pour entendre la division méthodique que nous proposerons d'après Artedi, Linneus & M. Gouan, il est nécessaire de jetter un coup-d'œil rapide sur leur anatomie extérieure. Le corps des poissons peut être divisé en trois parties; ſavoir, la tête, le tronc & les nâgeoires.

La tête de ces animaux a différentes formes. Elle eſt ou applatie horiſontalement, latéralement ou arrondie; nue ou écailleuſe; liſſe ou chargée d'aſpérités, de tubercules, &c. On y remarque la bouche garnie de lèvres charnues ou oſſeuſes, d'appendices ou de barbillons mous & très-mobiles; les dents attachées aux mâchoires, au palais, à la langue, au goſier; les yeux au nombre de deux, immobiles, ſans paupières; les trous des narines doubles de chaque côté; l'ouverture des ouies ou des branchies; les opercules ou os arrondis, triangulaires, quarrés, deſtinés à fermer l'ouverture des branchies; la membrane branchiale, placée au-deſſous des opercules, ſoutenue ſur pluſieurs arrêtes ou os en forme d'arc, dont le nombre varie depuis deux juſqu'à dix. Cette membrane ſe replie ſous les opercules, & il eſt bien important d'examiner ſa ſtructure & ſes variétés, parce que les caractères des genres ſont le plus ſouvent pris du nombre ou de la forme de ſes rayons.

Le tronc diffère comme la tête par ſa forme; il eſt ou arrondi, ou globuleux, ou allongé, ou applati, ou anguleux. Il faut y obſerver la ligne latérale, qui ſemble diviſer chaque côté du corps en deux parties; le thorax, placé sous les ouies, au commencement du tronc, & rempli par le cœur & les branchies; le ventre, dont les côtes forment la charpente, continu depuis la tête jusqu'à la queue, & qui contient l'estomac, les intestins, le foje, la vessie aërienne, les parties de la génération; l'ouverture de l'anus, qui est commune aux intestins, à la vessie & aux parties de la génération; enfin la queue, qui termine le tronc, dont la forme & l'étendue varient.

Les membres ou les nâgeoires, *pinnæ natatoriæ*, sont formées de membranes soutenues sur de petits rayons, dont les uns sont durs, osseux, & terminés en pointe épineuse, ce qui constitue les poissons appelés *acanthoptérigiens* par Artedi; les autres sont flexibles, mous, obtus, comme cartilagineux, ce qui caractérise les poissons *malacoptérigiens*. On distingue cinq espèces de nâgeoires, relativement à leur situation; la dorsale, les pectorales, les abdominales, celle de l'anus & celle de la queue.

La nâgeoire dorsale est impaire; elle maintient le poisson en équilibre; elle varie pour la situation, le nombre, la figure, la proportion, &c.

Les nâgeoires thorachiques sont situées à l'ouverture des ouies; elles sont au nombre de deux; elles font l'office de bras, quelquefois même elles servent d'aîles; elles diffèrent par le lieu de leur insertion, leur étendue, leur figure, &c.

Les nâgeoires du ventre sont les plus importantes à connoître, parce que leur situation a servi au célèbre Linneus de caractères distinctifs pour classer les poissons. Ces nâgeoires sont placées à la partie inférieure du corps, sous le ventre, avant l'anus, toujours plus bas & plus près l'une de l'autre que les pectorales. Elles manquent quelquefois; & comme Linneus les a comparées aux pieds, il a appelé *apodes* ou sans pieds, les poissons qui n'ont point ces espèces de nâgeoires. Elles existent cependant dans le plus grand nombre des poissons, mais leur insertion varie. Lorsqu'elles sont placées avant ou au-dessous de l'ouverture des ouies & des nâgeoires pectorales, on les appelle *jugulaires*, ainsi que les poissons chez lesquels elles occupent cette place. Si elles sont attachées au thorax & derrière l'ouverture des ouies, alors on les nomme *thorackiques*; & les poissons qui offrent cette structure, ont reçu le même nom dans la méthode de Linneus. Enfin, quand elles sont situées sous le ventre, plus près de l'anus que des pectorales, elles sont désignées sous le nom d'*abdominales*, également donné aux poiſſons dans leſquels on obſerve cette ſtructure.

La nâgeoire de l'anus eſt impaire. Elle occupe en tout ou en partie la région ſituée entre l'anus & la queue; elle diffère par la forme, par l'étendue, par le nombre, quoiqu'on ne la connoiſſe encore double que dans le poiſſon doré de la Chine.

La nâgeoire de la queue eſt placée verticalement à l'extrêmité du corps, & elle termine la queue; c'eſt le gouvernail du poiſſon, l'inſtrument à l'aide duquel il change à ſon gré ſa direction par les mouvemens variés qu'il lui donne. Elle offre auſſi pluſieurs variétés par ſa forme, ſon adhérence ou ſes connexions, ſon étendue, &c.

Après ces détails ſur l'anatomie extérieure des poiſſons, nous paſſons aux diviſions méthodiques des naturaliſtes. Avant Artedi, aucun naturaliſte n'avoit encore eſſayé de diſpoſer méthodiquement les poiſſons, quoiqu'on eût déjà des méthodes ſur d'autres animaux. Ce ſavant eſt le premier qui ait propoſé un ſyſtême icthyologique, d'après la nature des os des nâgeoires durs ou mous, épineux ou obtus, & d'après la forme des ouies. Il avoit enſuite travaillé à multiplier les diviſions, d'après d'autres parties; mais une mort prématurée l'empêcha de compléter ce travail. Linneus a imaginé d'établir une méthode icthyologique, d'après la situation variée des nâgeoires du ventre; & M. Gouan, célèbre professeur de Montpellier, a combiné avec beaucoup d'art les deux systêmes d'Artedi & de Linneus. Ce naturaliste divise d'abord les poissons en ceux qui ont les ouies complettes, c'est-à-dire, formées d'un opercule & d'une membrane branchiale bien organisée; & ceux qui ont les ouies incomplettes, c'est-à-dire, qui manquent ou de membrane branchiale, ou d'opercule; ou de tous les deux. Les premiers sont ensuite distingués par la forme de leurs nâgeoires. En effet, ces parties sont composées ou d'os durs & aigus, ou de rayons mous & comme cartilagineux. Ces différences constituent trois classes de poissons; savoir, 1°. les acanthoptérygiens; 3°. les malacoptérygiens; 3°. les branchiostèges. Dans chacune de ces classes de poissons, les nâgeoires du ventre se trouvant ou absentes, ou placées au col, au thorax, au ventre, M. Gouan a divisé chaque classe en quatre ordres, c'est-à-dire, en apodes, en jugulaires, en thorachiques & en abdominaux.

Les caractères distinctifs des genres qui suivent immédiatement ces divisions, sont tirées de la forme du corps, de celle de la tête, de la bouche, de la membrane branchiale, & fur-tout du nombre des rayons qui foutiennent cette membrane. (*Voyez le Tableau VII.*)

ARTICLE VII.

Des Infectes. ENTOMOLOGIE.

Les infectes font des animaux reconnoiffables par la forme de leur corps, qui eft comme partagé par anneaux, & par la préfence de deux cornes mobiles qu'ils ont au-devant de la tête & qu'on appelle *antennes*. Les infectes compofent une des claffes les plus nombreufes des animaux, fans doute en raifon de leur petiteffe, puifqu'on a obfervé que plus ces êtres font petits, & plus leur reproduction eft multipliée. L'hiftoire de ces animaux eft une des plus agréables & des plus amufantes; peut-être auffi n'eft-elle pas la moins utile, puifqu'on peut y découvrir des propriétés utiles à la médecine & aux arts.

Les infectes préfentent dans leurs claffes un exemple de prefque tous les autres animaux, relativement à leurs mœurs, à leur forme, à leurs habitations, &c. Les uns marchent comme les quadrupèdes, d'autres volent comme les oifeaux; quelques-uns nâgent & vivent dans les eaux comme les poiffons; enfin, il en eft qui ſautent ou qui ſe traînent comme certains reptiles. On peut même pouſſer cette analogie beaucoup plus loin, en examinant en détail la ſtructure de leurs extrêmités, celle de leur bouche, de leurs organes intérieurs, &c.

Les inſectes conſidérés à l'extérieur, ſont compoſés de trois parties, de la tête, du corcelet & du ventre.

La tête diffère par la forme, par l'étendue & par la poſition; elle eſt quelquefois très-groſſe par rapport au volume de l'inſecte, & quelquefois très-petite; elle eſt ou arrondie, ou quarrée, ou allongée, ou liſſe, ou raboteuſe, ou chargée de tubercules, ou couverte de poils en certains endroits. On y obſerve, 1°. les antennes placées dans le voiſinage des yeux, formées de différentes pièces articulées & mobiles, ſemblables à un fil, terminées en pointe ou par une maſſe; la forme de ces organes eſt eſſentielle à diſtinguer, parce qu'elle ſert preſque toujours de caractères pour diſtinguer les genres. 2°. Les yeux qui ſont de deux ſortes, à facettes ou à réſeau, liſſes & petits: ces organes ſont quelquefois très-gros & d'autres fois petits; leur nombre varie: il eſt des inſectes qui n'en ont qu'un, comme le monocle; d'autres deux, cinq, ou même huit, comme l'araignée, &c. 3°. La bouche qui eſt formée, ou de mâchoires fortes & cornées, posées & mobiles latéralement, ou d'une trompe plus ou moins longue, dilatée en spirale, &c. ou d'une simple fente, &c. Cette partie est souvent accompagnée de petites appendices mobiles, nommées antennules ou barbillons, au nombre de deux ou de quatre. M. Fabricius a examiné avec beaucoup de soin, les diverses parties de la bouche des insectes; il s'est servi des différences qu'elles présentent, pour établir une méthode nouvelle d'insectologie. *Voyez* les ouvrages de Fabricius, & sur-tout son *genera insectorum*.

Le corcelet est la poitrine des insectes; il est placé entre la tête & le ventre; il est tantôt arrondi, tantôt triangulaire, cylindrique, large, étroit, &c. On doit le considérer comme composé de six faces, ainsi qu'une espèce de cube, dont il a quelquefois la forme. La face ou l'extrêmité antérieure est creusée pour recevoir la tête. Cette articulation ne se fait quelquefois que par un fil, comme dans les mouches. La face postérieure est ordinairement arrondie & articulée avec le premier anneau du ventre; quelquefois elle ne se joint avec cette partie que par un fil. La face supérieure est tantôt plate & lisse, tantôt arrondie, prominente, chargée d'appendices, de tubercules, terminée par une espèce de rebord saillant; ce qui constitue le corcelet bordé, *thorax marginatus*. C'eſt à la partie poſtérieure de cette face que ſont attachées les aîles. On ſait que la plus grande partie des inſectes eſt pourvue de ces organes, mais elles diffèrent ſingulièrement les unes des autres; & comme c'eſt ſur ces différences que ſont fondées les principales diviſions des claſſes adoptées par les méthodiſtes, il eſt important de les parcourir.

Les aîles ſont, ou au nombre de deux, ou à celui de quatre. Chez ceux qui en ont deux tranſparentes, comme la mouche, le couſin, &c. ces aîles ſont toujours accompagnées, vers leur inſertion & au-deſſous, d'un filet mince, terminé par un bouton arrondi, qu'on appelle balancier, *halter*, & qui eſt recouvert par une appendice membraneuſe concave, appelée *cuilleron*. Dans un grand nombre d'inſectes, ces deux aîles ſont très-fortes, repliées & pliſſées ſous des étuis durs, cornés, mobiles, nommés fourreaux ou élytres, *elytra*. Ces étuis diffèrent par la forme, les uns recouvrent tout le ventre, d'autres ſont comme coupés tranſverſalement, & ne couvrent qu'une partie du ventre; il y en a qui ſont durs, d'autres ſont mous; la plupart ſont accompagnés, vers le haut de leur ſuture, ou de la ligne par laquelle ils ſe rapprochent, d'une petite pièce triangulaire ſoudée au corcelet, que l'on nomme écusson, *scutellum*; cette pièce manque dans quelques-uns; enfin, dans plusieurs insectes à étuis, les élytres sont soudés, comme formés d'une seule pièce, & immobiles.

Les aîles sont souvent au nombre de quatre; alors, ou elles sont membraneuses & transparentes comme dans les demoiselles, les guêpes, &c. ou elles sont chargées sur chacune de leurs faces d'une poussière colorée, qui, au microscope, présente des écailles implantées sur les aîles, comme les tuiles sur un toit, *imbricatim*, telle est la structure des aîles des papillons, &c.

La partie inférieure du corcelet est irrégulière, formée de plusieurs pièces collées les unes aux autres, & elle porte une partie des pattes. Le nombre de ces dernières varie dans les insectes; beaucoup en ont six, d'autres huit, comme les araignées; dans quelques-uns il y en a dix, comme dans les crabes; enfin, certains insectes en ont un bien plus grand nombre. On en compte seize dans les cloportes, & quelques espèces de scolopendres & d'iules en ont jusqu'à soixante-dix & cent vingt de chaque côté; dans ceux qui n'en ont que six, huit ou dix, elles sont toutes attachées au corcelet, suivant M. Geoffroy; dans ceux qui en ont un plus grand nombre, une partie des pattes s'insère aux anneaux du ventre.

La patte d'un insecte est toujours composée de trois parties; de la cuisse qui tient au corps, de la jambe & du tarse. Il y a souvent, outre cela, une pièce intermédiaire entre le corps & la cuisse. Le tarse est formé de plusieurs pièces ou anneaux articulés les uns avec les autres; le nombre de ces articles varie & s'étend depuis deux jusqu'à cinq. Il y a même des insectes chez lesquels le tarse des pattes est plus considérable dans celles de devant que dans celles de derrière; ce qui établit une analogie entre la structure de ces petits animaux, & celle d'un grand nombre de quadrupèdes dont les pieds de devant ont un plus grand nombre de doigts que ceux de derrière. M. Geoffroy a tiré parti de ce caractère pour sa division, comme nous le verrons plus bas. Le tarse est terminé par deux, quatre ou six petites griffes ou crochets, & souvent garni en dessous de brosses ou pelottes spongieuses, qui soutiennent & font adhérer l'insecte sur les corps les plus polis, comme les glaces, &c.

Sur chaque côté du corcelet, on observe une ou deux ouvertures oblongues, ovales, qu'on appelle stigmates, & par lesquelles l'insecte respire.

La

La troisième partie des insectes est le ventre. Le plus souvent il est composé d'anneaux ou de demi-anneaux cornés, qui s'enchassent les uns dans les autres. Quelquefois on n'observe point les anneaux, & le ventre ne paroît formé que d'une seule pièce. Ordinairement il est plus gros dans les femelles que dans les mâles. Il porte à son extrêmité les parties de la génération : on voit sur ses côtés un stigmate sur chaque anneau, excepté sur les deux derniers; c'est encore à la partie postérieure du ventre que plusieurs insectes portent les aiguillons, don les uns sont aigus & piquans, les autres en soie, d'autres en tarrière. Ils leur servent ou de défenses, ou d'instrumens propres à percer les endroits où les insectes déposent leurs œufs.

Le phénomène le plus singulier que présentent les insectes, & celui par lequel ils diffèrent entièrement de la plupart des autres animaux, ce sont les changemens d'état, par lesquels ils passent, ou les métamorphoses qu'ils subissent avant de devenir insectes parfaits. Il est quelques insectes, & presque tous ceux de la classe des *aptères*, qui n'éprouvent point ces changemens; mais le plus grand nombre y est soumis. L'insecte ne sort pas de son œuf avec la forme de la mère, mais il paroît sous celle d'un ver avec ou sans pattes, dont la structure de la tête & des anneaux varie beaucoup; ce premier état est appelé *larve;* sous cette espèce de masque, l'insecte mange, grandit, mue & change de peau plusieurs fois. Lorsqu'il a acquis tout son accroissement, il change de peau une dernière fois, il n'est plus sous la forme de ver ou de larve, mais sous une autre toute différente, qu'on appelle *nymphe*, *chrysalide* ou *féve*, *chrysalis*, *aurelia*.

M. Geoffroy distingue quatre espèces de *nymphes*. La première est celle qui ne ressemble point à un animal: on n'y observe que quelques anneaux dans le bas, & le haut n'offre que des impressions peu distinctes des antennes, des pattes & des aîles. La peau de cette espèce est dure, cartilagineuse, & elle n'a que quelques mouvemens dans ses anneaux. Telle est celle des papillons, des phalênes, &c.

La seconde espèce de chrysalide laisse distinguer les parties de l'animal parfait, enveloppées d'une peau très-mince & très-molle. Elle est immobile comme la première. Les insectes à étuis, ceux à quatre aîles nues & ceux à deux aîles en fournissent des exemples.

La troisième espèce est celle dont les parties sont bien développées & apparentes, & qui se meuvent. Telles sont celles des cousins & des insectes qui passent les deux premiers états de leur vie dans l'eau.

Enfin, la quatrième espèce comprend celles qui ressemblent à l'insecte parfait par la forme du corps, la présence des antennes & des pattes. Ces nymphes marchent & mangent. Elles ne diffèrent des insectes parfaits que par l'absence des aîles, & parce qu'elles ne sont point aptes à la génération. Les nymphes des demoiselles, des punaises, des sauterelles, des grillons, &c. sont de cette espèce.

Il en est des insectes comme des autres animaux. Les anciens naturalistes ne les avoient distingués que par les lieux qu'ils habitent. Avant Linneus, aucun savant n'avoit entrepris de les disposer méthodiquement, & de donner des caractères pour les reconnoître; c'est à ce naturaliste qu'est due la première division systématique de ces animaux. M. Geoffroy a ensuite entrepris de les classer d'une manière plus exacte; sa division des sections & des genres est un chef-d'œuvre de précision, d'exactitude & de clarté dans ce genre de travail. Il divise les insectes en six sections, d'après l'absence, le nombre & la structure des aîles. La première section renferme les *Coléoptères* ou insectes dont les aîles sont recouvertes d'étuis. Leur bouche armée de deux mâchoires latérales & cornées, forme aussi un second caractère général de cette section. Le hanneton offre ces deux caractères.

La seconde section comprend les *Hémipteres*, dont les aîles supérieures sont ou peu épaisses & colorées, ou à moitié dures & opaques, mais le caractère des aîles qui n'est pas tranchant dans cette section, est remplacé par celui de la bouche qui est constant. Cette bouche est une trompe longue & aigue, repliée en-dessous, entre les pattes. La punaise des bois & la cigale appartiennent à cette section.

La troisième section est composée des insectes *Tétraptères à aîles farineuses*, dont les quatre aîles sont colorées par une poussière écailleuse, & qui ont une trompe plus ou moins longue, souvent recourbée en spirale, comme le papillon. Linneus nomme ces insectes *Lépidoptères*.

Dans la quatrième section sont les insectes *Tétraptères à ailes nues*. Leurs quatre aîles sont membraneuses; ils ont des mâchoires dures. Telle est la guêpe. Linneus a fait deux ordres de ces insectes; savoir, les *Névroptères*, dont l'anus est sans aiguillon, & les aîles sont marquées de nervures, & les *Hyménoptères* qui ont l'anus armé d'un aiguillon, & les aîles membraneuses sans nervures très-apparentes.

La cinquième section contient les insectes

Diptères, ou à deux aîles; leur bouche est le plus souvent en forme de trompe, & ils ont des balanciers & des cuillerons sous l'origine de leurs aîles.

Enfin, dans la sixième & dernière section sont rangés les *Aptères* ou insectes sans aîles, tels que l'araignée, le pou, &c.

Outre ces premières divisions, M. Geoffroy en a établi d'autres pour faciliter la recherche des insectes que l'on veut connoître. (*Voyez le huitième Tableau.*)

Quoique plusieurs célèbres naturalistes ayent beaucoup travaillé sur les insectes depuis M. Geoffroy; quoique M. Fabricius ait publié sur la classification des insectes une méthode nouvelle fondée sur les organes destinés à prendre la nourriture, je n'ai pas cru devoir faire connoître cette méthode, qui renferme cependant beaucoup plus de genres & d'espèces que celle de M. Geoffroy, parce qu'elle est infiniment plus compliquée & plus embarrassante pour la première étude.

ARTICLE VIII.

Des Vers. HELMINTOLOGIE.

Les vers sont des animaux mous, d'une forme

très-différente de celle des insectes avec lesquels plusieurs naturalistes les ont confondus, & moins bien organisés que ces animaux. Ils n'ont pas d'os proprement dits, & leurs membres ne sont point conformés comme ceux des insectes; ils ne sont point sujets comme eux à passer par différens états. Dans la plupart, on ne connoît point d'organes destinés à la génération: beaucoup de vers n'ont point de tête bien conformée; enfin l'absence des pieds & des écailles les distingue de tous.

La classe des vers est la plus nombreuse & la moins connue de tous les animaux. Il est peu de substances organiques vivantes ou mortes dans lesquelles il ne se rencontre quelques vers qui y trouvent leur nourriture. La plupart des naturalistes ont mis dans la même classe les vers & les polypes; peut-être seroit-il bon de les séparer, puisque leur structure intérieure & leurs fonctions les distinguent entièrement: on connoît un cœur & des vaisseaux dans la plupart des vers, & l'on n'a rien trouvé de semblable dans les polypes.

Il faut bien distinguer des vers dont nous nous occupons actuellement, les animaux qui sont les larves des insectes, & auxquels on a donné aussi le nom de vers à cause de leur forme. Leur tête armée de mâchoires, les pattes qu'ils ont en plus ou moins grand nombre, & le plus communément à celui de six, donnent des caractères à l'aide desquels on peut facilement les reconnoître.

Les vers sont très-mobiles; ils aiment & cherchent la plupart l'humidité. Quelques-uns n'ont pas de tête bien distincte, la plupart sont hermaphrodites. Ceux qui ont une tête l'ont armée de deux cornes mobiles, retractiles, nommées *tentacula*. Il paroît que presque tous les vers que nous parcourons en abrégé, ont la propriété de repousser lorsqu'ils sont coupés; ce qui indique une organisation simple, & ce qui les rapproche des polypes.

On pourroit diviser cette classe d'animaux en quatre sections; la première contiendroit les vers nus, dont l'organisation est la mieux connue, & qui se rapprochent des autres animaux par ce caractère. Dans la seconde, nous rangerions les vers recouverts d'une enveloppe testacée, les vers à coquilles; leurs organes sont moins connus que ceux des premiers, cependant les belles recherches de M. Adanson prouvent que leur structure se rapproche des vers nus. La troisième section comprendroit les vers recouverts d'une enveloppe crustacée; l'organisation de ceux-ci n'est pas si bien connue que celle des précédens, on n'a encore examiné que leur forme extérieure & la structure de leur bouche; enfin, la quatrième section renfermeroit les polypes. Les divisions méthodiques de ces différentes sections ont déjà occupé plusieurs naturalistes; Lister, Linneus, Klein, Ellis, Pallas, d'Argenville, sont ceux qui nous avoient servi dans la division, d'ailleurs imparfaite, que nous en avons présentée dans le neuvième tableau de la précédente édition. Depuis cette époque M. Brugnière qui s'est beaucoup occupé de cette partie de l'histoire des animaux, & qui a des connoissances très-profondes sur la structure des vers, a publié dans l'encyclopédie méthodique, une classification, que nous avons cru devoir adopter & faire connoître. (*Voy. le IX Tableau.*)

SECTION II.

Des fonctions des Animaux, considérées depuis l'Homme jusqu'au Polype.

Les caractères propres aux corps vivans & organiques, sont, comme nous l'avons déjà dit plusieurs fois, les diverses fonctions qu'ils exécutent par le moyen de leurs organes. Nous les avons considérées dans les végétaux; l'ordre que nous avons adopté, exige que nous les considérions de même dans les animaux.

La partie de la physique qui s'occupe de

l'examen des fonctions des animaux, est la physiologie. Cette belle science ne doit pas se borner à l'homme seul; elle doit s'étendre sur tous les animaux, & c'est sous ce point de vue que nous allons la parcourir rapidement.

Les fonctions des animaux peuvent se réduire aux suivantes :

1°. La circulation;

2°. La sécrétion;

3°. La respiration;

4°. La digestion;

5°. La nutrition;

6°. La génération;

7°. L'irritabilité;

8°. La sensibilité.

Ces diverses fonctions se rencontrent dans l'homme, les quadrupèdes, les cétacés, les oiseaux, les quadrupèdes ovipares, les serpens, les poissons, les insectes; les vers & les polypes ne les ont pas toutes, & les premières classes avant ces deux dernières, n'en jouissent pas dans le même degré.

ARTICLE PREMIER.

De la Circulation.

La circulation est une des premières fonctions; c'est elle qui entretient la vie; lorsqu'elle cesse, l'animal meurt sur-le-champ; les organes qui y président, sont le cœur, les artères & les veines.

Le cœur est un muscle conique, qui a dans son fond deux cavités qu'on appelle ventricules. A sa base sont deux autres sacs creux, nommés oreillettes; du ventricule gauche sort une grosse artère, nommée aorte, qui distribue le sang dans tout le corps: du ventricule droit part aussi une autre artère d'un égal volume, appelée artère pulmonaire, parce qu'elle se ramifie dans les poumons; l'oreillette droite reçoit le sang qui revient de tout le corps par les deux veines caves; ce fluide passe de l'oreillette droite dans le ventricule droit; de ce dernier, il est versé dans les poumons par l'artère pulmonaire, & il est ramené par les veines pulmonaires dans l'oreillette gauche; de celle-ci, il passe dans le ventricule gauche, qui le pousse dans tout le corps par l'aorte. Ce mouvement, qui se passe ainsi dans l'homme, constitue deux espèces de circulation; celle de tout le corps, & la circulation pulmonaire; cette dernière a été connue avant l'autre; la circulation générale a été découverte par Harvey, médecin anglois.

Dans les Quadrupèdes, les Cétacés & les Oiseaux, cette fonction se fait absolument de même que dans l'homme. Dans les Poiſſons, le cœur n'a qu'un ventricule, & les poumons ou les ouies ne reçoivent point de ſang par une cavité particulière du cœur; dans les reptiles, elle s'exécute comme dans les poiſſons. Les Inſectes & les Vers ont un cœur formé par une ſuite de nœuds, qui ſe contractent les uns après les autres; leurs vaiſſeaux ſont très-petits; leur ſang eſt froid & ſans couleur. Les polypes n'ont ni cœur ni vaiſſeaux; ils ſemblent être moins parfaits que les végétaux pour cette eſpèce de fonction; car on trouve des vaiſſeaux, de la sève, & une ſorte de mouvement circulatoire de ce fluide dans les arbres & les plantes.

Article II.

De la Sécrétion.

La ſécrétion eſt une fonction par laquelle il ſe ſépare du ſang dans différens organes, des ſucs deſtinés à des uſages particuliers, comme la bile dans le foie, &c. Cette fonction eſt une des plus répandues dans tous les animaux; elle ſe trouve dans toutes les claſſes; mais il eſt impoſſible de la parcourir ſans entrer dans des détails très-étendus. Il ſuffira donc d'obſerver que dans tous les animaux chez leſquels il y a une véritable circulation, la ſécrétion ſuit les mêmes loix que dans l'homme, & qu'elle paroît même se faire dans la plupart des animaux qui n'ont point de cœur. Outre l'analogie qu'il y a nécessairement entre l'homme & les animaux qui jouissent des mêmes organes que lui, relativement à la fonction dont nous nous occupons, chaque classe d'animaux offre très-souvent des sécrétions particulières qui ne se trouvent pas dans l'homme; tels sont le musc & la civette dans les quadrupèdes, le blanc de baleine & l'ambre gris dans les cétacés, le suc huileux destiné à enduire la plume des oiseaux, l'humeur virulente de la vipère, le fluide gluant des écailles des poissons, les sucs âcres & acides des buprestes, des staphilins, des fourmis, des guêpes parmi les insectes; le mucilage visqueux des limaces, le suc colorant de la pourpre, & un grand nombre d'autres que l'histoire naturelle de chaque animal en particulier fait connoître.

ARTICLE III.

De la Respiration.

La respiration considérée dans tous les animaux, est une fonction destinée à mettre le sang en contact avec le fluide qu'ils habitent; l'homme & les quadrupèdes ont à cet effet un organe nommé poumon. Ce viscère est un amas de vésicules creuses, qui ne sont que les expansions d'un canal membraneux & cartilagineux, nommé trachée-artère, & de vaisseaux sanguins qui se répandent en formant un grand nombre d'aréoles à la surface des vésicules bronchiques; ces vésicules & ces vaisseaux sont soutenus par un tissu cellulaire, lâche & spongieux, qui forme le parenchyme du poumon. L'air distend ces vésicules dans l'inspiration; l'oxigène atmosphérique se combine avec le carbone dégagé du sang, & forme l'acide carbonique qui s'exhale avec le gaz azote; une certaine quantité d'hydrogène se dégage aussi du sang veineux, & en s'unissant à l'oxigène atmosphérique forme de l'eau qui s'exhale avec l'air expiré; une autre portion d'eau provenant immédiatement de la transpiration pulmonaire se dissout dans l'air de l'expiration; la matière de la chaleur, le calorique séparé de l'air vital s'unit au sang & lui redonne la température de 32 à 33 degrés; ainsi, l'usage de cette fonction consiste dans la formation du sang, dans la production de sa température & dans la perte de plusieurs principes surabondans qui surchargent ce liquide par l'addition du chile & les changemens qu'il éprouve en circulant dans tout le corps.

Dans les cétacés, cette fonction se fait de

même, ſeulement, comme il y a une communication immédiate entre les deux oreillettes, ces animaux peuvent reſter quelque tems ſans reſpirer.

Quoique la reſpiration des oiſeaux ſoit analogue à celle des animaux précédens, cette fonction paroît être beaucoup plus étendue chez eux. En effet, les anatomiſtes ont découvert dans le ventre des oiſeaux des organes ſpongieux véſiculaires, qui communiquent avec leurs poumons, & ces derniers s'étendent juſques dans les os des aîles, qui ſont creux & ſans moële, par un canal placé au haut de la poitrine, & qui s'ouvre dans la partie ſupérieure & renflée de l'os humérus. Cette belle découverte, due à Camper, nous apprend que l'air paſſe des poumons des oiſeaux dans les os de leurs ailes, & que ce fluide raréfié par la chaleur de leur corps, les rend très-légers, & favoriſe ſingulièrement leur vol. L'étendue de l'organe pulmonaire fait connoître auſſi pourquoi la température du ſang des oiſeaux eſt plus élevée que celle du ſang de l'homme, des cétacés & des quadrupèdes. La nature de ce fluide doit auſſi en recevoir les modifications particulières, auxquelles ſont dues des différences que l'on trouve dans leur chair & dans tous leurs organes ſolides.

Les Poiſſons ont des ouies ou branchies au lieu de poumons ; ces organes ſont formés de franges membraneuſes diſpoſées ſur un arc oſſeux, & chargées d'une très grande quantité de vaiſſeaux ſanguins. L'eau entre par l'ouverture de la bouche des poiſſons ; elle paſſe à travers les franges qui s'écartent les unes des autres ; elle preſſe & agite le ſang, & elle reſſort par des ouvertures ſituées aux deux parties latérales & poſtérieures de la tête, ſur leſquelles ſont placées deux ſoupapes oſſeuſes, mobiles, nommées opercules, & ſoutenues par la membrane branchiale. Duverney penſoit que les branchies ſéparoient l'air contenu dans l'eau. M. Vicq d'Azir, qui s'eſt beaucoup occupé de l'anatomie des poiſſons, croit que l'eau fait l'office de l'air dans les branchies de ces animaux. Il eſt certain que comme ces animaux ne reſpirent point d'air, & ne le changent point en acide carbonique, leur ſang n'a point le degré de chaleur que ce fluide élaſtique donne à ceux qui le reſpirent ; il ne paroît pas non plus être de la même nature que le ſang de l'homme, des quadrupèdes, des oiſeaux.

Les inſectes n'ont point de poumons ; ils ont deux canaux ou trachées placées tout le long du dos, auxquels aboutiſſent, de chaque côté, d'autres canaux plus petits, qui ſe terminent à la partie latérale de chaque anneau, par une petite fente nommée *ſtigmate*. Les ſtigmates paroiſſent plutôt deſtinés à expirer quelque fluide élaſtique, puiſque les inſectes ne meurent point promptement dans le vide, tandis que lorſqu'on enduit les ſtigmates d'huile ou de vernis, ils ont des convulſions, & meurent au bout de quelques inſtans. Les vers ont une organiſation encore moins parfaite; on ne connoît aucune eſpèce de reſpiration dans les polypes, qui ſont moins parfaits pour cette fonction que les végétaux dans leſquels nous avons trouvé des trachées.

ARTICLE IV.

De la Digeſtion.

La digeſtion eſt la ſéparation de la matière nourricière contenue dans les alimens : & ſon abſorption par des vaiſſeaux particuliers, nommés *chileux ;* elle s'opère dans un canal continu depuis la bouche juſqu'à l'anus, & qui dans l'homme, ſe renfle vers le haut de l'abdomen. Ce renflement eſt appelé eſtomac ou ventricule. Le canal alimentaire ſe retrécit enſuite; il ſe contourne en différens ſens, & prend le nom d'inteſtins; ce long tube, qui eſt formé de muſcles & de membranes, eſt deſtiné à arrêter les alimens; de manière à en extraire tout ce qu'ils contiennent de ſubſtance nourricière; il y a en outre, aux environs de l'eſtomac, d'autres organes glanduleux, dont l'office eſt de préparer des fluides propres à ſtimuler l'eſtomac & les inteſtins, & à extraire la partie nourricière des alimens; ces organes ſont le foie, la rate & le pancréas; la bile & le ſuc pancréatique coulent dans le premier inteſtin, nommé *duodenum*, & ſe mêlent aux alimens; avant ce mêlange, les alimens ſont diſſous dans l'eſtomac par le ſuc gaſtrique.

Tout le trajet des premiers inteſtins eſt rempli de bouches vaſculaires, deſtinées à pomper le chyle. Ces vaiſſeaux le portent dans le réſervoir lombaire, dans le canal thorachique, & le fluide chyleux eſt verſé dans la veine ſouclavière gauche, dans laquelle il ſe mêle au ſang. Tels ſont en peu de mots le mécaniſme & les phénomènes de la digeſtion dans l'homme.

Les Quadrupèdes diffèrent beaucoup entr'eux par la forme de leurs dents, de l'eſtomac & des inteſtins. Il eſt de ces animaux qui n'ont point du tout de dents, comme le fourmilier & le pholidote qui ne mangent que des alimens mous; d'autres n'ont que des dents molaires, tels que le pareſſeux & le tatou; quelques-uns, comme l'éléphant & la vache marine, ont des molaires & des canines; enfin, le plus grand nombre ont les trois genres de dents, molaires, canines & incisives; mais leur nombre, leur position, leur force varient singulièrement. Ce qu'il y a de plus frappant dans cette structure diverse des dents, c'est que, d'après la remarque faite par Aristote, Galien, &c. il y a un rapport constant entre le nombre & la position de ces os, & la forme de l'estomac. En effet, tous les quadrupèdes qui ont des dents incisives dans les deux mâchoires, comme le cheval, le singe, l'écureuil, le chien, le chat, &c. n'ont qu'un ventricule membraneux, comme l'homme. Les anatomistes nomment ces animaux *Monogastriques*; la digestion s'exécute chez eux absolument de la même manière que chez l'homme. Les quadrupèdes qui n'ont des dents incisives qu'à la mâchoire inférieure, sont *Polygastriques* & ruminans, comme le chameau, la giraffe, le bouc, le bélier, le bœuf, le cerf & le chevrotin. Ces quadrupèdes sont ordinairement bisulques & armés de cornes; ils ont tous quatre estomacs. Le premier est nommé dans le bœuf, la panse, l'herbier ou double; il est le plus grand, & il est divisé en quatre autres sacs; il reçoit les alimens en même-tems que le second ou le chapeau, bonnet, réseau, qui s'ouvre dans la panse par un large orifice; les alimens herbacés contenus dans ces organes, s'y dilatent; l'air s'y raréfie; ils stimulent les nerfs de ces viscères, & ils excitent un mouvement anti-péristaltique qui les porte dans l'œsophage & dans la bouche, où ils sont de nouveau broyés par les dents molaires; réduits en une espèce de pâte molle par cette opération, ils sont, ainsi que la boisson, conduits par une nouvelle déglutition dans le troisième estomac, le feuillet ou pseautier, *omasus*, à l'aide d'un demi canal creusé depuis l'œsophage jusqu'à ce ventricule. Enfin, ils passent bientôt du feuillet dans la caillette ou franche-mulle, où ils éprouvent la véritable digestion. Les intestins des ruminans sont aussi beaucoup plus étendus que ceux des quadrupèdes monogastriques. Les cétacés ressemblent entièrement à ces derniers pour le mécanisme de cette fonction.

Les Oiseaux diffèrent entr'eux par la structure de leur estomac; dans les uns il est membraneux, & dans les autres charnu ou musculeux. Les premiers qu'on peut appeler *hyménogastriques*, sont carnivores; tous les oiseaux de proie sont de cette espèce. Leur estomac contient un suc très-actif, capable de ramollir les os, suivant les expériences de Réaumur; leur bile est aussi très-âcre. Les seconds qui méritent le nom de *myogastriques*, ne vivent que de grains; leur estomac est formé d'un muscle quadrigastrique revêtu d'une membrane dure & épaisse, propre à la trituration. Ces oiseaux ont aussi un cœcum double.

Les poissons ont un estomac membraneux, allongé, garni de beaucoup d'appendices; leurs intestins sont en général courts. On y trouve un foie & point de pancréas. Les reptiles présentent la même structure, leur estomac se distend d'une manière étonnante. On voit souvent des serpens avaler des animaux entiers beaucoup plus gros qu'eux.

Les insectes ont un estomac & des intestins bien organisés. Swamerdam & Perrault assurent que le taupe-grillon ou la courtilière des jardiniers a quatre estomacs; c'est un estomac renflé & divisé en quatre poches, comme on peut s'en convaincre, en disséquant cet insecte très-commun dans les couches, & très-redouté des cultivateurs. Les vers ont un estomac très-irrégulier; on y trouve aussi de petits intestins. Le polype semble n'être qu'un estomac, car il digère très-vîte. La même ouverture lui sert de bouche & d'anus.

Dans tous les animaux, l'appareil de la digestion présente constamment un suc destiné à dissoudre les alimens, & à les convertir en chyle. Cette fonction peut être regardée comme une véritable dissolution animale.

ARTICLE V.

De la Nutrition.

La nutrition est une suite de la digestion & de la circulation; les solides perdant toujours par le mouvement qu'ils exécutent, doivent être réparés, & ils le sont par la nutrition. Dans le premier âge de la vie ils acquièrent du volume, & l'animal prend son accroissement. On regarde ordinairement le tissu cellulaire comme l'organe de cette fonction, & la lymphe comme l'humeur propre à rétablir les solides. Cependant il paroît que chaque organe se nourrit d'une matière propre & particulière, qu'il sépare, ou du sang, ou de la lymphe, ou d'un autre fluide quelconque qui l'arrose. Par exemple, les muscles se nourrissent de la matière fibreuse qu'ils séparent du sang; les os extraient de la même humeur du phosphate calcaire & une matière gélatineuse; la lymphe pure se dessèche en plaques dans le tissu cellulaire; l'huile concrescible se dépose dans ces plaques pour donner naissance à la graisse; chaque viscère a donc sa manière particulière de se nourrir, & la nutrition de chacun d'eux est une véritable sécrétion. Le systême des vaisseaux absorbans paroît concourir puissamment à l'exercice de cette fonction.

Les quadrupèdes & les cétacés ressemblent parfaitement à l'homme par les phénomènes de la nutrition; chez les oiseaux, elle paroît s'exécuter aussi de la même manière; chez les poissons elle se fait beaucoup moins vîte, aussi ces animaux vivent-ils très-long-tems, & ne sait-on même pas l'âge de quelques-uns; en général plus la nutrition & l'accroissement sont lents, plus la vie est longue.

Les insectes n'ont rien de particulier pour cette fonction; seulement ils ne croissent que sous la forme de larves, & non sous celle de chrysalides & d'insectes parfaits. Swamerdam & Malpighy ont démontré que la larve contient sous plusieurs peaux l'insecte parfait tout formé; la chenille renferme aussi le papillon, dont les aîles & les pattes sont repliées.

Dans les vers & les polypes, la nutrition s'exécute dans le tissu cellulaire, elle se fait aussi de même dans les végétaux, à l'aide des tissus réticulaire & vésiculaire.

ARTICLE VI.

De la Génération.

La génération considérée dans tous les animaux, ſe fait de beaucoup de manières différentes; la plupart ont beſoin de l'accouplement, & jouiſſent des deux ſexes diſtincts; tels ſont l'homme, les quadrupèdes & les cétacés.

Les femelles des quadrupèdes ont une matrice ſéparée en deux cavités, *uterus bicornis*; & des mammelles en plus grand nombre que la femme; elles n'éprouvent point de flux menſtruel; la plupart font pluſieurs petits à la fois, & pour lors la durée de leur geſtation eſt plus courte; pluſieurs ont une membrane particulière, deſtinée à recevoir l'urine du fœtus; cette membrane eſt nommée allantoïde.

La génération des oiſeaux eſt très-différente; les mâles ont un organe génital très-petit & imperforé qui eſt ſouvent double. Chez les femelles la vulve eſt placée derrière l'anus; il y a des ovaires ſans matrice, & un canal deſtiné à conduire l'œuf de l'ovaire dans l'inteſtin; on nomme ce canal *oviductus*. L'œuf de la poule fécondé & non fécondé, a offert des faits inattendus aux phyſiologiſtes qui ont examiné les phénomènes de l'incubation. Malpighy & Haller ſont ceux de ces obſervateurs qui ont fait les découvertes les plus importantes. Le dernier a trouvé le poulet tout formé dans les œufs non fécondés.

Chez les poissons, il n'y a pas d'accouplement décidé; la femelle dépose ses œufs sur le sable, le mâle passe dessus, & y darde sa liqueur séminale, propre sans doute à les féconder; ces œufs éclosent ensuite au bout d'un certain tems.

Les mâles de plusieurs quadrupèdes ovipares ont un organe double ou fourchu. Parmi les serpens, la vipère est vivipare.

Les insectes offrent eux seuls toutes les variétés qui se rencontrent chez les autres animaux; il en est qui ont les deux sexes séparés dans deux individus séparés, c'est même le plus grand nombre; chez d'autres la reproduction se fait avec ou sans accouplement, comme dans le puceron; un de ces insectes renfermé seul sous un verre, produit un grand nombre d'autres pucerons. M. Bonnet a bien constaté ce fait par des expériences suivies avec le plus grand soin. L'organe des insectes mâles est renfermé dans le ventre; on le fait sortir en pressant légérement l'extrêmité de cette partie; il est ordinairement armé de deux crochets destinés à saisir la femelle. La place de ces organes est très-variée; aux uns il est au haut du ventre & près le corcelet, comme dans la femelle de la demoiselle, *libellula*; d'autres fois il est à l'extrêmité de l'antenne, comme dans l'araignée mâle; les insectes multiplient prodigieusement, ils sont presque tous ovipares, excepté le cloporte.

Les vers sont androgynes: chaque individu a les deux sexes, & l'accouplement est double, ainsi qu'on l'observe dans le ver de terre, le limaçon.

M. Adanson ajoute que les bivalves, animaux à coquilles ou à conques, n'ont point d'organes de la génération, & reproduisent leurs petits sans accouplement; ces vers sont vivipares. Les univalves ou limaçons sont ovipares; les petits sortis, ou du ventre de la mère ou des œufs, ont leur coquille toute formée.

Les polypes sont les animaux les plus singuliers pour la génération; ils produisent par boutures, il se sépare de chaque polype en vigueur un bouton qui s'attache à quelque corps voisin, & y prend de l'accroissement; il se forme aussi à leur surface des polypes, comme les branches que poussent les troncs des arbres.

Dans la génération, on ne connoît absolument que les phénomènes, & tous les systêmes que l'on a inventés pour en expliquer le mystère, présentent toujours des difficultés insurmontables: on les trouve rassemblés dans la physiologie de Haller, la vénus physique de Maupertuis, l'histoire naturelle de Buffon. M. Bonnet est un des physiciens qui s'est le plus étendu sur cet objet dans ses considérations sur les corps organisés. Buffon a donné un systême ingénieux, qu'on doit consulter dans son ouvrage.

Il paroît que dans tout le règne animal, les œufs préexistent dans la femelle, que la liqueur fécondante du mâle ne fait que donner le premier mouvement au cœur; la puissance fécondante de cette liqueur précieuse est tellement active, que, délayée dans une grande quantité d'eau, elle conserve cette propriété, comme on le voit dans la grenouille.

ARTICLE VII.

De l'Irritabilité.

L'irritabilité est la propriété qu'ont certains organes appelés muscles, de se contracter, c'est-à-dire, de se raccourcir par l'action d'un stimulus quelconque qui les touche. Haller a très-bien démontré cette belle doctrine. Les muscles de l'homme, des quadrupèdes, des cétacés & des oiseaux, se ressemblent; ils sont tous également rouges, formés de fibres réunies par faisceaux de différentes formes, recouverts & garnis de membranes argentées, nommées aponévroses, & terminés par des cordes plattes ou arrondies, nommées tendons.

Chez les poissons, les muscles sont blancs & beaucoup plus irritables que ceux qui sont rouges. Dans les quadrupèdes ovipares & les serpens l'irritabilité est encore plus forte; elle dure long-tems après la mort de l'animal; ce qui paroît être commun à tous les animaux dont le sang est froid, tandis que chez ceux qui ont le sang chaud, cette propriété se perd à mesure que ce fluide se refroidit.

Les insectes ont leurs muscles placés dans l'intérieur de leurs os qui sont creux & qui sont de la nature de la corne. On peut très-bien observer cette structure dans la cuisse renflée & creuse de la grosse sauterelle verte, nommée sauterelle à sabre; elle se présente aussi facilement dans l'écrevisse.

Les muscles des vers sont très-pâles & très-irritables, ils sont même très-forts, sur-tout dans les vers recouverts, qui ont une coquille pesante à mouvoir.

Les polypes sont très-irritables, ils se contractent & se resserrent en un seul point, ils meuvent leurs bras avec une agilité singulière, ils les replient très-promptement. Cependant leur structure ne paroît pas être musculeuse.

C'est l'irritabilité qui donne aux animaux le

pouvoir de se transporter d'un lieu dans un autre, & d'exécuter un grand nombre de mouvemens pour écarter les choses nuisibles & se procurer celles qui leur sont utiles: C'est donc dans l'histoire de cette fonction qu'on doit placer celle de ces mouvemens; la station & le marcher, le saut, le vol, les pas des reptiles, le nâger sont autant d'actions combinées, ou de résultats de contractions musculaires propres à chaque classe d'animaux. Leur exposition détaillée exigeroit l'examen des muscles extenseurs de la cuisse de l'homme pour la station; celui des extrêmités, de la forme du corps, de la face allongée & aigue, du thorax comprimé latéralement des quadrupèdes, pour le saut; de la structure des plumes; du sternum, des muscles pectoraux; du bec, de la queue & de la texture intérieure des os des oiseaux pour le vol. Il faudroit pour cela considérer en détail les anneaux musculaires, les écailles ou les tubercules qui tiennent la place de pieds dans les reptiles, la forme du corps, la structure des nâgeoires, celle de la vessie natatoire, & sa communication avec l'estomac dans les poissons; dans les insectes, la structure, le nombre & la position des pattes, les appendices des tarses, la forme, la position & la nature des aîles, des balanciers, &c. Il nous suffit pour le moment d'avoir indiqué l'importance de ces considérations & celles qui méritent en particulier l'attention du physiologiste.

Enfin, il est une dernière considération qui ne me paroît pas avoir encore été faite convenablement ; c'est que le muscle peut être regardé comme un organe sécrétoire destiné à la séparation de la matière fibreuse & irritable dont nous avons parlé ailleurs, & que les vices de cette espèce de sécrétion doivent être observés avec le plus grand soin par les médecins. Nous avons déjà traité de cet objet dans l'examen du sang. On le trouvera détaillé dans un mémoire inséré parmi ceux de la société de médecine.

ARTICLE VIII.

De la Sensibilité.

La sensibilité est une fonction à l'aide de laquelle les animaux éprouvent des sensations de plaisir & de douleur, suivant la nature des corps qui sont en contact avec leurs organes; les sens dépendent du cerveau, de la moëlle allongée, de celle de l'épine & des cordons nerveux ou paires de nerfs qui partent en grand nombre de ces trois foyers ; sans ces organes il ne peut point y avoir de sensibilité. On peut, pour mieux entendre le mécanisme de cette fonction, diviser en trois régions ces organes qui sont continus & semblent n'en faire qu'un, que quelques physiologistes ont appelé l'homme sensible; ces trois régions sont le foyer compris dans le cerveau, le cervelet & la moëlle allongée; la partie moyenne ou de communication qui forme les cordons nerveux, & l'expansion sensitive ou l'extrêmité dilatée des nerfs. Cette extrêmité ou cette expansion présente une forme très-variée dans les différens organes; tantôt elle est membraneuse & réticulaire, comme dans l'estomac & les intestins; tantôt elle est molle & pulpeuse, comme au fond de l'œil & dans le labyrinthe de l'oreille interne; ici elle offre la forme de papilles, comme sous la peau, à la langue, à la couronne du gland, &c. Là elle est répandue en longs filets mous & plats, comme sur la membrane nasale de Schneider.

Le cerveau de l'homme est le plus volumineux & le mieux organisé; cette conformation est d'accord avec la force de son intelligence. Chez les quadrupèdes, il est beaucoup plus petit; en récompense les nerfs sont plus sensibles & les sens plus aiguisés, sur-tout celui de l'odorat, dont l'organe est très-dilaté & comme multiplié par le nombre des lames ethmoïdales. La peau épaiſſe & couverte de poils enlève la ſenſibilité & détruit le tact. Le goût eſt très-fin chez ces animaux. L'ouie offre le même appareil que chez l'homme.

Les cétacés n'ont preſque point de cerveau, relativement à la maſſe de leur corps; cet organe eſt entouré d'un fluide huileux & épais; leurs ſens ſont obtus.

Le cerveau des oiſeaux n'a plus la même ſtructure & le même appareil de replis, d'éminences & de concavités, que celui de l'homme & des quadrupèdes. La belle ſtructure des yeux de ces animaux, leur grandeur, la ſclérotique épaiſſe & cartilagineuſe, la paupière intérieure *membrana nictitans*, mue par des muſcles particuliers, la maſſe du criſtallin & du corps vitré, la bourſe de matière noire contenue à l'extrémité du nerf optique, l'enduit brillant de la choroïde, tout annonce une organiſation compliquée, un ſoin pris par la nature pour rendre la vue des oiſeaux perçante, & pour pourvoir à ce qu'ils puiſſent reconnoître de loin leur proie, & éviter les dangers que la rapidité de leur vol auroit ſans ceſſe fait naître; en un mot, pour favoriſer l'agilité & la mobilité qui ſemblent faire le partage de ces animaux. L'ouie eſt moins parfaite chez eux que la vue; ils ne paroiſſent être que peu ſenſibles aux odeurs &

au goût des alimens; la ſituation des trous des narines & la membrane dure qui enduit le bec, expliquent très-bien ces phénomènes.

Dans les quadrupèdes ovipares & les ſerpens la ſenſibilité eſt très-peu étendue. Le cerveau eſt très-petit, les nerfs n'ont point de ganglions; les ſens paroiſſent en général peu actifs, quoique l'œil & l'oreille interne aient préſenté une organiſation fort belle à MM. Klein, Geoffroy & Vicq d'Azyr.

Les poiſſons ont un cerveau très-petit; & leur crâne eſt rempli d'une maſſe huileuſe; leurs ſens, & ſur-tout leur vue & leur ouie, ſont aſſez délicats. Le dernier de ces organes eſt très-bien conformé, ainſi que l'ont obſervé MM. Klein, Geoffroy, Camper & Vicq d'Azyr. Les naturaliſtes qui ont cru que les poiſſons étoient ſourds, ſe ſont donc trompés.

Les inſectes n'ont point de cerveau, mais une moëlle allongée, cylindrique & chargée de nœuds, qui parcourt toute la longueur de leur corps. Il part de cette moëlle des filets nerveux qui accompagnent la diviſion des trachées. Parmi les organes des ſens, on ne connoît que les yeux des inſectes. Swamerdam a décrit un nerf optique qui ſe diviſe ſous la cornée des yeux à réſeau, en autant de filets qu'il y

a

a de facettes dans cette membrane. On ne sait point s'ils ont un organe de l'ouie.

On ne retrouve presque plus de traces de l'organe sensible dans les vers. Swamerdam a trouvé un cerveau à deux lobes & mobile dans le limaçon, des yeux posés ou à la base, ou à la pointe des tentacules, & le nerf optique contractile, ainsi que ces espèces de cornes. M. Adanson assure que dans les vers les yeux manquent quelquefois, ou qu'ils sont couverts d'une peau opaque.

Quant aux polypes, ils n'ont aucun organe des sens, quoiqu'ils paroissent chercher la lumière.

La sensibilité est donc la fonction dont l'homme jouit dans une beaucoup plus grande étendue que tous les autres animaux. C'est elle qui le distingue & le place à leur tête. Cette fonction doit être connue en détail par le législateur, le philosophe & le médecin.

SUPPLÉMENT AU REGNE MINÉRAL.

De la nature des Eaux minérales, & de leur analyse.

Après avoir considéré tous les corps qui composent le règne minéral, après en avoir examiné les propriétés & les diverses combinaisons, nous avons cru devoir placer ici l'histoire des eaux minérales, parce que ces fluides tenant souvent en dissolution des matières terreuses, salines & métalliques, ensemble ou séparément, il eût été impossible d'en reconnoître l'existence, sans avoir auparavant acquis des connoissances sur les principes qui les minéralisent. Nous plaçons encore ici cet examen des eaux minérales avec d'autant plus d'avantage, qu'il pourra servir de résumé à ce que nous avons dit sur les minéraux, en rappelant la plupart des principes sur les moyens d'en faire l'analyse.

§. I. *Définition & histoire des Eaux minérales.*

On donne le nom d'eaux minérales à celles

qui contiennent quelques minéraux en dissolution. Cependant, comme il n'y a pas une eau, même parmi les plus pures que la nature nous présente, qui ne soit imprégnée de quelques-unes de ces substances, on doit restreindre le nom d'eaux minérales à celles qui tiennent assez de matières en dissolution, pour produire un effet sensible sur l'économie animale, & pour être susceptibles de guérir ou de prévenir les maladies auxquelles nos corps sont exposés (1); c'est pour cela que le nom d'*eaux médicinales* paroîtroit beaucoup mieux convenable à ces fluides, que celui sous lequel on les connoît communément, & que l'usage ne permet pas de changer.

Les premières connoissances que l'on a eues sur les eaux minérales, sont dues au hazard, comme toutes celles dont l'homme jouit. Les bons effets qu'elles auront produits chez ceux

(1) On doit observer que des eaux qui ne contiennent point de principes sensibles à l'analyse, peuvent cependant produire des effets marqués sur l'économie animale; il suffit pour cela qu'elles soient très-légères, très-vives, & que leur température soit au-dessus de celle des eaux communes. C'est ainsi qu'agissent les eaux de Plombières & de Luxeuil, qui paroissent ne différer des eaux pures que par leur chaleur.

qui en auront usé, ont sans doute été cause qu'on les a distinguées des eaux communes. Les premiers savans qui ont réfléchi sur leurs propriétés, ne se sont guère attachés qu'à leurs qualités sensibles; telles que la couleur, la pesanteur ou la légèreté, l'odeur & la saveur. Pline avoit cependant déjà distingué un grand nombre d'eaux, soit par leurs propriétés physiques, soit par l'utilité qu'on pouvoit en retirer. Mais ce n'est que dans le dix-septième siècle qu'on a commencé à chercher les moyens de connoître les différens principes tenus en dissolution dans les eaux, en les traitant par les procédés que la chimie étoit seule capable de fournir. Boyle est un des premiers qui, dans les belles expériences sur les couleurs qu'il publia à Oxford en 1663, fit connoître plusieurs réactifs capables d'indiquer par les altérations de leurs nuances, les substances dissoutes dans l'eau. L'académie des sciences de Paris sentit, dès son institution, combien l'analyse des eaux étoit importante, & Duclos entreprit en 1667 de faire l'examen de celles de la France. On trouve dans les anciens mémoires de cette compagnie, les recherches de ce chimiste sur cet objet. Boyle s'occupa spécialement des eaux minérales vers la fin du dix-septième siècle, & il donna un ouvrage sur cette matière, en 1685. Boulduc publia en

1729 une méthode d'analyser les eaux, beaucoup plus parfaite que celles qu'on avoit employées jusqu'à lui; elle consiste à évaporer ces fluides à différentes reprises, & à séparer par le filtre les substances qui se déposent, à mesure que l'évaporation a lieu.

Plusieurs chimistes célèbres se sont ensuite occupés avec succès des eaux minérales. Chacun d'eux a fait des découvertes précieuses, relativement aux différens principes contenus dans ces fluides. Ainsi Boulduc y a trouvé le natrum, dont il a déterminé la nature; le Roy, médecin de Montpellier, le muriate calcaire; Margraf, le muriate de magnésie; M. Priestley, l'acide carbonique; MM. Monnet & Bergman, le gaz hydrogène sulfuré ou *hépatique*. Ces deux derniers chimistes, outre les découvertes dont ils ont enrichi l'analyse des eaux, ont encore donné des traités complets sur la manière de procéder à cette analyse, & ils ont porté cette partie de la chimie à un degré de précision beaucoup plus grand qu'elle ne l'avoit été avant eux. Outre cela, il existe des analyses particulières d'un grand nombre d'eaux minérales, faites par des chimistes très-habiles, & qui répandent beaucoup de jour sur ce travail, regardé avec raison comme le plus difficile de tous ceux que la chimie-pratique présente. Les bornes que nous devons nous prescrire, ne nous permettent pas d'entrer dans tous les détails de l'histoire de l'analyse des eaux qu'on trouve dans plusieurs ouvrages. D'ailleurs nous aurons soin d'indiquer les auteurs des découvertes, à mesure que l'occasion s'en présentera.

§. II. *Principes contenus dans les Eaux minérales.*

Il n'y a que peu d'années qu'on connoît assez exactement toutes les substances qui peuvent être tenues en dissolution dans les eaux. On conçoit que cela est dû à ce que la chimie n'avoit pas encore fourni les connoissances exactes dont on avoit besoin pour déterminer la nature de ces matières, & que ce n'est qu'à mesure qu'on a découvert des moyens de les reconnoître, qu'on a été certain de leur existence. Une autre raison qui a encore retardé les progrès de la science à cet égard, c'est que les matières minérales dissoutes dans les eaux, n'y sont presque jamais qu'à des doses très-petites, & que d'ailleurs elles y sont toujours mêlées plusieurs ensemble; de sorte qu'elles masquent réciproquement les propriétés qui en constituent les caractères distinctifs. Quoi qu'il en soit, les recherches multipliées des chimistes que nous avons cités, & d'un grand nombre d'autres que nous citerons plus bas, ont appris qu'il y a quelques ſubſtances minérales qui ſe trouvent très-fréquemment dans les eaux; que quelques autres ne s'y rencontrent que rarement; enfin, que pluſieurs n'y exiſtent jamais. Paſſons maintenant en revue chaque claſſe de ces ſubſtances, ſuivant l'ordre dans lequel nous les avons examinées.

La terre ſilicée eſt quelquefois ſuſpendue dans les eaux, & comme elle y eſt dans un très-grand état de diviſion, elle y reſte en ſuſpenſion ſans ſe précipiter; mais elle n'y exiſte jamais qu'en quantité infiniment petite. Peut-être les alcalis & la craie à l'état de carbonates, contribuent-ils à rendre la ſilice diſſoluble.

L'alumine paroît auſſi s'y rencontrer; la fineſſe extrême de cette terre, qui fait qu'elle ſe trouve partagée dans tous les points des eaux, eſt en même-tems cauſe qu'elle en trouble la tranſparence. En effet, les eaux argileuſes ſont louches, blanchâtres, & ont une couleur de perle ou d'opale; elles ſont auſſi graſſes au toucher, & ont reçu le nom de ſavoneuſes. Il paroît que l'acide carbonique favoriſe la ſuſpenſion & la diſſolution de l'alumine dans les eaux.

La baryte, la magnéſie & la chaux ne ſont

jamais pures dans les eaux; elles y ſont toujours combinées avec des acides.

Les alcalis fixes ne s'y rencontrent jamais non plus dans leur état de pureté, mais ils s'y trouvent fréquemment dans l'état de ſels neutres.

Il en eſt de même de l'ammoniaque, & de la plupart des acides. Cependant l'acide carbonique eſt ſouvent libre & jouiſſant de toutes ſes propriétés dans les eaux. Il conſtitue même une claſſe particulière d'eaux minérales, connues ſous le nom d'*eaux gazeuſes*, *ſpiritueuſes* ou *acidules*.

Parmi les ſels neutres à baſe d'alcalis fixes, il n'y a que le ſulfate de ſoude ou *ſel de Glauber*, les muriates de ſoude & de potaſſe, le carbonate de ſoude, qui ſont fréquemment tenus en diſſolution dans les eaux minérales. Le nitrate & le carbonate de potaſſe ne s'y trouvent que très-rarement.

Le ſulfate de chaux, le muriate calcaire, la craie, le ſulfate de magnéſie ou *ſel d'Epſom*, le muriate de magnéſie & le carbonate de magnéſie, ſont ceux des ſels neutres terreux qui ſe rencontrent le plus communément dans les eaux. Quant aux nitrates de chaux & de magnéſie, que quelques chimiſtes ont annoncés, ces ſels ne ſe trouvent ordinairement que dans les eaux ſalées, & preſque jamais dans les eaux minérales proprement dites.

Les ſels neutres alumineux & ceux à baſe de baryte ne ſont preſque jamais en diſſolution dans les eaux. L'alun ou ſulfate acide d'alumine paroît exiſter dans quelques eaux (1).

Le gaz hydrogène pur ne s'eſt point encore rencontré tenu en diſſolution dans les eaux minérales.

On n'a point trouvé le ſoufre pur dans ces fluides; quelquefois, quoique très-rarement, il y exiſte en petite quantité dans l'état de ſulfure de ſoude; mais le plus ſouvent, c'eſt le gaz hydrogène ſulfuré qui les minéraliſe & qui conſtitue les eaux ſulfureuſes.

Enfin, parmi les métaux, le fer eſt le plus fréquemment diſſous dans les eaux, & il peut s'y trouver dans deux états, ou combiné avec l'acide carbonique, ou uni à l'acide ſulfurique. Quelques chimiſtes ont penſé qu'il pouvoit auſſi y être diſſous dans ſon état métallique & ſans intermède acide; mais, comme ce métal n'exiſte preſque jamais dans la nature, ſans être dans

(1) Nous ne parlons pas de l'opinion de le Givre & des autres chimiſtes, qui regardoient l'alun comme un des principes les plus conſtans des eaux minérales; mais des analyſes exactes qui ont indiqué à Mitouart la préſence de l'alun dans les eaux de la Dominique de Vals, & à M. Opoix l'exiſtence de ce ſel dans les eaux de Provins.

l'état d'oxide combiné aux acides carbonique & sulfurique, l'opinion de ces savans ne pouvoit être adoptée que dans le tems où l'on ne connoissoit point encore le premier de ces acides, & où l'on étoit embarrassé pour concevoir la dissolubilité du fer dans l'eau, sans le secours de l'acide sulfurique. Bergman assure qu'il s'en rencontre uni à l'acide muriatique dans quelques eaux, ainsi que la manganèse.

L'oxide d'arsénic, les sulfates de cuivre & de zinc qu'on trouve dans plusieurs eaux, leur donnent des propriétés vénéneuses, & on ne doit en reconnoître la présence que pour éviter l'usage de ces fluides.

Quant au bitume que plusieurs auteurs ont admis dans les eaux, la plupart des chimistes en nient aujourd'hui l'existence. C'étoit spécialement d'après le goût amer des eaux, que l'on y soupçonnoit ce corps huileux; mais on sait que cette saveur, qui n'existe point dans le bitume, dépend entièrement du muriate calcaire.

Il n'est pas difficile de concevoir comment l'eau qui coule dans l'intérieur du globe, & sur-tout des montagnes, peut se charger des différentes substances dont nous venons d'offrir la liste. On conçoit encore, d'après la nature des couches de terre que les eaux parcourent, d'après leur étendue, & d'après la quantité variable de l'eau, pourquoi elles ſont plus ou moins chargées de principes, pourquoi la quantité & la nature de ces principes varient quelquefois dans les mêmes eaux, ſur-tout ſi l'on a égard aux changemens de direction que ces fluides peuvent éprouver par les altérations multipliées dont le globe eſt ſuſceptible, ſpécialement à ſa ſurface & dans les endroits les plus élevés.

§. III. *Diviſion des Eaux minérales en pluſieurs claſſes.*

D'après ce que nous venons d'expoſer ſur les diverſes matières qui ſont ordinairement contenues dans les eaux minérales, on voit qu'il ſeroit poſſible de faire autant de claſſes de ces fluides, qu'il y a de corps terreux, ſalins & métalliques qui peuvent y être tenus en diſſolution; & qu'ainſi le nombre de ces claſſes ſeroit aſſez conſidérable. Mais il faut obſerver à cet égard que jamais une des ſubſtances que nous avons déſignées, ne ſe trouve ſeule & iſolée dans les eaux; & qu'au contraire elles y ſont ſouvent diſſoutes au nombre de trois, quatre, cinq ou même davantage. Voilà donc une difficulté qui s'oppoſe à ce qu'on puiſſe faire une diviſion méthodique des eaux, relativement aux principes qu'elles contiennent.

Cependant, en ayant égard à celle des matières contenues dans les eaux, qui y eſt la plus abondante, & dont les propriétés ſont les plus énergiques, on aura une diſtinction qui, ſans être très-exacte, ſuffira pour faire reconnoître chacun de ces fluides, & pour pouvoir juger de leurs vertus. Tel eſt le parti qu'ont pris les chimiſtes qui ſe ſont occupés des eaux minérales en général. M. Monnet a établi trois claſſes d'eaux minérales; les alcalines, les ſulfureuſes & les ferrugineuſes. Les découvertes faites depuis ce chimiſte, exigent que l'on reconnoiſſe un plus grand nombre de claſſes des eaux. M. Duchanoy, qui a donné un ouvrage eſtimable ſur l'art d'imiter les eaux minérales, en diſtingue dix; ſavoir, les eaux gazeuſes, les eaux alcalines, les eaux terreuſes, les eaux ferrugineuſes, les eaux chaudes ſimples, les eaux thermales gazeuſes, les eaux ſavoneuſes, les eaux ſulfureuſes, les eaux bitumineuſes & les eaux ſalines. Quoiqu'on puiſſe reprocher à cet auteur d'avoir multiplié les claſſes des eaux, puiſqu'on ne connoît pas d'eaux gazeuſes pures & d'eaux bitumineuſes, ſa diviſion eſt ſans contredit la plus complète, celle qui donne une idée plus exacte de la nature des différentes eaux minérales; celle enfin qui convenoit le mieux à ſon ſujet. Pour préſenter un tableau de l'ordre qu'on peut établir dans les eaux relativement aux principes qu'elles contiennent, & pour compléter ce que nous avons déjà dit sur cet objet, nous proposerons une division des eaux moins étendue, & qui nous paroît plus méthodique que celle de M. Duchanoy, en observant toutefois que nous ne regardons pas les eaux thermales simples comme des eaux minérales, puisqu'elles ne sont que de l'eau chaude, suivant les meilleurs chimistes. Nous ne parlerons pas non plus des eaux bitumineuses, parce qu'on n'en connoît point encore de véritables dans la nature.

Toutes les eaux nous paroissent pouvoir être rangées sous quatre classes, savoir, les eaux acidules, les eaux salées, les eaux sulfureuses & les eaux ferrugineuses.

Classe I. *Eaux acidules.*

Les eaux gazeuses qu'il vaut mieux appeler eaux acidules, sont celles dans lesquelles l'acide carbonique domine. On les reconnoît à leur piquant, à la facilité avec laquelle elles bouillent & forment des bulles par la simple agitation. Elles rougissent la teinture de tournesol, précipitent l'eau de chaux & les sulfures alcalins. Comme on ne connoît pas encore d'eaux qui ne contiennent que cet acide pur & isolé, nous croyons qu'on pourroit subdiviser cette classe en plusieurs ordres, suivant les autres principes qui y sont contenus, ou les modifications qu'elles offrent. Toutes paroissent contenir plus ou moins d'alcali & de terre calcaire; mais leurs différens degrés de chaleur fournissent un très-bon moyen de les diviser en deux ordres. Le premier comprendroit les eaux acidules & alcalines froides, telles que celles de Seltz, de Saint-Myon, de Bard, de Langeac, de Chateldon, de Vals, &c. On mettroit dans le second les eaux acidules & alcalines chaudes ou thermales, comme celles du Mont d'Or, de Vichy, de Châtelguyon, &c.

Classe II. *Eaux salines ou salées.*

Nous entendons par le nom d'eaux salines ou salées, celles qui tiennent une assez grande quantité de sels neutres en dissolution pour agir d'une manière très-marquée, & le plus souvent comme purgatives sur l'économie animale. La théorie & la nature de ces eaux sont faciles à découvrir; elles sont entièrement semblables aux dissolutions des sels faites dans nos laboratoires; seulement elles contiennent presque toujours deux ou trois espèces de sels différens.

Le sulfate de soude y est fort rare; le sulfate de magnésie ou sel d'Epsom, le sel marin ou muriate de soude, les muriates calcaire & magnésien, sont les principes salins qui les minéralisent ensemble ou séparément. Les eaux de Sedlitz, de Seydschutz, d'Egra, sont chargées de sel d'Epsom, souvent mêlé avec du muriate de magnésie; celles de Balaruc contiennent du muriate de soude, de la craie, & des muriates calcaire & magnésien; celles de Bourbonne, du muriate de soude, du sulfate de chaux & de la craie; celles de la Mothe sont plus composées que les précédentes, & tiennent en dissolution du muriate de soude, du sulfate de chaux, de la craie, du sulfate de magnésie, du muriate de magnésie, & une matière extractive. Il faut observer sur ce sujet que les sels à base de magnésie sont beaucoup plus communs dans les eaux qu'on ne l'a pensé jusqu'à présent, & qu'il y a encore peu d'analyses dans lesquelles ils aient été bien reconnus, & sur-tout bien distingués du muriate calcaire.

Classe III. *Eaux sulfureuses.*

On a donné le nom d'eaux sulfureuses aux eaux minérales qui paroissent jouir de quelques propriétés du soufre, comme l'odeur & la propriété de colorer l'argent. Les chimistes ont été très-long-temps dans l'ignorance sur le vrai minéralisateur de ces eaux. La plupart ont cru que c'étoit du soufre; mais ils n'ont jamais pu parvenir à le démontrer, ou au moins ils n'en ont trouvé que des atômes. Ceux qui se sont occupés de quelques-unes de ces eaux, y ont admis, ou de l'esprit sulfureux, ou un sulfure alcalin. MM. Venel & Monnet sont les premiers qui se soient élevés contre cette opinion. Le dernier sur-tout a fort approché du but, en regardant les eaux sulfureuses comme imprégnées de la seule vapeur du *foie de soufre*. Rouelle le jeune a dit aussi qu'on pouvoit imiter ces fluides en agitant de l'eau en contact avec l'*air* dégagé d'un sulfure alcalin par un acide. Bergman a fort éclairé cette doctrine en examinant les propriétés du gaz hydrogène sulfuré, dont nous avons parlé à l'article du soufre; il a prouvé que c'est ce gaz qui minéralise les eaux sulfureuses, qu'il a appelées d'après cela *eaux hépatiques*; & il a donné les moyens d'y reconnoître la présence du soufre. Malgré ces découvertes, M. Duchanoy en parlant des eaux sulfureuses, y admet du sulfure, tantôt alcalin, calcaire ou alumineux; & il suit en cela l'opinion de le Roy de Montpellier, qui, comme nous l'avons exposé dans l'histoire du soufre, proposoit

proposoit pour imiter ces eaux, de faire un sulfure à base de magnésie. Il paroît qu'il existe en effet des eaux qui contiennent véritablement un peu de sulfure, tandis que les autres ne sont minéralisées que par le gaz hydrogène sulfuré. En ce cas il faudroit distinguer deux ordres d'eaux sulfureuses ; celles qui tiennent un peu de sulfure alcalin ou calcaire en nature, & celles qui ne sont imprégnées que du gaz hydrogène sulfuré. Les eaux de Barèges & de Cauterets, les eaux Bonnes paroissent appartenir au premier ordre ; & celles de Saint-Amant, d'Aix-la-Chapelle, de Montmorency, au second. La plupart de ces eaux sont thermales ; celle de Montmorency est froide.

Classe IV. *Eaux ferrugineuses.*

Le fer étant le métal le plus abondant & le plus altérable, il n'est pas étonnant que l'eau s'en charge facilement. Aussi les eaux ferrugineuses sont-elles les plus abondantes & les plus communes des eaux minérales. La chimie moderne a répandu beaucoup de lumieres sur cette classe d'eaux. Autrefois on les croyoit toutes imprégnées de sulfates de fer. M. Monnet s'est assuré que la plupart ne contiennent pas ce sel, & il a pensé que le fer y étoit dissous sans l'intermède d'un acide. Aujourd'hui l'on ſait que le fer qui n'eſt point dans l'état de ſulfate, eſt diſſous à l'aide de l'acide carbonique, & forme le ſel que nous avons déſigné ſous le nom de carbonate de fer. MM. Lane, Rouelle, Bergman & pluſieurs autres chimiſtes ont mis cette vérité hors de doute. La quantité plus ou moins grande de l'acide carbonique, & l'état du fer dans les eaux qui lui doivent ſes vertus, nous engagent à diſtinguer cette quatrième claſſe en trois ordres.

Le premier comprend les eaux acidules martiales dans leſquelles le fer eſt tenu en diſſolution par l'acide carbonique, dont la ſurabondance les rend piquantes & aigrelettes. Les eaux de Buſſang, de Spa, de Pyrmont, de Pougue, & la Dominique de Vals entrent dans ce premier ordre.

Le ſecond renferme les eaux martiales ſimples, dans leſquelles le fer eſt diſſous par l'acide carbonique, ſans que ce dernier y ſoit excédent; & conſéquemment ces eaux ne ſont point acidules. Celles de Forges, d'Aumale, de Condé, ainſi que le plus grand nombre des eaux ferrugineuſes ſont de cet ordre. Cette diſtinction dans les eaux ferrugineuſes a été faite par M. Duchanoy.

Mais nous ajoutons un troiſième ordre, d'après M. Monnet; c'est celui des eaux qui contiennent du sulfate de fer. Quoique ces eaux soient extrêmement rares, il en existe cependant quelques-unes. M. Monnet a mis dans cet ordre les eaux de Passy. M. Opoix admet le sulfate de fer, & même en assez grande dose dans les eaux de Provins; il est vrai que M. de Fourcy en a nié l'existence, & regarde le fer de ces eaux comme dissous par l'acide carbonique; mais on ne peut point encore se décider sur cet objet, parce que les résultats de ces chimistes sont entièrement opposés entr'eux, & demandent un nouvel examen. Il faut ajouter que le fer ne se trouve pas seul dans les eaux; il y est mêlé avec de la craie, du sulfate de chaux, différens sels muriatiques, &c. Cependant comme le métal qu'elles contiennent est la principale base de leurs propriétés, elles doivent être nommées ferrugineuses, d'après les principes que nous avons établis (1).

(1) Dans le dénombrement des eaux, divisées par classes, nous ne parlons pas de celles qui peuvent contenir de l'arsenic & du cuivre, parce qu'on doit les regarder comme des poisons. Nous passons également sous silence les eaux qui contiennent des sels ammoniacaux, & des substances extractives, qui sont le produit de la putréfaction des matières organiques sur lesquelles elles ont croupi; ces espèces d'eaux n'appartiennent point aux eaux médicinales.

Quant aux eaux ſavoneuſes admiſes par M. Duchanoy, on doit attendre, pour en admettre l'exiſtence, que l'expérience chimique & médicinale ait prononcé ſur la cauſe de leur propriété ſavoneuſe, que ce médecin attribue à de l'alumine, & ſur les effets qu'elles peuvent produire dans l'économie animale, comme médicamens, & en raiſon de cette propriété.

D'après ces détails, on voit que toutes les eaux minérales ou médicinales ſont partagées en neuf ordres, ſavoir :

Les eaux acidules froides.

Les eaux acidules chaudes ou thermales.

Les eaux ſalées ſulfuriques.

Les eaux ſalées muriatiques.

Les eaux ſulfureuſes ſimples.

Les eaux ſulfurées gazeuſes.

Les eaux ferrugineuſes ſimples.

Les eaux ferrugineuſes & acidules.

Les eaux ferrugineuſes ſulfuriques.

§. IV. *Examen des eaux minérales, d'après leurs propriétés phyſiques.*

Après avoir expoſé les différentes matières qui peuvent ſe rencontrer dans les eaux, après avoir préſenté une légère eſquiſſe de la manière dont on peut les diviser en classes & en ordres, d'après leurs principes, il est nécessaire de donner les moyens d'en faire l'analyse, & de reconnoître avec le plus d'exactitude possible les substances qu'elles tiennent en dissolution. Cette analyse a été regardée comme la partie la plus difficile de la chimie, avec d'autant plus de raison, qu'elle demande une parfaite connoissance de tous les phénomènes chimiques, jointe à l'habitude de la manipulation. Pour parvenir à connoître avec précision la nature d'une eau qu'on veut examiner, 1°. il faut observer la situation de la source, décrire avec exactitude les lieux voisins, & sur-tout les couches des minéraux dont le sol est composé; faire à cet effet des fouilles plus ou moins profondes, & tâcher de découvrir par l'inspection du local, les substances dont l'eau peut s'être chargée. 2°. On examine ensuite les propriétés physiques de l'eau, telles que sa saveur, son odeur, sa couleur, sa transparence, sa pesanteur spécifique, sa température. On doit être muni à cet effet de deux thermomètres qui marchent bien ensemble, & d'un pèse-liqueur. On doit aussi faire ces expériences préliminaires dans différentes saisons, à différentes heures du jour, & sur-tout à différentes époques, suivant l'état de l'atmosphère. Une sécheresse long-tems continuée, ou des pluies abondantes, influent singulièrement sur les eaux. Ces premiers essais indiquent ordinairement la classe à laquelle on doit rapporter l'eau que l'on traite, & dirigent le reste de l'analyse. 3°. Les dépôts formés au fond des bassins, les substances qui nâgent sur l'eau, les matières sublimées sont encore un objet de recherches importantes qu'on ne doit pas négliger. Après ce premier examen, on peut procéder à l'analyse proprement dite, qui se fait de trois manières, par les réactifs, par la distillation & par l'évaporation.

§. V. *Examen des Eaux minérales par les réactifs.*

On donne le nom de réactifs à des substances que l'on mêle aux eaux, pour reconnoître d'après les phénomènes qu'elles présentent, la nature des matières que les eaux tiennent en dissolution.

Les chimistes les plus exacts ont toujours regardé l'emploi des réactifs comme un moyen très-incertain pour découvrir les principes des eaux minérales. Ils se sont fondés sur ce que leur action n'indiquoit pas d'une manière exacte la nature des matières tenues en dissolution dans ces eaux; sur ce qu'on ignoroit souvent quelle étoit la cause des changemens qui arrivent dans ces fluides par leur mêlange; en effet, les matières salines que l'on emploie ordinairement dans cette analyse, sont susceptibles d'y produire un grand nombre de phénomènes sur lesquels il est souvent fort difficile de prononcer. Aussi la plupart de ceux qui se sont livrés à ce genre de travail n'ont eu que peu de confiance dans l'administration des réactifs; ils ont pensé que l'évaporation fournissoit un moyen beaucoup plus sûr de reconnoître la nature & la quantité des principes des eaux minérales, & il passe pour constant dans les meilleurs Ouvrages sur l'analyse de ces fluides, que l'on ne doit se servir de ces substances que comme de moyens auxiliaires, tout au plus capables d'indiquer ou de faire soupçonner la nature des principes qui constituent les eaux. C'est pour cela que les analystes modernes n'ont admis qu'un certain nombre de réactifs, & ont de beaucoup diminué la liste de ceux que les premiers chimistes avoient employés.

Cependant on ne sauroit douter aujourd'hui que la chaleur nécessaire pour évaporer les eaux, quelque foible qu'elle soit, ne puisse produire des altérations sensibles dans leurs principes, & les dénaturer tellement que leur résidu, examiné par les différens moyens que la chimie fournit donne des composés différens de ceux qui étoient tenus en dissolution dans ces eaux. La perte des matières gazeuses, qui sont souvent un des principaux agens des eaux minérales, change singulièrement leur nature, & produit, outre la précipitation de plusieurs corps qui ne doivent leur solubilité qu'à la présence de ces substances volatiles, une réaction entre les autres matières fixes qui en altèrent les propriétés. Les phénomènes des doubles décompositions que la chaleur est capable d'opérer entre des composés qui ne s'altèrent point dans l'eau froide, ne seront appréciés qu'après une longue suite d'expériences sur lesquelles on ne peut encore avoir que des apperçus. Sans entrer dans de plus longs détails, il nous suffira que cette assertion soit démontrée aux yeux de tous les chimistes, pour nous convaincre qu'il ne faut pas s'en rapporter entièrement à l'évaporation. Mais existe-t-il un moyen de reconnoître la nature particulière des substances tenues en dissolution dans les eaux, sans avoir recours à la chaleur, & les connoissances exactes dont les travaux multipliés des modernes ont enrichi la chimie, fournissent-elles quelque procédé pour corriger les erreurs qui peuvent naître de l'évaporation? Les détails dans lesquels je vais entrer, & que je tire d'un mémoire que j'ai lu à la Société Royale de Médecine, prouveront que les réactifs bien purs, & employés d'une manière particulière, peuvent être beaucoup plus utiles dans l'analyse des eaux minérales qu'on ne l'a cru jusqu'à présent.

Parmi le nombre considérable de réactifs que l'on a proposés pour l'analyse des eaux minérales, ceux dont on doit attendre le plus de lumières, sont la teinture de tournesol, le sirop de violettes, l'eau de chaux, la potasse pure ou caustique, l'ammoniaque caustique, l'acide sulfurique concentré, l'acide nitreux, le prussiate de chaux, l'alcohol gallique ou *la teinture spiritueuse de noix de galle*, les dissolutions nitriques de mercure & d'argent; le papier coloré par la teinture aqueuse de fernambouc qui devient bleue par les alcalis; la teinture aqueuse de *terra merita*, que les mêmes sels font passer au rouge brun; l'acide oxalique, pour indiquer la présence de la plus petite quantité possible de chaux, & le muriate barytique pour reconnoître la présence des quantités les plus légères d'acide sulfurique.

Les effets & l'usage de ces principaux réactifs ont été expliqués pat tous les chimistes; mais ils n'ont pas assez insisté sur leur état. Avant de les employer, il est très-important de connoître parfaitement leur nature, afin de ne pas se tromper ſur leurs effets. Bergman s'eſt très-étendu ſur les altérations qu'ils ſont ſuſceptibles de produire. Ce célèbre chimiſte annonce qu'un papier coloré avec la teinture de tourneſol, prend un bleu plus foncé par les alcalis, mais qu'il n'eſt pas altéré par l'acide carbonique. Comme c'eſt ſpécialement pour reconnoître la préſence de cet acide que cette partie colorante eſt utile, il conſeille de n'employer que ſa teinture à l'eau, & de l'étendre aſſez pour qu'elle ait une couleur bleue. Il rejette abſolument le ſirop de violettes, parce qu'il eſt ſujet à fermenter, & parce qu'on n'en a preſque jamais de vrai en Suède. M. Morveau ajoute, dans une note, qu'il eſt aiſé de diſtinguer un ſirop coloré par le bleuet ou le tourneſol, à l'aide du ſublimé corroſif qui lui donne une couleur rouge, tandis qu'il verdit le véritable ſirop de violettes.

L'eau de chaux eſt un des réactifs les plus utiles pour l'analyſe des eaux minérales, quoique peu de chimiſtes en ayent fait une mention expreſſe dans leurs ouvrages. Ce fluide décompoſe les ſels métalliques, ſur-tout le ſulfate de fer dont il précipite l'oxide métallique. Il ſépare l'alumine ou la magnéſie des acides ſulfurique & muriatique, auxquels ces ſubſtances ſe trouvent quelquefois unies dans les eaux. Il peut auſſi indiquer, par la précipitation, la préſence de l'acide carbonique. M. Gioanetti, médecin de Turin, en a même fait un uſage fort ingénieux pour reconnoître la quantité de cet acide contenu dans les eaux de Saint-Vincent. Ce chimiſte, après avoir fait obſerver que le volume de cet acide, d'après lequel on a toujours jugé ſa quantité, peut varier ſuivant la température de l'atmoſphère, a mêlé neuf parties d'eau de chaux avec deux parties d'eau de Saint-Vincent. Il a peſé exactement la *terre calcaire* formée par le tranſport de l'acide carbonique de l'eau minérale ſur la chaux, & il a trouvé d'après le calcul de Jaquin, qui démontre l'exiſtence de treize onces de cet acide dans trente-deux onces de craie, que l'eau de Saint-Vincent en contenoit un peu plus de quinze grains; mais comme l'eau de chaux peut s'emparer de l'acide carbonique uni à l'alcali fixe, auſſi-bien que de celui qui eſt libre, M. Gioanetti, pour connoître exactement la quantité de ce dernier, a fait la même opération avec de l'eau privée de ſon acide libre par l'ébullition. Ce procédé pourra donc être employé pour y déterminer d'une manière exacte & facile le poids d'acide carbonique libre contenu dans une eau minérale gazeuſe.

Une des principales raiſons qui ont engagé les chimiſtes à regarder comme très-infidèle l'action des réactifs dans l'analyse des eaux minérales, c'est qu'ils peuvent indiquer plusieurs substances différentes tenues en dissolution dans les eaux, & qu'il est alors très-difficile de savoir exactement l'effet qu'ils produisent. Cette vérité est sur-tout relative à la potasse considérée comme réactif, puisqu'elle décompose tous les sels formés par l'union des acides avec l'alumine, la magnésie, la chaux & les matières métalliques. Lorsque l'alcali précipite une eau minérale, on ne peut donc pas connoître par la seule inspection du précipité, la nature du sel terreux décomposé dans cette expérience. Son effet est encore plus incertain, lorsqu'on emploie cet alcali saturé d'acide carbonique, comme on le fait ordinairement, puisque l'acide qui lui est uni peut augmenter la confusion. C'est pour cela que je propose la potasse caustique très-pure : elle a d'ailleurs un avantage que ne présente point l'alcali effervescent; c'est celui d'indiquer la présence de la craie dissoute dans une eau gazeuse, à la faveur de l'acide carbonique surabondant. Comme elle s'empare de cet acide, la craie qui cesse d'être soluble dans l'eau qui en est privée, se précipite. Je me suis assuré de ce fait en versant de la lessive des savonniers, récemment faite, dans une eau gazeuse artificielle qui tenoit de la craie en dissolution. Cette dernière ſubſtance s'eſt précipitée à meſure que l'alcali fixe cauſtique s'eſt emparé de l'acide carbonique qui la tenoit en diſſolution. En évaporant à ſiccité l'eau filtrée, j'ai obtenu du carbonate de ſoude, faiſant une très-vive efferveſcence avec les acides. L'alcali fixe cauſtique peut encore occaſionner un précipité dans les eaux minérales, ſans qu'elles contiennent des ſels terreux ; il ſuffit qu'elles tiennent en diſſolution un ſel neutre alcalin moins diſſoluble, pour que l'alcali le précipite en s'uniſſant à l'eau à peu près comme le fait l'alcohol. M. Gioanetti a obſervé ce phénomène dans les eaux de Saint-Vincent, il eſt d'ailleurs facile de s'en convaincre en verſant de l'alcali cauſtique ſur une diſſolution de ſulfate de potaſſe, ou de muriate de ſoude ; ces deux ſels ſont bientôt précipités.

L'ammoniaque cauſtique eſt en général moins ſuſceptible d'erreur lorſqu'on la mêle aux eaux minérales, parce qu'elle ne décompoſe que les ſels à baſe de terre alumineuſe & de magnéſie, & qu'elle ne précipite point les ſels calcaires. Mais il eſt important de faire deux obſervations ſur cet objet; la première, c'eſt qu'il faut avoir de l'ammoniaque très-cauſtique, & qui ne contienne pas un atôme d'acide carbonique; ſans cette précaution; elle décompoſe les ſels à baſe de chaux par une double affinité : la seconde, c'est qu'il ne faut point laisser ce mêlange exposé à l'air, lorsqu'on veut connoître son action plusieurs heures après qu'il a été fait, parce que, comme l'a très-bien observé M. Gioanetti, ce sel s'empare en peu de tems de l'acide carbonique de l'atmosphère, & devient capable de décomposer les sels calcaires. Pour ne laisser aucun doute sur ce point important, j'ai fait trois expériences décisives. Après avoir dissous dans de l'eau distillée quelques grains de sulfate de chaux fait avec du spath calcaire transparent, & de l'acide sulfurique bien pur, (précaution indispensable, parce que la craie ou blanc d'Espagne contient de la magnésie aussi-bien que l'eau de rivière) j'ai séparé cette dissolution en deux parties; j'ai versé dans la première quelques gouttes d'ammoniaque très-récemment préparée & très-caustique; j'ai mis ce mêlange dans un flacon bien bouché. Au bout de vingt-quatre & de quarante-huit heures, il étoit clair & transparent sans aucun dépôt; il n'y avoit donc point de décomposition. La seconde portion a été traitée de même avec l'ammoniaque, mais mise dans un vaisseau dont l'ouverture large communiquoit avec l'air; au bout de quelques heures il s'y étoit formé, à la partie supérieure, un nuage qui a augmenté d'épaiſſeur, & qui s'eſt enfin précipité. Ce dépôt faiſoit une vive effervescence avec l'acide ſulfurique, & formoit du ſulfate de chaux. L'acide carbonique que ce précipité contenoit, avoit donc été fourni par l'ammoniaque, qui l'avoit attiré de l'atmoſphère. Cette combinaiſon d'acide carbonique & d'ammoniaque forme du carbonate ammoniacal, capable de décompoſer les ſels calcaires à l'aide des doubles affinités; ainſi que l'ont démontré MM. Black, Jacquin & pluſieurs autres chimiſtes, & comme on peut s'en convaincre en verſant une diſſolution de carbonate ammoniacal dans une diſſolution de ſulfate de chaux, que l'ammoniaque cauſtique ne trouble point. Enfin, pour aſſurer davantage l'étiologie de cette ſeconde expérience, j'ai pris la première portion d'eau unie à l'ammoniaque, & qui ayant été conſervée dans un vaiſſeau fermé, n'avoit rien perdu de ſa tranſparence; j'ai renverſé le flacon qui la contenoit ſur l'entonnoir d'un très-petit appareil pneumato-chimique, & j'ai fait paſſer dans ce mélange, à l'aide d'un ſiphon, le gaz acide carbonique dégagé de l'alcali fixe effervescent par l'acide ſulfurique. A meſure que les bulles de cet acide traverſoient le mêlange, il s'eſt troublé comme le fait l'eau de chaux. On a filtré, on a retrouvé de la craie ſur le filtre, & l'eau évaporée a fourni du sulfate ammoniacal. L'eau gazeuse ou l'acide carbonique liquide a produit la même décomposition dans un autre mêlange de sulfate de chaux & d'ammoniaque caustique. Cette expérience décisive prouve bien que ce n'est qu'à l'aide des doubles affinités, & par l'addition d'acide carbonique, que l'ammoniaque peut décomposer le sulfate de chaux. On voit d'après cela que lorsqu'on est obligé de conserver le mêlange d'une eau minérale avec l'ammoniaque, pendant plusieurs heures, ce qui est nécessaire, parce qu'il ne décompose certains sels terreux que très-lentement, on doit faire cette expérience dans un vaisseau qui puisse boucher exactement, afin d'empêcher le contact de l'air capable de donner un faux résultat. Cette précaution est en général très-importante dans l'usage de tous les réactifs; elle est d'ailleurs indiquée par Bergman & par M. Gioanetti. J'ajouterai une observation sur l'usage de l'ammoniaque. Comme il est assez difficile d'avoir de l'ammoniaque parfaitement caustique, & qu'il est absolument nécessaire de l'avoir telle pour l'analyse des eaux minérales, on peut employer un moyen fort simple, & que j'ai souvent mis en usage avec succès. C'est de verser un peu d'ammoniaque dans une cornue dont le bec plonge dans l'eau minérale; en chauffant

légèrement

légèrement la cornue, le gaz ammoniac se dégage & passe très-caustique dans l'eau. S'il y occasionne un précipité, c'est que l'eau minérale contient des sels alumineux, magnésiens, ou du sulfate de fer, ce qui se reconnoît constamment à la couleur du précipité; le plus souvent ce précipité est formé par la craie qui étoit dissoute dans l'eau à l'aide de l'acide carbonique. L'ammoniaque absorbe cet acide, & la craie se dépose. Il est assez difficile de prononcer d'après les propriétés physiques du précipité terreux, formé dans une eau par l'ammoniaque caustique, à laquelle des deux bases terreuses on doit l'attribuer, & si c'est un sel neutre alumineux ou magnésien qui est décomposé. Cependant, la manière dont il se forme peut indiquer quel est son caractère. En dissolvant six grains de sulfate de magnésie dans quatre onces d'eau distillée, & six grains d'alun dans égale quantité de ce fluide, & faisant passer dans chacune de ces dissolutions un peu de gaz ammoniac, celle du premier a été troublée sur-le-champ, tandis que celle de l'alun n'a commencé à se précipiter que vingt minutes après; on avoit eu le soin de mettre ce mêlange dans un flacon très-bien bouché. Le même phénomène a eu lieu avec les nitrates & les muriates de magnésie & d'alumine dissous à quantité égale dans de l'eau diſtillée & traitée avec les mêmes précautions. La promptitude ou la lenteur de la précipitation d'une eau minérale par l'addition du gaz ammoniac, fournit donc le moyen de reconnoître quel eſt le ſel terreux que cet alcali décompoſe. En général, les ſels à baſe de magnéſie ſont infiniment plus communs dans les eaux, que ceux à baſe de terre alumineuſe. Je ne dois pas oublier de rappeler un fait obſervé par Bergman, c'eſt que l'ammoniaque eſt ſuſceptible de former, avec le ſulfate de magnéſie, un compoſé dans lequel une portion non décompoſée de ce ſel neutre eſt combinée avec une portion de ſulfate ammoniacal. Peut-être cette portion non décompoſée de ſulfate de magnéſie forme-t-elle avec le ſulfate ammoniacal, un ſel neutre mixte analogue au muriate ammoniaco-mercuriel, ou *ſel alembroth*. L'ammoniaque ne précipite donc qu'une partie de la magnéſie, & ne peut indiquer exactement la quantité du *ſel d'Epſom*, dont elle eſt la baſe. Auſſi l'eau de chaux me paroît-elle préférable pour reconnoître la nature & la doſe des ſels à baſe de magnéſie, contenus dans les eaux minérales. Elle a auſſi la propriété de précipiter les ſels à baſe de terre alumineuſe, beaucoup plus abondamment &

plus promptement que ne le fait le gaz ammoniac (1).

L'acide sulfurique concentré précipite en blanc mat une eau qui contient de la baryte; mais comme cette terre ne se trouve que très-rarement dans les eaux minérales, je dois passer aux autres effets de ce réactif. Lorsqu'il produit des bulles dans une eau, il indique la présence de la craie, du carbonate de soude, ou de l'acide carbonique pur. On peut distinguer chacune de ces substances par quelques phénomènes particuliers. Si l'on fait chauffer une eau chargée de craie, dans laquelle on a versé de l'acide sulfurique, il se forme promptement une pellicule & un dépôt de sulfate de chaux; ce qui n'arrive point dans les eaux simplement alcalines. Il sembleroit au premier coup-d'œil que le sulfate de chaux devroit se précipiter dès que l'on verse l'acide sulfurique dans une eau chargée de craie; cependant il est très-rare

(1) On s'appercevra facilement que je répète plusieurs faits déjà exposés dans le cours de cet Ouvrage. Je n'ai pas craint de le faire, pour rendre ce petit traité sur l'analyse des eaux plus clair & plus complet, & pour rassembler, sur les moyens de les analyser, toutes les connoissances qu'il me paroît indispensable de posséder, lorsqu'on veut se livrer à ce genre de travail.

que cela arrive ſans le ſecours de la chaleur, parce que ces eaux contiennent le plus ſouvent de l'acide carbonique ſurabondant qui favoriſe la diſſolution du ſulfate de chaux, & qu'il eſt néceſſaire de les priver de cet acide avant que ce ſel puiſſe s'en ſéparer. On peut ſe convaincre de ce fait, en jettant quelques gouttes d'acide ſulfurique concentré dans une certaine quantité d'eau de chaux précipitée & éclaircie enſuite par l'acide carbonique. Si l'eau de chaux eſt très-chargée de terre calcaire régénérée, il ſe forme un précipité de ſulfate de chaux au bout de quelques minutes, ou plus lentement & à meſure que l'acide carbonique libre s'en ſépare. Si elle ne précipite pas par le ſimple repos, ce qui arrive lorſque l'eau eſt peu chargée de ſulfate de chaux & contient beaucoup d'acide carbonique ſurabondant, il ſuffit de la chauffer légèrement pour qu'il ſe forme une pellicule, & un précipité de ſulfate calcaire.

L'acide nitreux rutilant eſt recommandé par Bergman, pour précipiter le ſoufre des eaux *hépatiſées*. Pour s'aſſurer de ce fait, il ſuffit de verſer quelques gouttes de cet acide brun & fumant ſur de l'eau diſtillée, dans laquelle on a reçu à l'appareil pneumato-chimique, le gaz qui ſe dégage du ſulfure alcalin cauſtique par les acides. Cette eau *hépatiſée* artificielle, qu diffère des eaux sulfureuses naturelles, en ce qu'elle est plus chargée & conséquemment plus prompte dans sa décomposition, donne en quelques instans un précipité avec l'acide nitreux. Ce précipité est d'un blanc jaunâtre; recueilli sur un filtre & séché, il brûle avec la flamme & l'odeur propres au soufre, dont il a tous les caractères. Il paroît que l'acide nitreux altère le gaz hydrogène sulfuré, comme il le fait à l'égard de toutes les matières inflammables, à l'aide de la quantité & de l'état de l'oxigène qu'il contient. Schéele a indiqué l'acide muriatique oxigéné pour précipiter le soufre des mêmes eaux; il faut n'en employer que très-peu, sans quoi l'excès brûle & redissout le soufre en état d'acide sulfurique, comme je l'ai observé sur l'eau de Montmorency. L'acide sulfureux précipite le soufre avec beaucoup de facilité des eaux sulfureuses.

Aucun réactif n'est encore moins constant, relativement à sa manière d'agir, que la lessive alcaline du sang que l'on a nommée *alcali phlogistiqué*. Il y a long-tems que les chimistes se sont apperçus que cette liqueur contenoit du bleu de Prusse ou prussiate de fer tout formé. On a cru qu'on pouvoit en séparer ce bleu à l'aide d'un acide, & on l'a proposé dans cet état, comme une substance capable de démontrer le fer existant dans les eaux minérales. Rien n'est moins certain que la séparation complette du prussiate de fer d'avec ce prussiate de potasse fait avec le sang, on doit donc bannir cette lessive de l'emploi des réactifs. Macquer, d'après sa découverte sur la décomposition du bleu de Prusse par les alcalis, a proposé la potasse saturée de la matière colorante de ce bleu, pour reconnoître la présence du fer dans les eaux minérales; cependant comme cette liqueur contient encore un peu de bleu de Prusse, que l'on peut en séparer par un acide, ainsi que Macquer l'a indiqué, M. Baumé conseille d'ajouter à cet alcali prussien deux ou trois onces de vinaigre distillé par livre, de faire digérer à une douce chaleur, jusqu'à ce que tout le bleu de Prusse soit précipité; alors on y verse de l'alcali fixe pur, pour saturer l'acide du vinaigre. Malgré ce procédé très-ingénieux, j'ai eu occasion d'observer que cet alcali prussien purifié par le vinaigre, laissoit déposer du bleu à la longue, & sur-tout par l'évaporation. M. Gioanetti a fait la même observation, en évaporant à siccité l'alcali prussien purifié par la méthode de M. Baumé. Il a proposé deux procédés pour obtenir cette liqueur plus pure & totalement exempte de fer; il conseille dans l'un, de surcharger l'alcali prussien de vinaigre distillé, de l'évaporer jusqu'à siccité à une douce chaleur, de dissoudre la masse restante dans de l'eau distillée, & de filtrer cette dissolution. Tout le bleu de Prusse reste sur le filtre, & la liqueur n'en contient plus. L'autre procédé consiste à neutraliser cet alcali avec une dissolution d'alun; on le filtre & on en sépare le sulfate de potasse par l'évaporation. Ces deux liqueurs ne donnent pas un atôme de bleu de Prusse avec les acides purs, ni par l'évaporation jusqu'à siccité. L'eau de chaux saturée de la matière colorante du bleu de Prusse, dont j'ai parlé à l'article du fer, n'exige point toutes ces opérations. Versée sur une dissolution de sulfate de fer, elle forme sur-le-champ un bleu de Prusse pur & sans mêlange de vert. Les acides n'en précipitent que des atômes de bleu. Elle ne contient donc pas de fer, & elle est préférable aux alcalis prussiens pour essayer les eaux minérales. Ce phénomène dépend sans doute de ce que la chaux dissoute dans l'eau n'a pas, à beaucoup près, la même action sur le fer que les alcalis. Ce prussiate de chaux m'a paru très-propre à faire reconnoître les eaux ferrugineuses, soit gazeuses, soit sulfuriques. En effet, le gaz carbonique qui tient le fer en dissolution dans les eaux, étant de nature acide, décompose aussi-bien les lessives prussiennes, à l'aide des doubles affinités, que le fait le sulfate de fer. J'ai essayé le prussiate de chaux sur les eaux de Spa & sur celles de Passy; j'ai obtenu sur-le-champ un bleu très-sensible dans les premières, & très-abondant dans les secondes. Voilà donc une liqueur fort facile à préparer, qui ne contient presque point de bleu de Prusse, & qui est très-propre à indiquer la présence des moindres parcelles de fer dans les eaux. C'est une espèce de sel neutre formé par l'acide prussique ou la partie colorante du bleu & la chaux. J'ai eu soin de faire observer dans l'histoire du fer, que Schéele avoit tiré la même induction que moi sur l'utilité de cette liqueur d'épreuve que j'avois fait connoître dès 1780.

La noix de galle, ainsi que toutes les substances végétales acerbes & astringentes, comme les écorces de chêne, les fruits de cyprès, le brou des noix, &c. ont la propriété de précipiter les dissolutions de fer, & de donner à ce métal différentes couleurs, suivant sa quantité, son état & celui de l'eau qui le tenoit en dissolution. Cette couleur offre un grand nombre de nuances qui s'étendent depuis un rose-pâle jusqu'au noir le plus foncé. On a reconnu que la couleur pourpre que les eaux prennent avec la teinture de noix de galle, n'est point un indice que le fer y est contenu dans son état métallique ; puisque le sulfate & le carbonate de fer se colorent aussi en pourpre par l'infusion de la noix de galle. C'est plutôt la quantité du fer, son plus ou moins grand degré d'adhérence à l'eau, & l'état de décomposition plus ou moins avancée de cette dissolution relativement à la quantité d'oxigène contenu dans le fer, qui occasionne les différences de couleur que l'on observe dans ces précipitations. Nous avons déjà dit que le principe astringent est une espèce d'acide particulier, puisqu'il s'unit aux alcalis, qu'il teint en rouge les couleurs bleues végétales ; qu'il décompose les sulfures alcalins, & se combine aux oxides métalliques. On emploie pour reconnoître la présence du fer dans une eau minérale, la noix de galle en poudre, l'infusion de cette substance faite à froid, & la teinture par l'alcohol. Cette dernière est préférée, parce qu'elle est beaucoup moins altérable que la dissolution dans l'eau, qui est très-sujette à se moisir. Les produits de la noix de galle distillée colorent aussi les dissolutions ferrugineuses. La dissolution dans les acides, dans les alcalis, dans les huiles, dans l'éther, présente le même phénomène. Le fer que cette matière précipite des acides, est dans l'état de gallate de fer, & forme une espèce de sel neutre qui n'eſt pas attirable à l'aimant, quoique très-noir; il ſe diſſout lentement & ſans efferveſcence ſenſible dans les acides; il perd ſes propriétés par l'action du feu, & devient attirable. La noix de galle eſt un réactif ſi ſenſible, qu'une ſeule goutte de ſa teinture colore en pourpre dans l'eſpace de cinq minutes une eau qui ne contient qu'un vingt-quatrième de grain de ſulfate de fer ſur près de trois pintes. Tous ces phénomènes dépendent de ce que la matière de la noix de galle brûle avec une grande facilité, & enlève promptement au fer une portion de l'oxigène qu'il contient, de manière à le faire paſſer à l'état d'oxide noir ou d'éthiops, dont la plus petite quantité eſt très-ſenſible dans des liqueurs tranſparentes.

Les deux derniers réactifs que nous propoſons pour l'examen des eaux, ſont les diſſolutions d'argent & de mercure par l'acide nitrique. On a coutume de les employer pour connoître la préſence des acides ſulfurique ou muriatique dans les eaux minérales; mais pluſieurs autres ſubſtances peuvent auſſi les précipiter, quoiqu'elles ne contiennent pas la plus petite parcelle de ces acides. Les ſtries blanches & peſantes que le nitrate d'argent donne dans une eau qui ne tient qu'un demi-grain de muriate de ſoude par pinte, annoncent très-aiſément

& très-sûrement l'acide de ce sel. Mais elles n'indiquent pas de même la présence de l'acide sulfurique, puisque suivant l'estimation de Bergman, il faut au moins trente grains de sulfate de soude par pinte, pour qu'elle y produise sur-le-champ un effet sensible : ajoutez à cela que l'alcali fixe, la craie, la magnésie peuvent précipiter d'une manière beaucoup plus marquée la dissolution nitrique d'argent. Ainsi, le phénomène de la précipitation d'une eau minérale à l'aide de cette dissolution, ne peut donc pas servir à déterminer d'une manière précise la substance saline ou terreuse à laquelle elle est due.

La dissolution de mercure par l'acide nitrique est encore plus susceptible d'induire en erreur ; non-seulement elle indique la présence des acides sulfurique & muriatique dans les eaux, mais elle est précipitée par les carbonates alcalins & terreux en une poudre jaunâtre, qui pourroit induire en erreur en annonçant l'effet de l'acide sulfurique. On croit communément que le précipité blanc très-abondant qu'elle forme dans une eau, est dû à la présence d'un sel muriatique ; cependant les mucilages & les substances extractives présentent le même phénomène, comme le savent aujourd'hui tous les chimistes. Outre ces sources d'erreurs & d'incertitudes fondées sur la propriété qu'ont plusieurs substances de produire avec la dissolution nitrique de mercure un précipité semblable, il en est encore d'autres qui dépendent de l'état de cette dissolution en elle-même, & sur lesquelles il est très-important d'être prévenu pour ne pas commettre des fautes graves dans l'analyse des eaux. Bergman a indiqué une partie des différences singulières qu'on observe dans cette dissolution, suivant la manière dont elle a été faite à chaud ou à froid, sur-tout relativement à la couleur des précipités qu'elles donnent par différens intermèdes. Mais il n'a pas dit un mot de la propriété qu'offre cette dissolution d'être précipitée par l'eau distillée, lorsqu'elle est très-chargée d'oxide de mercure, quoique M. Monnet eût indiqué ce fait dans son Traité de la dissolution des métaux. Comme cet objet est d'une grande importance pour l'analyse des eaux, je m'en suis occupé dans le plus grand détail, afin d'établir quelque chose de certain, & j'y suis parvenu, comme on va le voir, par un moyen très-simple. J'ai fait un grand nombre de dissolutions de mercure dans de l'acide nitrique bien pur, en différentes doses de ces deux substances, à froid & à chaud, & en employant des acides de degrés de force très-variés. Ces expériences m'ont fourni les résultats suivans.

1°. Les dissolutions faites à froid se chargent plus ou moins promptement d'une quantité de mercure différente, suivant le degré de concentration de l'acide nitrique; mais quelque quantité de mercure qu'ait ainsi dissoute à froid un acide concentré, cette dissolution ne précipite jamais par l'eau; j'ai dissous à froid deux gros & demi de mercure dans deux gros d'acide nitreux rouge & très-fumant, pesant une once quatre gros cinq grains, dans une bouteille qui tenoit une once d'eau distillée; la combinaison s'est faite avec une rapidité singulière; il s'est perdu en gaz nitreux très-épais, & en vapeurs aqueuses dissipées par la chaleur du mêlange, plus du quart de l'acide. Cette dissolution étoit d'un vert foncé, très-transparente; j'en ai versé quelques gouttes dans une demi-once d'eau distillée; il s'y est formé quelques stries blanchâtres qui se sont dissoutes par l'agitation, & n'ont pas donné de précipité. C'est cependant la dissolution la plus chargée que j'aie pu faire à froid, celle qui présente le plus de mouvement, d'effervescence & de vapeurs rutilantes. Comme elle avoit déposé des cristaux, j'ai ajouté deux gros d'eau distillée, qui ont dissous le tout sans apparence de précipitation. A plus forte raison, celles que l'on fait à froid avec de l'acide nitrique ordinaire, &

la moitié de leur poids de mercure, ne seront-elles jamais précipitées par l'eau, & pourront-elles être employées avec succès pour l'analyse des eaux minérales.

2°. Quelque peu concentré que soit l'acide nitrique, si on le chauffe fortement sur du mercure, il en dissoudra une plus grande quantité que le plus fort acide à froid; & la dissolution, légèrement colorée en jaune, paroîtra grasse & épaisse; elle laissera précipiter par le repos une masse informe jaunâtre, qu'on peut changer en oxide jaune ou en beau turbith, à l'aide de l'eau bouillante. Cette dissolution versée dans de l'eau distillée, y forme un précipité très-abondant, d'une couleur jaune semblable au *turbith*. Une dissolution faite à froid, offrira le même résultat, si on la chauffe fortement, & si on en dégage beaucoup de gaz nitreux. On doit bannir ces dissolutions surchargées d'oxide de mercure, de l'analyse des eaux minérales, puisqu'elles sont décomposées par l'eau distillée.

3°. Il paroît que ces deux espèces de dissolutions ne diffèrent l'une de l'autre que par la quantité d'oxide de mercure, beaucoup plus grande dans celle qui précipite par l'eau, que dans celle qui n'est point décomposable par ce fluide. J'ai démontré cette vérité, en évaporant comparativement quantité égale de l'une

& de l'autre de ces dissolutions dans des fioles à médecine, pour les réduire en précipité rouge. J'ai obtenu un quart de plus de ce précipité de la dissolution qui précipite par l'eau, que de celle qui ne précipite pas. La pesanteur spécifique m'a paru fournir encore un bon moyen d'indiquer la quantité respective d'oxide de mercure contenue dans ces différentes liqueurs. J'ai comparé le poids relatif d'un volume égal de trois dissolutions mercurielles nitreuses, qui différoient entr'elles. L'une, qui ne précipitoit pas du tout dans l'eau distillée, & qui étoit le résultat de la première expérience citée plus haut, pesoit une once un gros soixante-sept grains dans une bouteille qui contenoit juste une once d'eau distillée. La seconde dissolution avoit été faite par une chaleur très-douce, & elle donnoit une légère couleur d'opale à l'eau distillée, sans produire un précipité bien marqué; elle pesoit dans la même bouteille une once six gros vingt-quatre grains. Enfin, une troisième dissolution mercurielle, chauffée assez fortement, & qui précipitoit un vrai turbith minéral d'un jaune sale par l'eau distillée, pesoit sous le même volume une once sept gros vingt-cinq grains. Pour confirmer davantage cette opinion, il restoit une expérience décisive à faire. Si la dissolution que l'eau précipitoit devoit cette propriété à une trop grande quantité d'oxide de mercure relativement à celle de l'acide, elle devoit perdre cette propriété en y ajoutant l'acide nécessaire pour soutenir le mercure. C'est aussi ce qui est arrivé. En versant de l'eau forte sur une dissolution que l'eau décomposoit, elle a bientôt acquis la propriété de ne plus précipiter par l'eau; & elle étoit absolument dans le même état que celle que l'on fait lentement, & par la seule chaleur de l'atmosphère. M. Monnet a déjà indiqué ce procédé pour empêcher les cristaux de nitrate mercuriel de se réduire en oxide par le contact de l'air. C'est par un procédé inverse, & en faisant évaporer une portion de l'acide d'une bonne dissolution qui ne précipite pas par l'eau, qu'on la fait passer à l'état d'une dissolution beaucoup plus chargée d'oxide mercuriel, & conséquemment susceptible d'être décomposée par l'eau. On peut lui rendre sa première qualité, en lui restituant l'acide qu'elle a perdu pendant l'évaporation.

Telles sont les différentes considérations que j'ai cru devoir faire pour rendre moins incertain l'effet des réactifs sur les eaux. Mais quelque précision qu'on apporte dans ces recherches, quelqu'étendues que soient les connoissances que l'on a acquises sur les degrés de pureté

pureté & sur les différens états des diverses substances que l'on combine aux eaux minérales pour en découvrir les principes, si l'on ne peut disconvenir que chacun des réactifs est susceptible d'indiquer deux ou trois matières différentes, dissoutes dans ces eaux, il restera toujours du doute sur le résultat de leur action. La chaux, par exemple, s'empare de l'acide carbonique; elle précipite les sels à base d'alumine & de magnésie, aussi bien que les sels métalliques, l'ammoniaque opère le même effet, l'alcali fixe précipite, outre ces premiers sels, ceux à base de chaux; le prussiate calcaire, le prussiate de potasse & l'alcool gallique précipitent le sulfate & le carbonate de fer; les dissolutions nitriques d'argent & de mercure décomposent tous les sels sulfuriques & les sels muriatiques qui peuvent varier ou se trouver plusieurs ensemble dans la même eau; elles sont elles-mêmes décomposées par les alcalis, la craie, la magnésie. Parmi ce grand nombre d'effets compliqués, comment distinguer celui qui a lieu dans l'eau qu'on examine? comment savoir s'il est simple ou s'il est composé?

Ces questions, quoique très-difficiles dans les tems où la chimie ne connoissoit pas toutes ses ressources, sont cependant de nature à être agitées aujourd'hui; & l'on peut même espérer d'y répondre d'une manière satisfaisante. J'observe d'abord que la nature des réactifs étant beaucoup mieux connue qu'elle ne l'étoit il y a quelques années, & leur réaction sur les principes des eaux mieux appréciée, c'est déjà une forte présomption pour penser que leur usage peut être beaucoup plus utile qu'on ne l'a cru jusqu'à ce jour. Il n'y a cependant encore eu, parmi le grand nombre d'excellens chimistes qui se sont occupés de l'analyse des eaux, que MM. Baumé, Bergman & Gioanetti, qui ayent entrevu qu'on pouvoit en tirer un plus grand parti qu'on ne l'a encore fait. On est depuis longtems, dans l'habitude de faire l'examen des eaux minérales par les réactifs sur de très-petites doses, & souvent dans des verres; on note les phénomènes de précipitation qu'on observe, & on ne pousse pas l'expérience plus loin. M. Baumé a conseillé, dans sa Chimie, de saturer une certaine quantité d'eau minérale avec l'alcali fixe & les acides, de ramasser les précipités, & d'en examiner la nature. Bergman a pensé qu'on pouvoit juger par le poids des précipités, que l'on obtient dans ces mêlanges, de la quantité des principes contenus dans les eaux. Quelques autres chimistes ont aussi employé cette méthode, mais toujours dans quelques vues particulières, & jamais personne n'a proposé de faire une analyse suivie des eaux minérales par ce moyen. Pour y parvenir, je pense qu'il faut mêler plusieurs livres d'eau minérale avec chaque réactif, jusqu'à ce que ce dernier cesse de précipiter cette eau. On laissera alors rassembler le précipité pendant vingt-quatre heures dans un vaisseau exactement bouché : on filtrera le mêlange, & l'on examinera, par les moyens connus, le précipité resté sur le filtre, après l'avoir pesé, & fait sécher à l'étuve. C'est ainsi qu'on parviendra à découvrir sûrement la substance sur laquelle a agi le réactif, & à déterminer la cause de la décomposition qu'il a opérée. On pourra suivre un ordre marqué dans ces opérations, en mêlant d'abord les eaux avec les substances qui sont le moins susceptibles de les altérer, & en passant ainsi de ces substances à celles qui sont capables de produire des changemens plus variés & plus difficiles à apprécier. Voici ce que j'ai coutume de faire dans cette espèce d'analyse. Après avoir examiné la saveur, la couleur, la pesanteur & toutes les autres propriétés physiques d'une eau minérale, je verse sur quatre livres de ce fluide une quantité égale d'eau de chaux ; s'il ne se fait point de précipité en vingt-quatre heures, je suis sûr que cette eau ne contient ni acide carbonique libre, ni carbonate alcalin, ni sels terreux à base de terre alumineuſe ou de magnéſie, ni ſels métalliques ; mais s'il ſe forme ſur le champ ou peu à peu un précipité, je filtre le mélange, & j'examine les propriétés chimiques du dépôt. S'il n'a point de ſaveur, s'il eſt indiſſoluble dans l'eau, s'il fait effervеſcence avec les acides, & s'il forme avec l'acide ſulfurique un ſel inſipide & preſque inſoluble dans l'eau, j'en conclus que c'eſt de la craie, & que l'eau de chaux ne s'eſt emparée que de l'acide carbonique diſſous dans l'eau. Si au contraire il eſt peu abondant, s'il ſe raſſemble difficilement, s'il ne fait point effervеſcence, s'il donne avec l'acide ſulfurique un ſel ſtyptique, ou amer & très-ſoluble, il eſt formé par la magnéſie ou la terre alumineuſe, & ſouvent par l'une & l'autre. Je n'ai pas beſoin de m'étendre davantage ſur les moyens qui ſervent à diſtinguer ces deux ſubſtances, parce qu'ils doivent être très-connus. J'ajoute ſeulement qu'on peut les multiplier aſſez pour n'avoir aucun doute ſur leur nature.

Après l'examen par l'eau de chaux, je verſe ſur quatre autres livres de la même eau minérale un gros ou deux d'ammoniaque bien cauſtique ; ou j'y fais paſſer du gaz ammoniac dégagé de ce ſel liquide par la chaleur. Lorſque l'eau en eſt ſaturée, je laiſſe le mélange en repos dans un vaiſſeau fermé pendant vingt-quatre heures ; alors s'il s'est formé un précipité qui ne peut être dû qu'à des sels ferrugineux ou à base de magnésie & d'alumine, j'en recherche la nature à l'aide des différens moyens dont j'ai parlé pour la chaux. Mais l'action du gaz ammoniac étant plus infidelle que celle de l'eau de chaux qui opère les mêmes décompositions que lui, il est bon d'observer que l'on ne doit l'employer que comme un moyen auxiliaire dont on ne peut point attendre de résultats aussi exacts que ceux qui sont fournis par le réactif précédent.

Lorsque les sels à base de terre alumineuse ou de magnésie ont été découverts par l'eau de chaux, ou par le gaz ammoniac, la potasse ou la soude servent à faire reconnoître ceux à base de chaux, tels que le sulfate & le muriate calcaires. Pour cela, je précipite quelques livres de l'eau que j'examine par l'un ou l'autre de ces alcalis fixes en liqueur, jusqu'à ce qu'il ne la trouble plus. Comme il décompose aussi bien les sels à base de terre alumineuse que ceux qui sont formés par la chaux, si le précipité ressemble par la forme, la couleur & la quantité à celui que l'eau de chaux m'a donné, il est à présumer que l'eau ne contient point de sel calcaire ; & l'examen chimique de ce précipité confirme ordinairement ce soupçon. Mais si le mêlange se trouble beaucoup plus que celui qui est fait avec l'eau de chaux, si le dépôt est plus pesant, plus abondant, & se rassemble plus vîte, alors il contient de la chaux mêlée avec la magnésie ou l'alumine. Je m'en assure en traitant ce dépôt par les différens moyens que j'ai déjà indiqués. On conçoit que le fer précipité par les réactifs en même-tems que les substances salino-terreuses, est facile à reconnoître par sa couleur & par sa saveur, & que la petite quantité de ce métal séparée par ces procédés, n'est pas capable d'influer sur les résultats.

Il seroit inutile d'insister sur les substances que l'acide sulfurique, l'acide nitreux, la noix de galle, les prussiates calcaire ou alcalin employés comme réactifs, peuvent indiquer dans les eaux minérales. Ce que j'ai dit plus haut sur les effets généraux de ces matières, doit suffire; j'ajouterai seulement qu'en les mêlant à grande dose avec ces eaux, on peut, en recueillant les précipités, reconnoître plus exactement la nature & la dose de leurs principes, ainsi que l'ont fait MM. Bergman & Gioanetti.

Je m'arrêterai davantage sur les produits que donnent les dissolutions nitriques d'argent ou de mercure mêlées aux eaux minérales. C'est surtout avec ces réactifs qu'il est avantageux d'opérer sur de grandes doses, afin de pouvoir déterminer la nature des acides que contiennent les eaux. L'analyse de ces fluides deviendra complette par la connoissance de leurs acides, puisque ces derniers y sont souvent combinés avec les bases que les réactifs précédens ont fait reconnoître. La couleur, la forme & l'abondance des précipités formés par les dissolutions de mercure & d'argent, ont indiqué jusqu'actuellement aux chimistes, la nature des acides auxquels ils sont dus. Un dépôt épais, pesant, & qui se forme sur-le-champ par ces dissolutions, décèle l'acide muriatique. S'il est peu abondant, blanc, & cristallisé avec le nitrate d'argent, jaunâtre & informe avec celui de mercure; s'il ne se rassemble que lentement, on l'attribue à l'acide sulfurique. Cependant, comme ces deux acides se rencontrent fréquemment dans la même eau, comme l'alcali & la craie décomposent aussi ces dissolutions, on n'a que des résultats incertains lorsqu'on ne s'en rapporte qu'aux propriétés physiques des précipités. Il faut donc les examiner plus en détail. Pour cet effet, on doit mêler les dissolutions d'argent & de mercure avec cinq à six livres de l'eau qu'on veut analyser, filtrer les mêlanges vingt-quatre heures après, sécher les dépôts & les traiter par les procédés que l'art indique. En chauffant dans une cornue le précipité fait par une dissolution nitrique de mercure, la portion de ce métal, unie à l'acide muriatique des eaux, se volatilise en *mercure doux*; celle qui est combinée à l'acide sulfurique, reste au fond du vaisseau, & offre une couleur rougeâtre. On peut encore reconnoître ces deux sels en les mettant sur un charbon ardent. Le sulfate de mercure, s'il y en a, exhale de l'acide sulfureux & se colore en rouge, le muriate mercuriel reste blanc, & se volatilise sans odeur de soufre. Ces phénomènes servent aussi à faire distinguer les précipités qui pourroient être formés par les substances alcalines contenues dans les eaux, puisque ces derniers n'exhalent point d'odeur sulfureuse, & ne sont point volatils sans décomposition.

Les précipités produits par la combinaison des eaux minérales avec la dissolution nitrique d'argent, peuvent être examinés aussi facilement que les précédens. Le sulfate d'argent étant plus soluble que le muriate du même métal, l'eau distillée peut être employée avec succès pour séparer ces deux sels. Le muriate d'argent se reconnoît à sa fixité, à sa fusibilité, & sur-tout à ce qu'il est moins décomposable que le sulfate de ce métal; ce dernier mis sur les charbons, exhale une odeur sulfureuse, & laisse un oxide d'argent que l'on peut fondre sans addition. Je ne parle point de tous les procédés que la chimie pourroit fournir pour reconnoître & séparer les deux sels d'argent dont je viens de faire mention; il me suffit d'en avoir indiqué quelques-uns.

§. VI. *Examen des Eaux minérales par la distillation.*

La distillation est employée dans l'analyse des eaux, pour connoître les substances gazeuses qui leur sont unies. Ces substances sont, ou de l'air plus ou moins pur, ou de l'acide carbonique, ou du gaz hydrogène sulfuré. Pour en connoître la nature & la quantité, il faut prendre quelques livres d'eau minérale, les mettre dans une cornue qu'elles ne remplissent qu'à moitié ou aux deux tiers; adapter à ce vaisseau un tube recourbé qui plonge sous une cloche pleine de mercure. L'appareil ainsi disposé, on chauffe la cornue jusqu'à ce que l'eau soit en pleine ébullition, ou jusqu'à ce qu'il ne passe plus de fluide élastique dans les cloches. Lorsque l'opération est finie, on soustrait du volume de gaz que l'on a obtenu, la quantité d'air contenu dans la portion vide de la cornue; le reste est le fluide aériforme qui étoit contenu dans l'eau minérale, & dont on connoît bientôt la nature, par les épreuves de la bougie allumée, de la teinture de tourneſol & de l'eau de chaux. S'il s'enflamme & s'il a une odeur fétide, c'eſt du gaz hydrogène ſulfuré: s'il éteint la bougie, s'il rougit le tourneſol, & s'il précipite l'eau de chaux, c'eſt de l'acide carbonique ; enfin, s'il entretient la combuſtion ſans s'enflammer, s'il eſt inodore, s'il n'altère ni le tourneſol, ni l'eau de chaux, c'eſt de l'air atmoſphérique. Il peut arriver que ce dernier fluide ſoit plus pur que l'air de l'atmoſphère; alors on juge de ſon degré de pureté, par la manière dont il excite la combuſtion, ou par ſon mêlange avec le gaz nitreux ou hydrogène dans les eudiomètres de MM. Fontana & Volta. Le procédé que l'on ſuit pour obtenir les matières gazeuſes contenues dans les eaux, eſt entièrement dû à la chimie moderne. Autrefois l'on employoit une veſſie mouillée, qu'on adaptoit au gouleau d'une bouteille pleine d'eau minérale; on agitoit ce fluide & on jugeoit par le gonflement de la veſſie de la quantité de gaz contenu dans l'eau. On ſait aujourd'hui que ce moyen eſt infidèle, parce que l'eau ne peut donner tout ſon gaz que par l'ébullition, & parce que les parois de la veſſie mouillée altèrent & dénaturent le fluide élaſtique que l'on obtient. Il n'eſt pas beſoin d'avertir qu'il faut obſerver avec ſoin les phénomènes que l'eau préſente à meſure que le gaz s'en ſépare; enfin, qu'on doit distiller une quantité d'autant moins grande d'eau, que sa saveur, son pétillement & sa légèreté indiquent qu'elle contient davantage de gaz.

Tel est le moyen recommandé par les chimistes modernes pour retirer les fluides élastiques contenus dans les eaux. Je ferai observer, 1°. qu'on ne doit compter sur ce procédé pour les eaux acidules, qu'autant qu'on estime très-exactement la pesanteur de l'air & l'état de compression du fluide élastique dans les cloches, & que comme cette estimation est assez difficile, l'absorption de cet acide par l'eau de chaux proposée par M. Gioanetti paroît être préférable; 2°. quoiqu'il ait été recommandé par Bergman pour retirer le gaz hydrogène sulfuré des eaux sulfureuses, il ne peut point remplir cet objet, parce que la chaleur de l'ébullition décompose ce gaz, & parce qu'il est aussi décomposé par le mercure qui passe à l'état d'éthiops aussitôt qu'il touche ce fluide élastique. C'est pour cela que dans mon analyse des eaux d'Enguien près Montmorency, j'ai proposé la litharge pour absorber ce gaz à froid, & pour désoufrer complettement les eaux sulfureuses.

§. VII. *Examen des Eaux minérales par l'évaporation.*

L'évaporation est généralement regardée comme le moyen le plus sûr d'obtenir tous les principes des eaux minérales. Nous avons fait observer plus haut, & nous répétons ici, d'après les travaux de MM. Venel & Cornette, qu'il peut se faire qu'une longue ébullition décompose les matières salines dissoutes dans l'eau, & c'est pour cela que nous avons conseillé de les examiner par les réactifs employés à grande dose. Cependant l'évaporation peut fournir tant de lumières lorsqu'on la joint à l'analyse par les réactifs, qu'on doit toujours la considérer comme un des principaux moyens d'analyser les eaux, & qu'il est nécessaire d'insister sur la méthode la plus convenable de la faire.

Le but de cette opération étant de recueillir les principes fixes contenus dans une eau minérale, on sent que, pour connoître la nature & la proportion de ces principes, il faut en avoir une certaine quantité, & qu'à cet effet il est nécessaire d'évaporer d'autant plus d'eau qu'elle paroît moins chargée. On doit opérer sur une vingtaine de livres, lorsque l'eau paroît contenir beaucoup de matière saline; si au contraire elle semble n'en tenir que très-peu en dissolution, il est indispensable d'en évaporer une beaucoup plus grande dose; on est même quelquefois obligé d'en soumettre plusieurs centaines de livres à cette opération. La nature & la forme des vaisseaux dans lesquels on se propose d'évaporer les eaux, n'est point du tout indifférente. Ceux de métal, excepté ceux d'argent, sont altérables par l'eau, ceux de verre d'une certaine étendue, sont très-sujets à se casser; ceux de terre vernissée & bien unie sont les plus convenables, quoique le fendillement de leur couverte donne quelquefois lieu à l'absorption des matières salines. Ceux de porcelaine sans couverte, c'est-à-dire, de biscuit, seroient sans contredit les plus convenables; mais leur cherté est un obstacle considérable. Les chimistes ont proposé différentes manières d'évaporer les eaux minérales. Les uns ont voulu qu'on les distillât jusqu'à siccité dans des vaisseaux fermés, afin d'être sûr que les substances étrangères qui voltigent dans l'atmosphère ne se mêlassent point au résidu; mais cette opération est rebutante par sa longueur. D'autres ont conseillé de les faire évaporer à une chaleur douce qui ne fût point poussée jusqu'à l'ébullition, parce qu'ils ont cru que cette dernière chaleur altère les principes fixes, & en enlève toujours une partie. Telle est l'opinion de Venel & Bergman. M. Monnet veut au contraire qu'on fasse bouillir l'eau, parce que son mouvement s'oppose à l'intromission des matières étrangères contenues dans l'atmosphère. Bergman évite cet inconvénient, en indiquant de couvrir le vaisseau évaporatoire d'un couvercle percé dans son milieu pour donner passage aux vapeurs. Cette dernière méthode retarde de beaucoup l'évaporation, parce qu'elle diminue singulièrement la surface du fluide. On doit l'employer dans le commencement jusqu'à ce que les vapeurs soient assez fortes pour écarter la poussière. Mais la plus grande différence de manipulation pour cette expérience, consiste en ce que les uns veulent, d'après Boulduc, qu'on sépare les substances qui se déposent à mesure que l'évaporation a lieu, afin d'obtenir chacun des principes des eaux, pur & isolé; les autres prescrivent au contraire de poursuivre l'évaporation jusqu'à siccité. Nous pensons avec Bergman que cette dernière méthode est plus expéditive & plus sûre, parce que, quelque précaution qu'on apporte dans la première pour séparer les différentes matières qui se déposent ou qui se cristallisent, on ne les obtient jamais pures, & il faut toujours les examiner par une analyse ultérieure; d'ailleurs cette méthode n'est jamais exacte, à cause des fréquentes filtrations & de la perte qu'elles occasionnent; enfin, elle est très-embarrassante & elle rend l'évaporation très-longue. On doit donc évaporer les eaux à siccité dans des capsules de verre au bain-marie,

& mieux encore dans des cornues de verre au bain de ſable.

On obſerve différens phénomènes pendant cette évaporation. Si l'eau eſt acidule, elle ſe remplit de bulles dès la première impreſſion de la chaleur ; à meſure que l'acide carbonique s'en dégage, il ſe forme une pellicule & un dépôt dû à la craie & au carbonate de fer. A ces premières pellicules ſuccède la criſtalliſation de ſulfate de chaux ; enfin les muriates de potaſſe & de ſoude criſtalliſent en cubes à la ſurface, & les ſels déliqueſcens ne peuvent s'obtenir que par l'évaporation conduite juſqu'à ſiccité.

Alors on pèſe le réſidu, on le met dans une petite fiole avec trois ou quatre fois ſon poids d'alcool. On agite le tout, & après l'avoir laiſſé repoſer quelques heures, on le filtre, on conſerve la liqueur à part, on sèche, à une chaleur douce ou à l'air, la portion du réſidu ſur laquelle le fluide ſpiritueux n'a point agi ; on la pèſe exactement lorſqu'elle eſt bien sèche, & on ſait par le déchet que ce réſidu a éprouvé, combien il contenoit de muriates calcaire ou magnéſien qui ſont très-ſolubles dans l'alcool. Nous parlerons plus bas de la manière de s'aſſurer de la préſence de ces deux ſels dans ce fluide ſpiritueux.

On délaye ensuite le résidu bien sec avec huit fois son poids d'eau distillée froide, & après avoir laissé ce mêlange en repos pendant quelques heures, on le filtre; on dessèche une seconde fois le résidu; on le fait bouillir pendant une demi-heure dans quatre ou cinq cent fois son poids d'eau distillée, on filtre, & alors il ne reste plus que ce que l'eau froide & l'eau bouillante n'ont pas pu dissoudre; la première s'est emparée des sels neutres, tels que le sulfate de soude ou de magnésie, le muriate de soude ou de potasse, & les alcalis fixes, surtout la soude unie à l'acide carbonique. L'eau bouillante à grande dose ne dissout guère que le sulfate de chaux. Il y a donc quatre substances à examiner après ces différentes opérations sur la matière obtenue par l'évaporation; 1°. le résidu insoluble dans l'alcool & dans l'eau à différentes températures; 2°. les sels dissous dans l'alcool; 3°. ceux dont l'eau froide s'est emparée; 4°. enfin ceux qui ont été enlevés par l'eau bouillante. Passons aux expériences nécessaires pour reconnoître ces diverses substances.

1°. Le résidu qui a résisté à l'action de l'alcool & dans l'eau, froide ou chaude, peut être composé de terre calcaire, de carbonate de magnésie & de fer, d'alumine & de quartz, ces deux

deux dernières substances sont très-rares, mais les trois premières sont fort communes; la couleur brune ou jaune plus ou moins foncée indique la présence du fer. Si le résidu est gris blanc, il ne contient point de ce métal. Lorsqu'il en contient, Bergman conseille de l'humecter & de l'exposer à l'air pour qu'il se rouille, alors le vinaigre n'a plus d'action sur lui. Pour indiquer les moyens de séparer ces différentes matières, supposons un résidu insoluble, composé des cinq substances que nous avons dit qu'il pouvoit convenir. On doit commencer par l'humecter & l'exposer aux rayons du soleil; lorsque le fer est bien rouillé, on fait digérer ce résidu dans du vinaigre distillé. Cet acide dissout la chaux & la magnésie; on le fait évaporer, & l'on obtient de l'acétite calcaire, qui se distingue de l'acétite de magnésie, en ce qu'il n'attire point l'humidité de l'air. On peut séparer ces deux sels par la déliquescence, ou bien en versant dans leur dissolution de l'acide sulfurique. Ce dernier forme du sulfate de chaux qui se précipite; s'il y avoit de l'acétite magnésien, le sulfate de magnésie formé par l'acide sulfurique resteroit en dissolution dans la liqueur, & on pourroit l'obtenir par une évaporation bien ménagée. Pour connoître la quantité des terres magnésiène & calcaire contenues dans ce résidu, on précipite à part les sulfates de chaux & de magnésie formés par l'acide sulfurique versé dans la dissolution acéteuse, à l'aide du carbonate de potasse, & on pèse ces précipités. Lorsqu'on a séparé la craie & la magnésie du résidu, il ne reste plus que le fer, l'alumine & le quartz. On enlève le fer & l'alumine à l'aide de l'acide muriatique bien pur qui dissout l'un & l'autre. On précipite le fer par le prussiate de chaux, & l'alumine par le carbonate de potasse, & on pèse ces deux substances pour en connoître la quantité. La matière qui reste après qu'on a séparé l'alumine & le fer, est ordinairement quartzeuse; on s'assure de sa quantité par le poids, & de sa nature en la faisant fondre au chalumeau avec le carbonate de soude. Tels sont les procédés les plus exacts recommandés par Bergman, pour connoître le résidu non soluble des eaux.

2°. On prend ensuite l'alcool qui a servi à laver le résidu sec des eaux; on l'évapore à siccité. Bergman conseille de le traiter par l'acide sulfurique étendu d'eau, comme la dissolution acéteuse dont nous avons parlé plus haut; mais il faut observer que ce procédé ne sert qu'à faire connoître la base de ces sels. Pour déterminer l'acide qui est ordinairement uni à la magnésie ou à la chaux, & quelquefois à toutes les deux dans ce résidu, il faut verser sur ce résidu sec quelques gouttes d'acide sulfurique très-concentré qui excite une effervescence & dégage du gaz acide muriatique, reconnoissable par son odeur & sa vapeur blanche, lorsque le sel qu'on examine est formé par cet acide. On peut encore s'en assurer en dissolvant tout le résidu dans l'eau, & en y mêlant quelques gouttes de dissolution nitrique d'argent. Quant à la base, qui est, comme nous l'avons déjà dit, ou de la chaux, ou de la magnésie, ou toutes les deux ensemble, on reconnoît leur quantité & leur nature par le même acide sulfurique, ainsi que nous l'avons exposé ci-dessus pour la dissolution acéteuse.

3°. La lessive du premier résidu de l'eau minérale, faite avec huit fois son poids d'eau distillée froide, contient les sels neutres alcalins, tels que le sulfate de soude, les muriates ou sels marins, le carbonate de potasse ou de soude, & le sulfate de magnésie. Quelquefois il s'y trouve aussi une petite quantité de sulfate de fer. Ces sels ne sont jamais tous ensemble dans les eaux. Le sulfate de soude & le carbonate de potasse ne se trouvent que très-rarement dans les eaux; mais le sel marin s'y rencontre fréquemment avec le carbonate de soude; le sulfate de magnésie y existe aussi assez souvent,

& il est même des eaux qui en contiennent une assez grande quantité. Lorsque ce premier lavage du résidu d'une eau minérale ne contient qu'une espèce de sel neutre, il est fort aisé de l'obtenir par la cristallisation, & de s'assurer de sa nature par sa forme, sa saveur, l'action du feu, ainsi que celle des réactifs. Mais ce cas est fort rare, & il est beaucoup plus ordinaire que plusieurs sels soient réunis dans cette lessive; on doit alors chercher à les séparer par une évaporation lente: ce moyen même ne réussissant pas toujours parfaitement, quelque soin que l'on emploie à évaporer cette première lessive, il faut examiner de nouveau chacun des sels qu'on obtient dans les différens tems de l'évaporation. C'est le plus souvent le carbonate de soude, qui se dépose confusément avec les sels muriatiques; on parvient à les séparer en suivant un procédé indiqué par M. Gioanetti. Il consiste à laver ce sel mixte avec du vinaigre distillé. Cet acide dissout le carbonate de soude; on desseche le mêlange & on le lave de nouveau avec de l'alcool, qui se charge de l'acétite de soude, sans toucher au sel marin. On évapore à siccité la dissolution spiritueuse, & on calcine le résidu; le vinaigre se décompose & se brûle; on n'a plus alors que la soude dont on connoît exactement la quantité.

4°. La lessive du premier résidu de l'eau minérale faite avec quatre ou cinq cens fois son poids d'eau bouillante, ne contient que du sulfate de chaux; on s'en assure par l'ammoniaque caustique bien pure, qui n'y occasionne aucun changement, tandis que la potasse caustique la précipite abondamment. En l'évaporant à siccité, on connoît exactement la quantité du sel terreux qui étoit contenu dans l'eau.

§. VIII. *Des Eaux minérales artificielles.*

Les procédés nombreux que nous venons de décrire pour examiner les résidus des eaux minérales évaporées, suffisent pour reconnoître avec la plus grande précision toutes les diverses matières qui sont tenues en dissolution dans ces fluides. Cependant il reste encore un pas à faire pour assurer le succès de son analyse; c'est d'imiter la nature par la synthèse, & en dissolvant dans de l'eau pure les différentes substances retirées par l'analyse de l'eau minérale que l'on a examinée. Si cette eau minérale artificielle a la même saveur, la même pesanteur, & présente avec les réactifs les mêmes phénomènes que l'eau minérale naturelle analysée, c'est la preuve la plus complette & la plus certaine que l'analyse a été bien faite. Cette combinaison artificielle a même l'avantage de pouvoir fournir en tout tems, en tous lieux, & à peu de frais des médicamens aussi utiles pour la guérison des maladies, que les eaux minérales naturelles, dont le transport & beaucoup d'autres circonstances sont susceptibles d'altérer les propriétés.

Les chimistes les plus célèbres pensent qu'il est possible d'imiter les eaux minérales. Macquer a fait observer que depuis la découverte de l'acide carbonique, & de la propriété qu'on lui a reconnue de rendre plusieurs substances solubles dans l'eau, il est beaucoup plus aisé de préparer des eaux minérales artificielles. Bergman a enseigné la manière de composer des eaux qui imitent parfaitement celles de Spa, de Seltz, de Pyrmont, &c. Il nous a appris qu'en Suède on en fait usage avec beaucoup de succès; & il a éprouvé lui-même les bons effets de ces préparations. M. Duchanoy a publié un Ouvrage dans lequel il a donné une suite de procédés pour imiter toutes les eaux minérales qu'on a coutume d'employer en médecine. Il y a donc tout lieu d'espérer que la chimie pourra rendre des services importans à l'art de guérir, en lui fournissant des médicamens précieux, dont il saura à son gré adoucir ou augmenter l'activité.

DISCOURS

Sur les principes & l'enſemble de la Chimie moderne.

EN ſuivant les progrès que la Chimie n'a ceſſé de faire depuis vingt ans, on reconnoît bientôt que la théorie de Stahl ébranlée par la découverte des divers fluides élaſtiques & de leurs propriétés, a laiſſé pendant quelque tems l'eſprit des chimiſtes en ſuſpens, & a fait naître des théories preſqu'auſſi différentes les unes des autres, qu'il y avoit d'hommes ſérieuſement occupés de cette ſcience. Parmi ces ſavans, il en eſt un aſſez grand nombre, ſur-tout dans le nord, qui n'ont point encore pris de parti, & qui continuent à lier la théorie du phlogiſtique avec les faits nouvellement découverts. Mais ceux qui poſsèdent l'enſemble de la ſcience, reconnoiſſent facilement que cette liaiſon n'eſt en aucune manière ſatisfaiſante pour l'eſprit, & qu'elle exige des rapprochemens forcés dont on apperçoit bientôt l'incohérence.

La doctrine adoptée par pluſieurs chimiſtes françois, à la tête deſquels il faut placer M. Lavoiſier qui en a le premier jetté les fondemens

& qui en a presque conçu tout l'ensemble, n'est pas sujette aux mêmes difficultés. Sa simplicité, sa marche méthodique, sa clarté & la facilité avec laquelle on l'applique à tous les phénomènes de la chimie, la mettent beaucoup au-dessus de toutes celles qui partagent encore les physiciens de l'Europe qui ne l'ont point adoptée. Elle compte aujourd'hui parmi ses partisans les plus célèbres, MM. Lagrange, la Place, Black, Kirwan, Van-Marum, Berthollet, Monge, Morveau, Chaptal, Charles, Landriani, Schurer, Cirtanner, Jacquin le fils, Arézula, &c. &c. J'ai enseigné cette doctrine dans mes cours publics & particuliers depuis douze années; s'il m'est permis de croire que j'ai ajouté quelque clarté & quelque méthode au systême des connoissances chimiques modernes, soit par mes cours & mes écrits, soit par les découvertes que j'ai publiées depuis quinze ans, il doit m'être permis de dire qu'aucune théorie ne rend un compte plus fidèle & plus exact de tous les phénomènes de la nature & des arts. Cette doctrine a été exposée en détail dans toutes les parties de cet ouvrage élémentaire. Mais comme il peut être avantageux d'en offrir un ensemble succinct, un rapprochement général, j'ai pensé qu'en réunissant dans un discours de peu d'étendue les principes sur lesquels elle est fondée, elle en deviendroit plus frappante & plus claire pour ceux qui se livrent à l'étude de cette science, & que ce discours leur seroit d'autant plus utile qu'il offriroit le résumé des grands phénomènes auxquels tous les autres peuvent être rapportés comme à des chefs généraux.

Il n'y a pas une seule expérience de chimie où il n'arrive l'un ou l'autre des deux phénomènes suivans. 1°. Le calorique est dégagé ou fixé; 2°. un fluide élastique est formé ou absorbé, ou sa base passe d'un corps dans un autre. Ces deux faits généraux une fois établis & reconnus avec certitude, on conçoit que la base de la théorie chimique porte sur les propriétés, l'action du calorique, la formation & la fixation des fluides élastiques. C'est donc sur ces deux objets qu'il faut fixer toute son attention.

De la chaleur, de la formation & de la fixation des fluides élastiques.

Quoique la pesanteur jusqu'actuellement indéterminée du calorique libre ou combiné ne puisse pas prouver son existence matérielle, tous les phénomènes de la chimie se réunissent pour faire penser que c'est un être ou un corps existant par lui-même, jouissant de propriétés constantes, & obéissant à des attractions invariables dans des circonſtances égales. Outre la ſenſation commune à tous les hommes que le calorique fait éprouver à nos organes, les phyſiciens y ont reconnu des propriétés diſtinctives & qui n'appartiennent qu'à cet être. Telle eſt la raréfaction, ou l'écartement des molécules que le calorique opère dans tous les corps de la nature, & qui, en augmentant leur volume, diminue leur attraction pour elles-mêmes, diminue également leur peſanteur ſpécifique ſans ajouter à leur maſſe, & augmente leur attraction pour les molécules des autres corps. Plus le calorique s'accumule dans les corps, plus il s'y comprime ou s'y condenſe; plus ſon attraction particulière pour ces corps s'accroît, & plus auſſi leurs propriétés changent. La fuſion ou liquéfaction, la volatiliſation ou ſublimation, le paſſage des liquides à la forme de vapeurs ou de fluides élaſtiques, ſont les effets conſtans de la pénétration ou plutôt de la combinaiſon du calorique. De l'eau ſolide ou glacée, en abſorbant une certaine quantité de calorique, devient liquide ou coulante; une plus grande doſe de ce principe la rend inviſible & lui donne la forme de l'air. On ne peut douter que de l'eau liquide ne ſoit un compoſé de glace & d'une doſe déterminée de calorique, & que de l'eau en vapeur ou en gaz ne ſoit la même combinaison avec une quantité plus grande de calorique. Telle est la théorie générale de la formation de tous les fluides élastiques ; tous sont composés d'une base plus ou moins solide, & de matière de la chaleur ou de calorique. Comme ce dernier principe suit des loix qui lui sont particulières dans ses attractions, il quitte un corps pour s'unir à un autre, ou bien les corps auxquels le calorique est uni, ayant pour d'autres corps une attraction plus forte que celle qu'ils ont pour le calorique, laissent échapper ce principe pour s'unir à ces corps. Une foule d'expériences de chimie présente l'un ou l'autre de ces phénomènes relatifs au dégagement ou à la fixation du calorique, ou bien au dégagement ou à la fixation des fluides élastiques, & quelquefois l'un & l'autre de ces deux effets en même tems. On voit, d'après cette théorie simple & qui n'est que l'exposé de tous les faits connus, que tous les fluides élastiques doivent porter deux noms ; l'un qui exprime leur combinaison aériforme avec le calorique ; tels sont les mots génériques d'air ou de gaz (le premier employé pour désigner ceux de ces fluides qui sont propres à la combustion & à la respiration ; le second pour ceux qui ne peuvent pas y servir) ; & le second spécifique qui désigne la base particulière de chaque gaz ou fluide élastique. On conçoit encore que pour offrir un résumé général de tous les faits de chimie, il est nécessaire de jetter un coup-d'œil sur les fluides élastiques, qui sont ou produits & dégagés, ou fixés & absorbés dans les divers phénomènes relatifs à cette science.

Tous les fluides élastiques dont il est important de rappeler ici les propriétés, peuvent être partagés en quatre classes.

PREMIÈRE CLASSE.

Fluides élastiques qui peuvent servir à la combustion & à la respiration des animaux.

Ire Espèce. Air vital.
IIe Air atmosphérique.

IIe CLASSE.

Fluides élastiques qui ne peuvent servir à la combustion ni à la respiration, & qui ne sont ni salins, ni dissolubles dans l'eau.

IIIe Espèce. Gaz azote.
IVe Gaz nitreux.

IIIe CLASSE.

Fluides élastiques qui ne peuvent servir ni à la combustion, ni à la respiration, qui sont de nature saline, & dissolubles dans l'eau.

Ve Espèce. Gaz acide carbonique.
VIe Gaz acide sulfureux.
VIIe Gaz acide fluorique.
VIIIe Gaz acide muriatique.
IXe Gaz acide muriatique oxigéné.
Xe Gaz ammoniac.

IVe CLASSE.

Fluides élastiques qui ne peuvent servir ni à la combustion, ni à la respiration, & qui sont inflammables.

XIe Espèce. Gaz hydrogène.
XIIe Gaz hydrogène sulfuré.
XIIIe Gaz hydrogène phosphoré.
XIVe Gaz hydrogène mêlé de gaz azote.
XVe Gaz hydrogène mêlé de gaz carbonique.
XVIe Gaz hydrogène charboneux.

De la nature & des propriétés principales de ces diverses espèces de fluides élastiques.

I. *L'air vital* ou *le gaz oxigène nommé air déphlogistiqué* par M. Prieftley qui l'a découvert, *empyrée & principe forbile* par quelques anglois, eft retiré aujourd'hui de beaucoup de matières. Le *précipité per fe* ou oxide de mercure, le *précipité rouge* ou l'oxide de mercure préparé par l'acide nitrique, les précipités des différens fels mercuriels par les alcalis cauftiques, l'oxide rouge de plomb arrofé d'un peu d'acide nitrique, les nitrates alcalins & terreux, le nitrate d'argent, l'oxide de manganèfe natif feul ou arrofé d'acide fulfurique, l'acide muriatique oxigéné, le muriate furoxigéné de potaffe, l'acétite de mercure, l'arféniate de zinc, en fourniffent une plus ou moins grande quantité par la lumière & la chaleur. Son dégagement eft manifeftement dû à l'action fimultanée de ces deux principes. Il n'eft point contenu en entier dans tous ces corps. Il n'y en a que la bafe folide contenue dans tous ces corps, & qui, dans l'opération qu'on leur fait fubir, eft fondue par le calorique & la lumière, & mife dans l'état de fluide élaftique; à mefure qu'il fe dégage, les oxides métalliques fe revivifient. On l'obtient encore des feuilles des plantes ou des arbres, expofées dans l'eau chargée d'acide carbonique au contact des rayons du ſoleil.

Souvent l'air vital eſt mêlé d'un peu de gaz azote ; il n'y a que celui qu'on retire de l'oxide de mercure, de l'oxide de manganèſe, du muriate ſuroxigéné de potaſſe, ou des feuilles plongées dans l'eau & expoſées à la lumière ſolaire, qui en ſoit exempt.

L'air vital eſt un peu plus peſant que l'air atmoſphérique ; il eſt le ſeul fluide élaſtique qui puiſſe ſervir à la combuſtion ; il l'entretient trois fois plus que l'air atmoſphérique ; c'eſt-à-dire, qu'un corps qui exige quatre pieds cubes d'air atmoſphérique pour brûler, n'a beſoin que d'un pied cube d'air vital ; la combuſtion s'y fait avec beaucoup de chaleur & de lumiere, & ces deux phénomènes ſont dus à la ſéparation rapide du feu qui quitte la baſe de cet air, à meſure que cette baſe ſe fixe dans le corps qui brûle ; il y a des combuſtions opérées par cet air, dans leſquelles il ne ſe dégage que de la chaleur & point de lumière. Cela a lieu lorſque le dégagement ſe fait lentement & ſucceſſivement ; il ſert auſſi à la reſpiration des animaux, & il fournit à leur ſang le calorique qui élève ſa température au-deſſus du milieu qu'ils habitent.

La baſe de l'air vital combinée avec le carbone, le soufre, le phosphore, l'azote, l'arsénic, &c. constitue les acides carbonique, sulfurique, phosphorique, nitrique, arsénique, &c. C'est en raison de cette propriété que nous avons nommé cette base *OXIGÈNE*, ou principe acidifiant. Il faut observer, 1°. que ces combinaisons n'ont pas toujours lieu en plongeant ces corps combustibles froids dans l'air vital, & qu'il est souvent nécessaire qu'il y ait une température plus ou moins élevée, pour les produire, au moins rapidement; 2°. que cette base ou oxigène entre dans chacun de ces composés à des doses différentes pour leur saturation, & que suivant qu'il y est plus ou moins voisin de cette saturation, il produit des composés différens; 3°. que son attraction pour ces diverses matières n'est pas la même, & qu'ainsi le phosphore enlève l'oxigène à l'acide arsénique, le charbon à l'acide phosphorique, &c.; 4°. que quand il passe de l'un de ces corps où il étoit fixé & loin de l'état de fluide élastique, dans un autre, c'est une espèce de combustion très-lente, & qui doit par cela même être sans chaleur & sans lumière, puisque l'oxigène y est dépouillé de la plus grande partie de ces deux principes.

L'oxigène uni à l'hydrogène, constitue l'eau; & combiné aux métaux, il forme les oxides métalliques. Le charbon décompose l'eau & les

oxides

oxides métalliques, à une température élevée, parce qu'alors il a plus d'affinité avec l'oxigène que celui-ci n'en a avec l'hydrogène & les métaux.

L'air vital décolore les ſubſtances végétales & animales; abſorbé par les huiles fixes, il les épaiſſit & les rapproche de l'état de cire. Uni à l'acide muriatique & à l'acide acéteux, il forme l'acide muriatique oxigéné & l'acide acétique ou le vinaigre radical.

La lumière forte du ſoleil à la propriété de dégager l'oxigène en air vital de pluſieurs de ſes combinaiſons; comme des oxides de mercure, d'argent, d'or, de l'acide nitrique, du l'acide muriatique oxigéné, &c.

II. L'*air atmoſphérique* ou l'*air commun* eſt un compoſé de l'air vital précédent & de gaz azote. Dans 100 parties de cet air, il y a en poids, à très-peu de choſe près, 73 parties de gaz azote, & 27 parties d'air vital. On conçoit d'après cela pourquoi il n'y en a qu'environ un quart d'abſorbé pendant la combuſtion, pourquoi ce phénomène opéré dans l'air atmoſphérique a lieu plus lentement & avec moins de dégagement de chaleur & de lumière que dans l'air vital; mais il faut remarquer de plus qu'il n'y a peut-être pas une ſeule combuſtion dans laquelle les 27 parties d'air vital ſoient entièrement absorbées & fixées dans le corps combustible, & que d'après cela le résidu aériforme de l'air atmosphérique qui a servi à la combustion, n'est presque jamais du gaz azote pur, quand même le corps brûlé reste dans l'état fixe & solide, & ne se mêle point au fluide élastique, à plus forte raison le gaz azote reste-t-il encore moins pur, lorsque le corps qu'on brûle sous des cloches pleines d'air atmosphérique donne un résidu dans l'état aériforme permanent, comme le font le charbon & toutes les matières organiques qui en contiennent.

Une foule de corps altèrent l'air atmosphérique, & en absorbent l'air vital. On ne connoît encore que les feuilles des végétaux qui aient la propriété de le renouveller & de le purifier, en y versant de l'air vital dégagé de l'acide carbonique & de l'eau, par la décomposition qu'elles en opèrent lorsqu'elles sont exposées au soleil.

III. Le *gaz azote* qui existe en grande quantité dans l'atmosphère, a été ainsi nommé, parce que ce fluide élastique tue très-promptement les animaux, & éteint les corps en combustion, parce qu'il paroît être sous ce point de vue d'une nature entièrement opposée à celle de l'air vital. C'est le même fluide élastique que M. Priestley avoit appelé *air phlogistiqué*, parce qu'il avoit cru qu'il n'étoit en effet que de l'air altéré par le phlogiſtique dégagé des corps en combuſtion, ou des matières odorantes, en un mot, par toutes les opérations de la nature & de l'art qu'il appelle *procédés phlogiſtiquans*; mais il eſt prouvé aujourd'hui que ce fluide eſt tout formé dans l'atmoſphère, & qu'il n'eſt que mis à nud à meſure que l'air vital eſt abſorbé. C'eſt ſur ce fluide élaſtique que les phyſiciens modernes ont fait le plus de découvertes importantes; il y a pluſieurs moyens de ſe procurer du gaz azote pur. Le plus employé eſt le ſulfure de potaſſe liquide qu'on expoſe à une quantité donnée d'air atmoſphérique dans des cloches; il en abſorbe peu à peu l'air vital; & lorſque l'abſorption eſt complette, le gaz azote reſte pur. Ce procédé eſt dû à Schéele. On l'obtient encore d'après la découverte de M. Berthollet, en traitant la chair muſculaire ou la partie fibreuſe du ſang bien lavée avec l'acide nitrique foible dans les appareils propres à recueillir le gaz; mais il faut que les matières animales ſoient bien fraîches; car ſi elles ſont altérées, elles donnent de l'acide carbonique mêlé au gaz azote. J'ai découvert que les veſſies natatoires des carpes dans leſquelles M. Prieſtley avoit déjà reconnu de l'air nuiſible, ſont pleines de cette eſpèce de fluide, & qu'il suffit de les briser sous des cloches pleines d'eau pour le recueillir.

Le gaz azote est plus léger que l'air atmosphérique; il éteint subitement les bougies allumées, & il tue avec beaucoup de promptitude & d'énergie les animaux qu'on y plonge. Mêlé avec l'air vital dans la proportion de 73 sur 27, il forme l'air atmosphérique artificiel. Si on l'ajoute en plus grande proportion, il constitue un air nuisible aux animaux. L'eau & les terres n'ont pas d'action connue sur ce gaz non plus que les acides; il paroît cependant qu'il est susceptible d'être absorbé par l'acide nitrique, & possible de le rendre rutilant. M. Cavendish a découvert que trois parties de gaz azote mêlées avec sept parties d'air vital dans des cloches, & exposées au choc des étincelles électriques, sont peu à peu condensées, & donnent naissance à l'acide nitrique; delà la théorie de la formation de cet acide dans l'atmosphère. M. Berthollet a trouvé que l'ammoniaque est décomposée par l'acide nitrique chaud, par l'acide muriatique oxigéné, & dans la détonation de l'or fulminant. Il a reconnu qu'elle est formée de cinq parties d'azote en poids, & d'une partie d'hydrogène. Il a aussi découvert que les matières animales contiennent beaucoup d'azote, que c'est la combinaison de cet azote avec l'hydrogène qui constitue l'ammoniaque qu'on en obtient par l'action du feu & par la putréfaction, que les plantes qui fournissent ce même sel par la distillation, en doivent la formation à l'azote qu'elles recèlent aussi, & qu'elles méritent à juste titre le nom de plantes animales que quelques chimistes leur avoient donné. Je me suis convaincu depuis, 1°. que de toutes les matières animales la partie fibreuse étoit celle qui fournissoit le plus de gaz azote par l'acide nitrique; 2°. qu'après la putréfaction il n'en restoit plus, & qu'on en retiroit alors une grande quantité d'ammoniaque; 3°. que plusieurs substances végétales, & en particulier le gluten de la farine, la gomme élastique, la fécule verte, & la matière ligneuse fournissent du gaz azote par l'action de l'acide nitrique.

Ces propriétés bien remarquables du gaz azote méritent sur-tout l'attention des médecins. Elles répandent du jour sur la différence des matières végétales & animales, sur la formation de l'ammoniaque, sur la putréfaction, sur la cause de la production de l'acide nitrique par les matières animales pourries.

Comme ce fluide élastique a été confondu par quelques personnes avec l'acide carbonique, il faut se rappeler que le gaz azote n'a point de ſaveur ſenſible, qu'il eſt beaucoup plus léger que cet acide aériforme, qu'il ne rougit point la teinture de tourneſol & ne précipite pas l'eau de chaux.

IV. Le *gaz nitreux* avoit été entrevu par Hales, mais c'eſt M. Prieſtley qui l'a bien fait connoître. Ce fluide élaſtique ſe dégage pendant l'action, d'un grand nombre de corps combuſtibles ſur l'acide nitrique, & ſur-tout des métaux, des huiles, des mucilages, de l'alcool. Il éteint les bougies ; il tue les animaux ; il n'eſt ni acide, ni alcalin ; il n'eſt point altéré par l'eau pure. Avec l'air vital il reforme de l'acide nitrique, parce qu'il n'eſt lui-même que de l'acide nitrique privé d'une partie d'oxigène, & conſéquemment un compoſé d'azote & d'oxigène, mais contenant plus de la première, & moins du ſecond que l'acide nitrique. Ce gaz contient ſouvent une proportion très-variable de gaz azote, qui dépend de la décompoſition plus ou moins abondante de l'acide nitrique, par les matières combuſtibles que l'on prend pour le dégager ; delà vient l'incertitude ſur les effets eudiométriques du gaz nitreux. On conçoit d'après cela pourquoi, dans pluſieurs cas, & ſpécialement lorſqu'on emploie pour obtenir du gaz nitreux un corps très-avide d'oxigène, & qui en abſorbe beaucoup pour sa saturation, on obtient un gaz nitreux contenant du gaz azote à nud, & quelquefois même on ne retire que du gaz azote; ce gaz nitreux composé d'azote & d'oxigène, contient encore plus de ce dernier qu'il n'y en a dans l'air atmosphérique; on démontre le fait en le décomposant par un sulfure alcalin liquide. Une dissolution de ce sulfure mise dans une cloche pleine de gaz nitreux, en absorbe promptement une partie; bientôt ce gaz ne rougit plus par le contact de l'air, il entretient la combustion des bougies, mieux que l'air atmosphérique; c'est en effet de l'air un peu plus pur que l'air commun; la proportion de l'air vital au gaz azote y est plus considérable que dans l'atmosphère; mais si l'on continue à renouveller & à laisser agir le sulfure sur ce gaz, tout l'air vital en est bientôt absorbé, il ne reste plus que du gaz azote. Remarquons encore que le gaz nitreux donne à la flamme une couleur verte avant de l'éteindre, & que dans un grand nombre de cas, cette couleur est produite par les composés dont l'azote fait partie.

Ces propriétés principales du gaz nitreux, & en particulier sa combinaison rapide avec l'air vital, indiquent son analogie avec les corps combustibles, & Macquer avoit remarqué que la formation artificielle de l'acide nitreux qui a lieu dans le mêlange de ces deux gaz, est une espèce de combustion; mais comme celle-ci n'est point accompagnée de flamme, je n'ai pas cru devoir ranger le gaz nitreux dans la classe des gaz inflammables. Il diffère de l'air atmosphérique & par la proportion de ses deux principes, & par leur état de compression. Dans le gaz nitreux l'oxigène & l'azote sont privés de toute la quantité de calorique & de lumière qu'ils contiennent dans l'atmosphère. L'oxigène retient cependant assez de l'un & de l'autre de ces principes, pour que plusieurs corps combustibles y brûlent avec flamme, comme le fait le pyrophore, &c.

V. Le *gaz acide carbonique* est le premier fluide élastique qui ait été connu. Le docteur Black qui en a découvert la présence dans la craie & les alcalis, a démontré en même-tems que c'étoit à lui qu'étoit due la propriété effervescente de ces matières, leur douceur, leur cristallisabilité; que lorsqu'on le leur enlevoit, les matières alcalines devenoient âcres & caustiques, non effervescentes, &c. Ce gaz existe dans l'air, dont il fait à-peu-près $\frac{1}{200}$; dans les eaux acidules, dans quelques cavités souterraines, comme la grotte du Chien, &c. il a une pesanteur, à très-peu de chose près, double de celle de l'air atmofphérique ; il a une odeur piquante & une faveur aigre ; il éteint les corps enflammés, il tue les animaux, il rougit la teinture de tournefol, précipite l'eau de chaux, rend la craie diffoluble dans l'eau, forme avec toutes les matières alcalines, des carbonates, ou efpèces de fels neutres criftallifables, dans lefquels les propriétés alcalines font encore fenfibles en raifon de la foibleffe de l'acide. Ce gaz acide qui joue un grand rôle dans les phénomènes de la nature & de l'art, eft un compofé de carbone & d'oxigène ; le premier à la dofe de 28 parties & le fecond à celle de 72 fur 100. Comme le carbone paroît être le corps connu qui a la plus forte attraction poffible pour l'oxigène, l'acide carbonique eft un des compofés les plus difficiles à détruire, & un des produits les plus fréquens de l'analyfe chimique. Il fe forme dans tous les cas où des corps qui contiennent l'oxigène font chauffés avec du charbon, comme la réduction des divers oxides métalliques par les huiles, par le charbon lui-même, &c. par la décompofition des matières organiques qui contiennent du carbone & de l'eau, &c.

VI. Le *gaz acide fulfureux* que l'on obtient, foit en brûlant le foufre très-lentement, foit en enlevant à l'acide fulfurique une portion de ſon oxigène, eſt un compoſé de ſoufre & d'oxigène, dans lequel ce dernier principe eſt moins abondant que dans l'acide ſulfurique. Ce gaz eſt d'une odeur de ſoufre, âcre & piquante, d'une ſaveur très-aigre; il éteint les corps combuſtibles en ignition, il tue les animaux. On peut le condenſer en liquide par un grand froid, comme l'a découvert M. Monge. Il rougit & décolore la plupart des couleurs bleues végétales; il s'unit à l'eau & à la glace qu'il fait fondre en raiſon du calorique qui ſe dégage de ce gaz pendant qu'il ſe fixe. Quand il eſt uni à des baſes terreuſes ou alcalines, il abſorbe peu à peu l'oxigène atmoſphérique, & paſſe à l'état d'acide ſulfurique.

VII. Le *gaz acide fluorique* ſe dégage du fluate de chaux natif ou *ſpath vitreux*, par l'acide ſulfurique; il a une odeur & une ſaveur très-fortes; il diſſout la terre ſilicée & la tient en ſuſpenſion aériforme & inviſible. Le contact de l'eau, en le fixant, ſépare une portion de cette terre; les alcalis la ſéparent toute entière. On n'en connoît pas la nature; & ſi cet acide eſt, comme pluſieurs autres acides minéraux, un compoſé d'une baſe acidifiable ſimple avec l'oxigène, ce radical acidifiable a une très-forte attraction pour l'oxigène, puiſque le charbon ne l'enlève point.

VIII. Le *gaz acide muriatique* n'eſt que l'acide muriatique dégagé de l'eau & fondu en fluide élaſtique par le calorique. Son odeur vive & ſuffoquante, ſa ſaveur très-forte, ſa diſſolubilité dans l'eau froide qui l'abſorbe promptement & en ſéparant le calorique qui le tenoit fondu, les ſels neutres particuliers qu'il forme avec les baſes terreuſes & alcalines, la vapeur blanche qu'on apperçoit dès qu'il eſt en contact avec l'eau diſſoute dans l'atmoſphère, le caractériſent. On ne connoît pas ſa nature intime ou ſa compoſition; ſa baſe acidifiable tient ſans doute très-fortement à l'oxigène, puiſqu'on n'a pas encore pu en ſéparer les principes. On va voir que cet acide a même la propriété d'enlever cet oxigène à pluſieurs corps qui en ſont ſaturés.

IX. Le *gaz acide muriatique oxigéné* ſe dégage avec beaucoup de facilité pendant l'action réciproque de l'oxide natif de manganèſe & de l'acide muriatique. Il eſt reconnu que cette production d'un gaz particulier eſt due au paſſage de l'oxigène du manganèſe dans l'acide muriatique. Ce gaz retient toujours une partie colorante d'un jaune verdâtre; il a une odeur forte & piquante. Il n'eſt point acide; il diminue & rougit la flamme des bougies ſans les éteindre; il tue très-promptement les animaux; il décolore les étoffes, la teinture de tournesol, le sirop de violette, les fleurs, & réduit tous ces corps au blanc; il décolore de même & blanchit la cire jaune, &c. Il décompose l'ammoniaque, qui peut servir d'après cela pour se préserver de ses effets nuisibles; il en sépare du gaz azote, à mesure que l'oxigène du gaz muriatique se porte sur l'hydrogène de l'ammoniaque, avec lequel il forme de l'eau. Il épaissit les huiles fixes; il oxide les métaux, même le mercure & l'or. La plupart des matières métalliques jetées en poudre dans des cloches pleines de gaz acide muriatique oxigéné, y brûlent avec une flamme éclatante. Il se dissout dans l'eau à laquelle il communique toutes ses propriétés; il se décompose peu à peu par le contact de la lumière, & il repasse à l'état d'acide muriatique pur.

C'est une des découvertes les plus singulières de la chimie moderne, que la formation de l'acide muriatique oxigéné & de son gaz. Cette découverte fait voir que l'acide muriatique se comporte avec les corps combustibles absolument d'une manière inverse de celle des autres acides; en effet, tous ces sels paroissent être décomposés par beaucoup de métaux qui ont en général plus d'attraction pour l'oxigène qu'il n'y en a entre celui-ci & les bases combustibles ou les radicaux des acides. L'acide muriatique au contraire n'eſt pas décompoſé par les métaux qui ne lui enlèvent point ſon oxigène, & ſur la plupart deſquels il ne paroît point avoir d'action en raiſon de cette propriété. Sa baſe juſqu'actuellement inconnue, non-ſeulement tient fortement au principe acidifiant; mais elle eſt même ſuſceptible de l'enlever à pluſieurs oxides métalliques, tels que ceux du mercure, du plomb, du fer, &c. quand il en eſt ſaturé, il ceſſe d'être acide, de ſorte qu'un excès d'oxigène lui ôte l'acidité; ce qui eſt le contraire de pluſieurs autres corps combuſtibles. Cet excès d'oxigène le rend ſuſceptible d'agir ſur des métaux auxquels il n'apporte aucun changement dans ſon état ordinaire; tels en particulier que l'antimoine, le mercure, l'argent & l'or. A meſure que ces métaux lui enlèvent cet excès d'oxigène, ils ſe brûlent & ils ſe diſſolvent dans l'acide muriatique qui repaſſe lui-même à ſon premier état. Ces oxidations & diſſolutions métalliques par l'acide muriatique oxigéné, ſe font ſans efferveſcence, comme une ſolution de ſel dans l'eau, parce que le métal enlève tranquillement l'oxigène ſurabondant à la nature acide du liquide, ſans être obligé de le dégager d'une baſe combuſtible. L'acide muriatique oxigéné diſſout auſſi les oxides métalliques, &

forme des muriates oxigénés très-différens des muriates simples. La plus frappante & la plus singulière de ces différences, est relative à ses combinaisons avec l'oxide de mercure. Celui-ci uni à l'acide muriatique oxigéné, constitue le *sublimé corrosif*, & avec l'acide muriatique simple le *mercure doux*. Les différences de ces deux sels tiennent donc à la proportion de l'oxigène plus abondante dans le premier que dans le second. Les propriétés remarquables de l'acide muriatique oxigéné, le rendent très-utile à plusieurs arts; il en a fait créer quelques-uns, comme le blanchiment des toiles & des cotons, trouvé par M. Berthollet.

X. Le *gaz ammoniac* découvert par M. Priestley, est dégagé par la chaleur de l'ammoniaque liquide, & plus promptement encore du mêlange de muriate ammoniacal ou sel ammoniac commun avec la chaux vive. Ce fluide élastique recueilli dans des cloches au-dessus du mercure, est un peu plus pesant que l'air atmosphérique. On n'a point déterminé à quel degré de froid ou de pression, il perd sa fluidité aériforme. Il s'unit à l'eau en laissant exhaler beaucoup de chaleur; il fond la glace; il verdit le syrop de violettes, & les fleurs bleues & rouges; il se combine rapidement avec les gaz acide, carbonique, sulfureux & muriatique; ces combinaiſons excitent beaucoup de chaleur ; comme cette chaleur ſe dégage des deux fluides élaſtiques, ceux-ci deviennent ſolides dans l'inſtant même où ſe font ces combinaiſons.

Le gaz ammoniac eſt décompoſé rapidement par le contact du gaz muriatique oxigéné, cette décompoſition eſt accompagnée de chaleur & de lumière ; il ſe forme de l'eau chargée d'acide muriatique, & il reſte du gaz azote. Cette expérience prouve ainſi que pluſieurs autres déjà citées, que l'ammoniaque eſt formée d'hydrogène & d'azote. La décompoſition du cuivre ammoniacal, celle de *l'or*, & de *l'argent fulminans*, qui donnent par l'action du feu de l'eau, le métal réduit & du gaz azote, prouve encore cette compoſition de l'ammoniaque ; en effet, l'hydrogène, principe de cet alcali, ayant plus d'attraction pour l'oxigène que n'en ont le cuivre, l'argent & l'or, l'enlève aux oxides de ces métaux, forme de l'eau avec ce principe, & laiſſe libre l'azote qui ſe dégage en gaz. Les phénomènes de cette décompoſition de l'ammoniaque par les oxides ſont très-variés depuis celle que l'oxide de cuivre n'opère qu'à l'aide d'une chaleur forte & avec lenteur, juſqu'à l'extrême rapidité avec laquelle l'oxide d'argent ammoniacal ſe réduit en détonnant par le ſimple contact. La variété de ces phénomènes dépend de l'attraction diverse de l'oxigène pour les différens métaux.

Les oxides de zinc & de fer qui décomposent l'eau dans leur état métallique, ne décomposeroient pas de même l'ammoniaque, parce que ces métaux ont plus d'affinité avec l'oxigène que celui-ci n'en a avec l'hydrogène. Il est encore aisé de concevoir, 1°. comment il se forme de l'ammoniaque par la putréfaction des substances animales, & pendant la décomposition de l'eau & de l'acide nitrique par quelques métaux comme l'étain; 2°. pourquoi dans des cas inverses à ce dernier, l'ammoniaque étant décomposée par des oxides métalliques, il se forme de l'acide nitrique.

XI. Le *gaz hydrogène*, connu par-tout sous le nom impropre *d'air inflammable*, est le plus léger de tous les fluides aériformes. Lorsqu'il est bien pur, il est 13 ou 14 fois plus léger que l'air atmosphérique; il éteint les corps combustibles; il tue les animaux; il s'allume par le contact de l'étincelle électrique, ou d'un corps combustible enflammé; il brûle avec une flamme brillante; 15 parties de ce gaz en poids, en absorbent 85 d'air vital pour brûler, & il se forme dans cette combustion 100 parties d'eau très-pure, lorsque ces deux fluides se font eux-mêmes. L'eau est donc un composé

de

de ces deux corps privés d'une grande partie du calorique nécessaire pour les tenir dans l'état de fluides élastiques; toutes les substances qui ont plus d'affinité avec l'un de ces deux principes de l'eau, qu'ils n'en ont ensemble, décomposent ce liquide. C'est ainsi que le fer, le zinc, le charbon, les huiles décomposent l'eau & en séparent l'hydrogène en gaz, parce que ces corps ont plus d'affinité avec la base de l'air vital ou l'oxigène, que celui-ci n'en a avec l'hydrogène. Il est clair d'après cela que le gaz hydrogène ne doit pas décomposer l'acide carbonique & les oxides de zinc & de fer; au contraire, le soufre & les métaux qui ne décomposent point l'eau, cèdent l'oxigène qu'ils contiennent dans l'état d'acide sulfurique & d'oxides métalliques, au gaz hydrogène qui réduit le premier à l'état de soufre pur, & les seconds à l'état métallique. C'est cette décomposition de l'eau par le fer & le zinc qui est la cause du gaz hydrogène produit pendant la dissolution de ces deux métaux par les acides sulfurique, muriatique, carbonique & acéteux.

Les feuilles des végétaux paroissent avoir au contraire la propriété d'absorber l'hydrogène de l'eau, & de dégager l'oxigène dans l'état d'air pur. La lumière contribue beaucoup à cette décomposition, puisqu'elle n'a pas lieu sans son contact; il paroît qu'elle sert à fondre l'oxigène & à le constituer air vital; à mesure que celui-ci se dégage, l'hydrogène se fixe dans le végétal, & sert sans doute à la production de l'huile. On commence à appercevoir que c'est avec le carbone & une petite proportion d'oxigène que l'hydrogène se combine pour faire former l'huile des végétaux, & que ceux-ci décomposent l'acide carbonique en même temps que l'eau, pour absorber le carbone du premier, & l'hydrogène du second de ces composés.

La base du gaz hydrogène ou l'hydrogène combiné avec la base du gaz azote ou l'azote, constitue l'ammoniaque. Cette composition a été démontrée par l'analyse de ce sel due à M. Berthollet; mais il n'est point encore parvenu à composer immédiatement l'ammoniaque avec ces deux corps.

On n'a point séparé jusqu'actuellement la matière de la chaleur ou le calorique uni au gaz hydrogène, & qui constitue sa fluidité élastique, sans fixer ce corps dans un composé, de sorte qu'on ne connoît pas l'hydrogène ou la base de ce fluide aériforme, seule & isolée. La pression ou le froid nécessaire pour opérer cette séparation, ne sont point encore en notre pouvoir, car tout annonce qu'il faudroit que l'une ou l'autre fût extrême.

C'eſt au dégagement ſubit & à l'inflammation rapide du gaz hydrogène que ſont dues toutes les fulminations & les détonations qu'on obſerve en chimie; preſque toujours la recompoſition inſtantanée de l'eau eſt le réſultat de ces détonations.

Le gaz hydrogène joue un très-grand rôle dans les phénomènes de la nature. Il eſt produit & dégagé en grande quantité dans les mines, il y réduit & colore pluſieurs oxides métalliques; il s'élève dans l'atmoſphère, il eſt tranſporté par les vents, il s'y allume par l'étincelle électrique; il fait conſéquemment partie de la foudre, & il ſe reforme tout-à-coup dans ſa détonation, de l'eau qui tombe ſur la terre.

L'inflammation de ce gaz par l'étincelle électrique eſt un des phénomènes les plus ſinguliers & dont la cauſe eſt le moins connue. Il en eſt de même de la puiſſance qu'a l'étincelle électrique de fixer le mélange d'air vital & de gaz azote en acide nitrique.

XII. Le gaz hydrogène ſulfuré, ou *le gaz hépatique* a été bien diſtingué des autres gaz inflammables par Bergman; on l'obtient des ſulfures alcalins ou *foies de ſoufre* ſolides, en les décompoſant par les acides dans des appareils pneumato-chimiques. Ce fluide aériforme a une odeur très-fétide; il tue les animaux; il verdit le syrop de violette; l'air vital en précipite du soufre; il s'allume par l'étincelle électrique, & par le contact des corps enflammés; il brûle avec une flamme bleue rougeâtre; il dépose du soufre en brûlant sur les parois des vases qui le contiennent; l'acide nitreux rutilant, l'acide sulfureux & l'acide muriatique oxigéné le décomposent, détruisent sa fluidité élastique, & en séparent le soufre. Il s'unit à l'eau, & cette dissolution se décompose à l'air, & par les mêmes acides que le gaz lui-même. Le gaz hydrogène sulfuré colore & réduit les oxides de plomb, de bismuth, &c.; il précipite les dissolutions métalliques. Quelques métaux, & en particulier le mercure & l'argent, en séparent le soufre; aussi ne peut-on pas le transvaser dans des cloches pleines de mercure, sans en décomposer une grande partie.

Tous ces phénomènes annoncent que ce gaz contient du soufre très-divisé: M. Gengembre qui en a fait l'analyse, a découvert qu'il est formé de gaz hydrogène & de soufre; c'est la dissolution ou la suspension de ce dernier qui lui donne ses caractères distinctifs. Le soufre, quelque divisé qu'il y soit, n'y brûle point en même-tems que le gaz hydrogène, & se dépose en partie pendant la combustion de ce dernier. Ce phénomène tient à ce que le gaz hydrogène n'a pas besoin d'une température aussi élevée que le soufre, pour s'allumer par le contact des corps combustibles en ignition.

C'est le gaz hydrogène sulfuré qui minéralise les eaux sulfureuses, c'est pour cela que les acides ordinaires n'en précipitent point de soufre, tandis que l'acide nitreux, l'acide sulfureux & l'acide muriatique oxigéné dans lesquels l'oxigène est très-peu adhérent, en séparent le soufre en absorbant l'hydrogène. Si l'on emploie trop de ces acides, & sur-tout de l'acide muriatique oxigéné, ils brûlent le soufre du gaz hydrogène sulfuré & le convertissent en acide sulfurique; alors on ne voit point de précipité. Ce phénomène a sur-tout lieu dans les eaux sulfureuses, dont la précipitation du soufre par ces acides exige qu'on n'emploie ces sels qu'avec précaution.

La connoissance du gaz hydrogène sulfuré répand beaucoup de jour sur plusieurs objets relatifs au soufre & qui étoient peu connus. 1°. On sait pourquoi les sulfures solides récemment faits n'ont presque point d'odeur, & pourquoi ils en prennent une si forte, dès qu'ils sont humectés; 2°. il paroît que l'eau qui ne peut pas être décomposée par le soufre seul, se décompose facilement par l'action double du soufre & des matières alcalines; 3°. on conçoit bien la décompoſition des ſulfures alcalins par l'air & par pluſieurs oxides métalliques, ſpécialement ceux des métaux qui ne décompoſent point l'eau; 4°. la théorie de la formation des eaux minérales ſulfureuſes, eſt aujourd'hui facile à expliquer, ainſi que l'hiſtoire de leur décompoſition par l'air, les diſſolutions métalliques, & la difficulté qu'on éprouvoit autrefois à y démontrer le ſoufre par les acides ſimples, & lorſqu'on ne l'y ſoupçonnoit que dans l'état de ſulfure ou d'*hépar*.

XIII. Le *gaz hydrogène phoſphoré* a été découvert par M. Gengembre, qui l'a nommé d'abord *gaz phoſphorique*. Il l'a obtenu en faiſant bouillir une leſſive de potaſſe cauſtique avec moitié de ſon poids de phoſphore, & en recevant le fluide élaſtique qui s'eſt dégagé dans des cloches pleines de mercure; ce gaz eſt très-fétide: il tue les animaux; il s'allume ſeul par le contact de l'air, en produiſant une petite exploſion; l'acide phoſphorique ſolide qu'il donne en brûlant, forme par ſa vapeur & à meſure qu'elle ſe condenſe, une eſpèce de couronne; cette figure qui n'a lieu que dans l'air tranquille, s'élève en augmentant de diamètre. Lorſqu'on mêle de l'air vital ſous des cloches au gaz hydrogène phoſphoré, il brûle avec une très-grande rapidité, & en produiſant une chaleur & une dilatation si considérable, que les vases de verre se brisent, s'ils ne sont pas très-épais, & si l'on fait le mêlange dans des proportions trop grandes.

M. Gengembre a démontré que ce nouveau gaz est une dissolution de phosphore dans le gaz hydrogène; il est fort analogue au gaz hydrogène sulfuré dont il ne differe que par la nature du corps combustible tenu en suspension dans le gaz hydrogène. Comme le phosphore est beaucoup plus combustible que le soufre, le gaz hydrogène phosphoré s'allume à l'air, le phosphore qui s'enflamme communique son inflammation au gaz hydrogène échauffé par la combustion; dans le gaz hydrogène sulfuré au contraire, le gaz hydrogène ne s'allume que par le contact d'un corps en ignition, & le soufre qui n'y est point assez échauffé s'en sépare sans brûler.

XIV. Le *gaz hydrogène* mêlé de gaz azote, est celui qui a été nommé *air inflammable des marais* par M. Volta. Il est le produit de la putréfaction de quelques matières végétales, & de toutes les substances animales. Il se dégage des eaux des mares, des étangs, des égoûts, des latrines, & de tous les lieux où des matières animales pourrissent dans l'eau; on le retire aussi de la distillation de plusieurs substances animales.

Il accompagne, précède ou suit la formation de l'ammoniaque qui a lieu dans la putréfaction; je le crois un mêlange simple & sans composition, parce qu'une vraie combinaison en feroit de l'ammoniaque dont il differe; 1°. par l'état élastique des deux fluides qui le constituent; 2°. par la proportion de ces fluides élastiques qui varie dans ce gaz mixte, tandis que la quantité de leurs bases combinées est toujours la même dans l'ammoniaque. C'est à M. Berthollet qu'on doit la connoissance exacte de ce gaz. J'avois examiné en 1778 & 1779, le gaz *inflammable des marais*, & j'y avois reconnu la présence de l'acide carbonique; mais dans plusieurs de ces gaz recueillis en différens endroits des environs de Paris, j'avois trouvé un mêlange que je n'avois pas distingué convenablement, quoique j'eusse annoncé, comme on peut le voir dans mon recueil de Mémoires in-8°. page 164, qu'il est quelquefois accompagné & même remplacé par le *gaz phlogistiqué*, qui, comme je l'ai exposé ailleurs, est le même que celui que nous nommons aujourd'hui *gaz azote*. M. Berthollet a donné à toutes ces assertions vagues, à l'époque où je les avois insérées dans mes Mémoires, une précision qui m'a engagé à distinguer ce gaz par les noms particuliers que j'ai exposés ci-dessus.

Le gaz hydrogène mêlé du gaz azote, brûle avec une flamme bleue; il ne détone que difficilement avec l'air vital; lorſqu'on l'a fait détonner dans l'eudiomètre de M. Volta, on trouve des gouttes d'eau & un réſidu de gaz azote plus ou moins pur.

XV. Je déſigne par les mots de *gaz hydrogène mêlé d'acide carbonique*, celui que l'on obtient de la diſtillation de beaucoup de matières végétales, & en particulier du tartre & de tous les ſels tartareux, des ſels acéteux, des bois durs, du charbon qui brûle à l'aide de l'eau, du charbon de terre, &c.

Il brûle aſſez difficilement, mais l'acide carbonique peut en faire les trois quarts du volume, ſans qu'il ceſſe d'être combuſtible. On en ſépare cet acide, & on le purifie par l'eau de chaux & les alcalis cauſtiques. C'eſt un ſimple mêlange ſans combinaiſon; en effet, le gaz hydrogène ne peut pas décompoſer l'acide carbonique, puiſque le charbon décompoſe l'eau, avec l'oxigène de laquelle il a plus d'affinité que n'en a l'hydrogène.

XVI. Enfin, l'on ſait aujourd'hui que le charbon, quoique très-fixe dans des vaiſſeaux fermés, & à nos feux ordinaires, eſt ſuſceptible d'être réduit en vapeurs à l'aide d'une très-haute température, & diſſous dans les fluides élastiques. Le gaz hydrogène jouit sur-tout de la propriété de dissoudre ainsi, & de tenir en suspension le carbone; il en entraîne donc souvent avec lui en prenant la forme de fluide élastique; c'est ce gaz mixte qui se dégage lorsqu'on dissout de la fonte & de l'acier dans l'acide sulfurique étendu d'eau, en raison de la matière charbonneuse que la première a absorbée dans les hauts fourneaux; & le second dans la cémentation. Il paroît même qu'on peut dissoudre immédiatement le charbon dans le gaz hydrogène, en faisant tomber les rayons du soleil réunis par un miroir, sur du charbon placé au fond d'une cloche pleine de gaz hydrogène & soutenue sur du mercure. Ce fluide brûle en bleu; il présente de petites étincelles blanches ou rougeâtres pendant sa combustion. L'existence du carbone dissous dans ce gaz, est démontrée par sa pesanteur & par le résultat de sa combustion avec l'air vital, qui donne de l'acide carbonique; il paroît encore que le charbon donne au gaz hydrogène l'odeur fétide que tout le monde y connoît, ou au moins la rend plus forte; enfin le charbon modifie les effets de ce gaz, & change les résultats de ses combinaisons. C'est ainsi qu'un gaz mixte formé par la dissolution du charbon dans le gaz azote, paroît être la matière colorante du bleu de

Prusse. Au reste, on ne connoît point encore tous les composés dont le charbon pur ou carbone fait partie; il faut en dire autant des mixtions diverses de tous les gaz les uns avec les autres, qui ont certainement lieu dans beaucoup de combinaisons, & dont la chimie n'a point encore apprécié les effets.

De l'application des faits recueillis sur la nature & les propriétés des fluides élastiques, aux grands phénomènes chimiques produits par la nature ou par l'art.

Il est démontré aujourd'hui qu'il n'existe presque point un seul phénomène chimique dans lequel il n'y ait dégagement ou fixation d'un fluide élastique, ou union de la base d'un fluide élastique, & quelquefois même l'un & l'autre en même tems; aussi les découvertes des modernes ont-elles prouvé que les anciennes explications de ces phénomènes ne pouvoient point suffire pour en apprécier les effets, & pour en connoître les causes. La clarté que ces découvertes ont répandue, prouve assez de quelle importance elles sont pour la philosophie naturelle.

En comparant entr'eux les faits si nombreux qui forment l'ensemble des connoissances chimiques acquises, on voit qu'ils peuvent être réduits à quelques classes générales de phénomènes qui les renferment tous sous des chefs principaux. Ce rapprochement devient d'autant plus néceſſaire, qu'il fait ſentir la liaiſon de tous ces faits, & qu'il pourra conſtituer par la ſuite les vrais élémens de la ſcience chimique; mais ce dernier objet ne pourra être convenablement rempli que lorſque tous les phénomènes généraux ſeront expliqués; & comme il nous en manque encore pluſieurs, ainſi que je vais le faire voir, cette méthode élémentaire de traiter toute la chimie dans des généralités, ne doit être encore regardée que comme un projet dont l'importance & l'utilité méritent de fixer l'attention des phyſiciens.

C'eſt pour concourir en partie à l'exécution de ce projet, ou au moins pour en faire connoître la poſſibilité, que je crois pouvoir rapporter tous les faits & toute la théorie chimique à quatorze phénomènes principaux qui comprennent les divers changemens que les corps naturels peuvent éprouver par leur attraction intime. Pour exprimer méthodiquement ces phénomènes, en allant du ſimple au composé, je les diſpoſe dans l'ordre ſuivant.

1°. L'abſorption ou le dégagement du calorique, & la production ou la diminution de la chaleur, les effets de l'un & de l'autre.

2°. L'influence de l'air dans la combuſtion; la nature générale des corps combuſtibles.

3°. Les effets de la lumière sur les corps.

4°. La décomposition de l'eau & sa recomposition.

5°. La production & la décomposition des terres.

6°. La formation & la décomposition des alcalis.

7°. L'acidification, la formation & la décomposition des acides; la nature de ces sels, leurs différences, leurs analogies, leur action sur la plupart des corps, &c.

8°. La combinaison des acides avec les terres & les alcalis.

9°. L'oxidation & la réduction des métaux.

10°. La dissolution des métaux par les acides.

11°. La formation des principes immédiats des végétaux, par la végétation.

12°. Les diverses espèces de fermentations.

13°. La formation des matières animales par la vie des animaux.

14°. La décomposition des matières animales, & la putréfaction.

Considérons rapidement chacun de ces phénomènes, & indiquons leurs rapports essentiels avec les propriétés des fluides élastiques.

I. *La production de la chaleur*, ou le dégagement du calorique, est dû ou à une forte pression qui le dégage des corps où il étoit renfermé, ou à une combinaiſon qui le ſépare également. Il faut obſerver que ce phénomène a ſurtout lieu quand un fluide élaſtique ſe fixe dans un corps, parce que cet état aériforme ſuppoſe, comme nous avons vu, la préſence de beaucoup de calorique combiné. Il faut obſerver encore que chaque corps contenant des quantités de calorique différentes, ou ayant diverſes capacités de calorique, la preſſion ou la combinaiſon en fait ſortir des doſes fort différentes. Ainſi, ce phénomène qui accompagne une grande partie des opérations chimiques, doit être apprécié avec beaucoup d'exactitude dans les expériences de recherche.

Il en eſt de même de la deſtruction apparente de la chaleur ou de l'*abſorption* du calorique qu'on obſerve auſſi très-fréquemment dans les procédés chimiques. Elle tient toujours à l'augmentation du volume des corps, & à ce qu'ils prennent alors une plus grande capacité pour recevoir le calorique. On peut donc concevoir mécaniquement ou d'après le ſeul changement des molécules des corps plus ou moins rapprochées ou éloignées, l'un & l'autre de ces phénomènes. Mais, pour en avoir une idée plus vraie, il faut ajouter à cette cauſe mécanique, l'attraction chimique ou l'affinité particulière du calorique pour tel ou tel corps. Les modernes ont fait un grand nombre de découvertes sur l'influence du calorique dans les combinaisons & les décompositions.

II. *La combustion* est un des plus importans phénomènes de la nature. On doit distinguer deux classes de combustions : celles qui se font à l'air, & celles qui ont lieu en apparence sans le contact de l'air vital, mais dans des substances qui en contiennent la base.

Les combustions opérées par le contact de l'air sont, comme nous l'avons dit, des combinaisons du corps combustible avec la base de l'air vital ou l'oxigène ; à mesure que ces combinaisons ont lieu, la matière de la lumière & le calorique se séparent en plus ou moins grande quantité de l'oxigène, & paroissent sous la forme de chaleur & de lumière sensible. Il y a des corps combustibles qui, dégageant lentement ces fluides de l'air vital, ne donnent que peu de chaleur en brûlant ; d'autres au contraire dégageant rapidement ces principes, les font paroître sous forme de lumière éclatante & de chaleur ardente ; en donnant plus ou moins d'oscillation à cette lumière, ils la colorent de différentes nuances, si cependant l'on doit regarder avec Euler les rayons lumineux de diverses couleurs, comme une même matière jouissant d'oscillations différentes, ainsi que cela paroît avoir lieu pour le son. Dans certaines combustions opérées à l'air, les corps combustibles ont tant d'attraction avec la base de ce fluide élastique, qu'ils l'attirent très-facilement, d'autres exigent, pour se combiner avec l'oxigène, une température quelquefois très-haute, qui paroît favoriser l'attraction du corps combustible pour cette base. Cette théorie explique l'augmentation de poids du corps brûlé, son changement d'état, l'impureté de l'air atmosphérique après la combustion, puisque la proportion du gaz azote devient beaucoup plus grande; & la diversité des phénomènes tels que la flamme, la chaleur, la raréfaction qui accompagnent chaque espèce de combustion opérée dans l'air.

La seconde classe de combustions s'opère souvent dans des vaisseaux fermés; elle consiste en général dans le passage de l'oxigène plus ou moins solide, d'un corps déjà brûlé dans un corps qui ne l'est point; elle est fondée sur les diverses attractions électives de ce principe pour les différentes bases combustibles. Telle est l'oxidation des métaux par les acides, la réduction des oxides métalliques par le charbon, la combustion du soufre, du phosphore, du charbon, du carbure de fer par l'acide nitrique, la combustion de l'hydrogène, principe de l'ammoniaque, par l'acide muriatique oxigéné, &c. &c. Dans tous ces cas l'oxigène passe d'un corps dans

dans un autre ; & comme il n'étoit point fondu en fluide élastique par la lumière & le calorique, ces combustions se font le plus communément sans flamme. Observons que dans ces combustions qu'on pourroit regarder comme tacites, & désignées par le nom *d'oxigénations*, la propriété combustible n'est pas perdue, & renaît dans le corps qui perd son oxigène, tandis qu'elle cesse d'exister dans celui qui l'absorbe. Ajoutons encore que, comme l'oxigène est plus ou moins solide, c'est-à-dire, plus ou moins privé de calorique & de lumière dans les composés dont il fait partie, les corps qui l'enlèvent à ceux-ci, pouvant quelquefois l'absorber plus pur & plus solide que les premiers, il y aura alors dégagement de calorique & même de lumière ; telle est la raison de l'existence de ces deux phénomènes dans les détonations par le nitre, dans l'action apparente de l'acide nitrique sur le soufre, le charbon, le phosphore, la plupart des métaux, les huiles, l'alcool.

III. *Les effets de la lumière sur les corps* n'ont été jusqu'actuellement appréciés que par leurs résultats, & on n'en a point encore expliqué convenablement la cause. On connoissoit depuis long-tems son action sur les végétaux, on savoit qu'elle les coloroit & y développoit la naissance des matières combustibles. Schéele a vu que les rayons du ſoleil coloroient l'acide nitrique, le muriate d'argent, les précipités mercuriels, &c. Il eſt reconnu aujourd'hui que tous ces effets ſont accompagnés du dégagement d'une quantité plus ou moins conſidérable d'air vital; la lumière agit donc en même tems que le calorique ſur ces corps, elle en ſépare l'oxigène qu'elle fond & qu'elle fait paſſer à l'état de fluide élaſtique; cet effet eſt ſur-tout ſenſible ſur l'acide muriatique oxigéné liquide, qui, exposé aux rayons du ſoleil, donne de l'air vital, & repaſſe à l'état d'acide muriatique ordinaire. C'eſt ainſi que la lumière contribue à la décompoſition de l'acide carbonique par les feuilles des végétaux; cette décompoſition à la vérité eſt opérée par une double attraction; 1°. celle de la lumière & du calorique pour l'oxigène qu'elle tend à dégager en air vital, &c. 2°. celle des matières végétales avec le carbone radical de cet acide. C'eſt par le même mécaniſme que la lumière favoriſe la décompoſition de l'eau par les mêmes organes des végétaux, & qu'elle contribue à la formation du principe huileux. En ſuivant avec plus de ſoin qu'on ne l'a fait juſqu'ici l'action de la lumière ſur beaucoup de corps naturels, on fera des découvertes importantes, comme je l'ai annoncé en 1780.

IV. La *formation de l'eau & ſa décompoſi-*

tion tiennent absolument aux affinités de l'oxigène qui est un de ses principes. Déjà l'on connoît le zinc, le fer, les huiles, le charbon, qui ont la propriété de séparer les principes de l'eau en absorbant son oxigène, & en dégageant l'hydrogène ou l'autre de ses principes sous la forme de gaz hydrogène ou inflammable. L'extrême légèreté de ce gaz explique pourquoi il faut une si haute température pour opérer tout-à-coup cette décomposition; il paroît que la base de ce gaz ou l'hydrogène qui est communément ou liquide ou solide dans les deux états les plus ordinaires de l'eau à la surface du globe, a une très-grande capacité pour contenir le calorique, ou la matière de la chaleur. Il paroît même que cette base, quoique combinée avec l'oxigène dans l'eau, jouit encore de cette propriété d'absorber beaucoup de chaleur, & que c'est en raison de cette propriété que la vapeur aqueuse est plus légère que l'air, & soutient moins haut le mercure dans le tube du baromètre. Cette belle découverte de la nature de l'eau & de sa décomposition, éclaire beaucoup les théories des dissolutions métalliques, de l'oxidation de plusieurs métaux par l'humidité, de la formation des principes immédiats de végétaux, de la fermentation vineuse, de la putréfaction; & déjà l'on peut s'appercevoir que presque toutes les théories chimiques se rapportent & tiennent aux affinités de l'oxigène. Elle jette également un grand jour sur les phénomènes de l'atmosphère, sur la formation des météores, sur les loix que suit la nature dans les changemens successifs des matières organiques, &c. Il est sur-tout important de remarquer que des matières qui seules ne décomposent point l'eau, opèrent cette décomposition, lorsqu'elles sont aidées par d'autres corps; ainsi le soufre avec l'alcali, l'étain avec l'acide nitrique, &c. décomposent l'eau à des températures basses, par des affinités complexes ou disposées, &c. Rien ne peut répandre plus de jour sur un grand nombre de phénomènes de la nature & des arts, que la connoissance de ces affinités prédisposantes, &c.

V. Il existe plusieurs objets importans dans la formation des corps naturels, dont les chimistes desirent encore la connoissance, & dont leurs travaux n'ont point trouvé la solution. La *formation des terres* est un de ces objets. Les naturalistes ont donné leurs opinions sur la nature des terres; plusieurs ont cru le passage du silex à l'argile bien prouvé; mais on ne doit regarder ces idées que comme des hypothèses ingénieuses qui n'ont point encore été démontrées par les faits. Les chimistes n'ont point changé la terre silicée en alumine, ni celle-ci en terre silicée. La nature opère peut-être cette conversion; mais l'art qui ne connoît pas ses moyens ne doit point se permettre de les deviner, lorsque des expériences directes ne prononcent pas. Regarder la baryte, la magnésie & la chaux comme des composés des précédentes avec quelques corps, c'est donner des hypothèses qui ne méritent que peu de confiance. Aucun chimiste n'a encore tourné ses recherches de ce côté, & on manque même des premières données nécessaires pour les diriger. Les expériences de quelques modernes sur l'extraction de prétendus régules métalliques des terres traitées à un grand feu, avec le charbon, n'ont donné qu'un résultat trompeur. Il paroît prouvé que tous ces régules ne sont qu'une seule & même substance, du phosphure de fer, formé par la terre des os, ou une partie du phosphate de chaux réduit en phosphore & combiné avec le fer du charbon.

VI. Il en est à peu-près de même de la formation des alcalis fixes. Les chimistes tout-à-fait au courant des connoissances modernes, doivent soupçonner l'azote comme un principe de ces sels; peut-être même pourroit-il être permis de regarder ce corps, démontré dans l'ammoniaque par M. Berthollet, comme le principe général des alcalis fixes & des terres alcalines, en un mot, comme l'*alkaligène ;* quelques chimistes ont pensé que les alcalis fixes sont décomposés en partie dans plusieurs opérations de chimie ; ils ont cru qu'ils sont changés en ammoniaque dans la distillation des savons anciens, & des sels neutres tartareux & acéteux. Cette conversion, si elle étoit démontrée, prouveroit que les alcalis fixes contiennent de l'azote, qui, se reportant sur l'hydrogène de l'huile, forme l'ammoniaque ; mais ces faits n'ont point été encore examinés avec assez de soin, relativement aux quantités des alcalis fixes qui semblent être décomposés, à celle de l'ammoniaque obtenue, & sur-tout par rapport au résidu provenant de l'alcali fixe, pour qu'on puisse compter sur cette théorie, dont il n'y auroit d'ailleurs que la moitié d'acquise ; car dans cette hypothèse l'autre ou les autres principes des alcalis seroient absolument inconnus, & l'on ignoreroit sur-tout la différence du radical de la potasse & de celui de la soude, &c. Une suite de recherches faites avec soin sur la nature des deux alcalis fixes jettera le plus grand jour sur beaucoup de phénomènes obscurs qui sont encore couverts de ténèbres.

VII. *La formation des acides & leur décomposition* est un des points les mieux connus &

un des résultats les plus utiles de la chimie moderne. On sait qu'ils sont tous formés d'une base ou d'un radical plus ou moins combustible uni à l'oxigène; que ce dernier étant le même dans tous, il est la cause de leur nature acide, & que leurs différences ne dépendent que de la substance ou des substances combinées avec l'oxigène, & qui varient dans chacun. On connoît les bases des acides sulfurique, nitrique, carbonique, arsénique, tunstique, molybdique, phosphorique, & on sait qu'elles sont formées par le soufre, l'azote, le charbon, l'arsénic, le tungsten, le molybdène, le phosphore; mais il reste à trouver celles des acides muriatique, fluorique & boracique dans le règne minéral, & les doses variées de l'hydrogène & du carbone qui paroissent faire la base de tous les acides végétaux.

La décomposition des acides connus dans leur nature, n'est pas difficile à concevoir ni à expliquer; on sait qu'elle a lieu toutes les fois qu'un corps combustible a plus d'attraction pour l'oxigène que celui-ci n'en a pour l'autre principe de l'acide, & que telle est la théorie de la formation des gaz acides, sulfureux, nitreux, par la décomposition des acides sulfurique, nitrique, &c.

On doit encore distinguer les radicaux des

acides en simples & composés; le soufre, le phosphore, le carbone, &c. sont des radicaux simples. Tous les acides végétaux ont des radicaux, composés d'hydrogène & de carbone. Ces derniers ne sont point décomposés par les corps combustibles, parce que leurs radicaux ont plus d'affinité avec l'oxigène que n'en ont les matières métalliques, &c. ordinairement employées à cette décomposition. Aussi n'y a-t-il que les acides métalliques qui se dissolvent dans ces acides végétaux.

VIII. *La combinaison des acides avec les terres & les alcalis*, constitue l'histoire des sels neutres ou composés, & des affinités ou attractions électives de ces différentes matières les unes pour les autres. Elle comprend l'examen des phénomènes qui ont lieu pendant leur union, la saveur qu'ils acquièrent, leur forme, leur dissolution, leur cristallisation, leurs altérations par le feu, par l'air, & leurs décompositions réciproques: elle a été traitée fort en détail dans cet Ouvrage.

IX. L'oxidation & la réduction des métaux tient encore à l'histoire de l'air & de l'oxigène. On sait que ce qu'on a nommé *la calcination* des métaux, est une combustion; qu'elle consiste dans l'union & la fixation de la base de l'air vital ou de l'oxigène; que les *chaux* métalliques sont des composés de métaux & d'oxigène, que c'est pour cela que nous les nommons *oxides ;* qu'on ne réduit la plupart des oxides qu'en leur enlevant l'oxigène par un corps qui a plus d'attraction pour lui que n'en ont les substances métalliques ; que le charbon, en absorbant ainsi l'oxigène des oxides métalliques, forme avec lui de l'acide carbonique qui se dégage en grande quantité pendant leur réduction ; qu'il est quelques oxides métalliques dont on sépare l'oxigène en état d'air vital, à l'aide du calorique & de la lumière ; ce qui prouve que cet oxigène tient avec des degrés de force très-différens aux diverses matières métalliques ; aussi, plusieurs métaux traités avec des oxides métalliques, leur enlèvent-ils l'oxigène, comme le fer & le zinc à l'oxide du mercure, l'étain à l'oxide de cuivre, &c. Mais deux points très-importans de l'histoire de l'oxidation des métaux, qui ont été déterminés par les expériences des modernes, & qui jettent un très-grand jour sur tous les phénomènes que présentent les matières métalliques, sont, 1°. que chaque métal absorbe une quantité différente d'oxigène pour sa saturation ; 2°. que chacun d'eux peut être dans différens états d'oxidation, ou combiné avec des doses diverses d'oxigène depuis le commencement de l'oxidation jusqu'à son complément; par exemple, depuis 15 jusqu'à plus de 40 parties d'oxigène pour un quintal de fer.

L'examen attentif de ce second fait, conduit à distinguer dans chaque oxide métallique plusieurs états différens relativement à la quantité d'oxigène qu'il contient; c'est ainsi que le mercure éprouve un commencement d'oxidation, & se change en poudre noire dans nombre de circonstances, que l'on n'a regardées jusqu'ici que comme une division extrême de ce métal; & sur-tout lorsqu'on le divise ou qu'on l'éteint dans les graisses, les mucilages, les sirops, &c. c'est ainsi que le fer à l'état d'*éthiops martial*, est le premier de ses oxides relativement à la petite quantité d'oxigène qu'il contient, & que l'eau froide le met facilement dans cet état; enfin, le cuivre qui commence à s'oxider, ou qui est uni à la plus petite quantité possible d'oxigène, est brun, rougeâtre; un peu plus d'oxigène le rend bleu, tandis que son oxide parfait ou saturé d'oxigène est vert-clair.

Cette distinction des oxides métalliques à différens états d'oxidation ou contenant des quantités diverses d'oxigène, & ayant des propriétés différentes suivant ces variétés de combustion, expliquent un grand nombre de phénomères sur lesquels les chimistes n'avoient pu rien dire jusqu'actuellement.

X. *La dissolution des métaux* dans les différens acides, les propriétés de ces dissolutions & des sels qu'elles fournissent, s'accordent aussi avec la théorie moderne, & s'expliquent beaucoup mieux qu'autrefois. Toute dissolution d'un métal dans un acide ne peut avoir lieu que ce métal ne soit d'abord oxidé.

Les métaux sont oxidés par l'acide sulfurique, soit par l'acide lui-même, soit par l'eau qui l'étend. Dans le premier cas l'acide est décomposé, & il se dégage du gaz acide sulfureux; dans le second l'eau est décomposée, & il se dégage du gaz hydrogène. Il est des métaux qui ne décomposent que l'acide sulfurique sans toucher à l'eau, comme le mercure, le plomb, &c. & ces métaux ne se brûlent dans ce cas que lorsque l'acide sulfurique est concentré, & souvent lorsqu'on les aide par le feu. Dans le cas où les métaux ont plus de force pour décomposer l'eau que pour décomposer l'acide sulfurique, comme le zinc & le fer, ces métaux ne s'oxident alors promptement que par l'acide étendu, parce que c'est en effet l'eau qui leur fournit l'oxigène. La preuve de ce dernier fait, est que l'acide sulfurique reste tout entier, & qu'il n'y en a point du tout de décomposé.

Il est clair, d'après cet exposé, qu'il faut beaucoup plus d'acide sulfurique pour dissoudre un métal qui le décompose, qu'il n'en faudra pour en dissoudre un qui décompose l'eau unie à cet acide, puisque, dans le premier cas, il faut deux sommes diverses de cet acide; la première pour oxider le métal, la seconde pour dissoudre l'oxide métallique; de-sorte que si l'on ne mêloit au métal que la première somme, il ne seroit qu'en oxide, & il faudroit ajouter après coup la seconde somme d'acide sulfurique pour dissoudre l'oxide, ce qu'on est fréquemment obligé de faire dans les laboratoires. L'observation exacte a appris que les oxides métalliques doivent être dans un degré marqué ou constant de combinaison avec l'oxigène ou d'oxidation, pour se dissoudre dans l'acide sulfurique; que lorsqu'ils en sont saturés, ils ne s'y unissent point; avant ce terme, ils ne peuvent s'y dissoudre; au-delà, ils s'en précipitent; c'est ce qui arrive lorsqu'on chauffe trop fortement une dissolution sulfurique, ou lorsqu'on la laisse plus ou moins long-temps exposée à l'air. Dans la première opération, la chaleur favorise l'action de l'oxide métallique sur l'acide; il enlève plus d'oxigène qu'il n'en contenoit, & qu'il ne lui en falloit pour rester suspendu dans l'acide; dans le second cas il absorbe ce principe de l'atmosphère, & lorsque sa combinaison excède celle qui détermine sa suspension; cet oxide se précipite. Telle est la théorie des eaux mères sulfuriques. Les dissolutions métalliques par cet acide ne fournissent des cristaux que dans le premier cas. Tous ces faits indiquent que ce sont les métaux qui agissent d'abord sur leurs dissolvans, & que l'acide sulfurique ne les attaque que quand ils ont éprouvé un degré d'oxidation déterminée.

L'acide nitrique est également décomposé par la plus grande partie des métaux; ceux-ci s'oxident ou se *calcinent* à un degré déterminé, en absorbant l'oxigène avec lequel ils ont plus d'affinité que n'en a l'azote; mais comme ils n'enlèvent point tout l'oxigène de l'acide nitrique, à moins qu'on n'ait pris trop de métal, ou qu'on n'ait trop fortement chauffé le mélange, l'azote se sépare uni avec une portion d'oxigène, & cette combinaison particulière forme le gaz nitreux. L'acide nitrique est le plus décomposable de tous les acides; ses deux principes adhèrent très-foiblement l'un à l'autre; telle est la raison pour laquelle il a toujours été regardé comme le plus grand dissolvant; telle est aussi celle qui explique pourquoi l'eau n'est que rarement décomposée pendant l'action réciproque des métaux & de l'acide nitrique;

& pourquoi cette action eſt rendue nulle par une grande quantité d'eau; auſſi, les diſſolutions métalliques par l'acide nitrique, ne donnent jamais qu'une ſeule eſpèce de fluide élaſtique, le gaz nitreux, mêlé quelquefois d'un peu de gaz azote, ſur-tout lorſque les métaux qu'on emploie ont une très-forte affinité pour s'unir à l'oxigène, & en abſorbent beaucoup.

Les métaux diſſolubles dans l'acide nitrique ne peuvent s'y unir & y reſter unis que lorſque chacun d'eux contient une quantité d'oxigène déterminée, & qui ne va point juſqu'à ſa ſaturation; auſſi beaucoup d'oxides métalliques, comme ceux de biſmuth, d'antimoine, de mercure, d'étain, de fer, ſe ſéparent-ils très-aiſément de l'acide nitrique par le ſeul repos, par la chaleur, par l'expoſition à l'air, en continuant à abſorber de l'oxigène de l'acide diſſolvant ou de l'atmoſphère environnante. La quantité d'acide nitrique doit être auſſi très-grande, afin qu'il y en ait aſſez, 1°. pour oxider le métal; 2°. pour diſſoudre ſon oxide: ſi l'on n'en met que la première quantité, le métal reſtera en oxide ſec, comme cela arrive au biſmuth, au zinc, à l'étain, à l'antimoine. Souvent les métaux très-avides d'oxigène enlèvent tout celui qui exiſte dans l'acide nitrique,

& n'en ayant point encore assez pour être saturés, décomposent l'eau pour en absorber; dans ce cas il se forme de l'ammoniaque par l'union de l'azote de l'acide nitrique, avec l'hydrogène de l'eau.

L'acide muriatique n'agit sur aucun métal qu'à l'aide de l'eau; aussi comme il n'y a que peu de métaux qui agissent sur l'eau, il n'y en a de même que peu d'immédiatement solubles par l'acide muriatique; aussi pendant la dissolution par cet acide, ne se dégage-t-il jamais que du gaz hydrogène. Tout indique que les principes de cet acide sont plus adhérens entr'eux que ceux de tous les autres, & je suis très-porté à croire, d'après cela, que la base inconnue, & quelle qu'elle soit, de l'acide muriatique, est le corps qui a le plus d'affinité possible avec l'oxigène, puisqu'aucun des corps combustibles qui l'enlèvent à la plupart de ceux qui le contiennent, ne peut l'enlever à cet acide; mais il dissout très-bien les oxides métalliques une fois formés, il les enlève même à plusieurs autres acides, il les dissout même saturés d'oxigène, ce que les autres acides ne peuvent faire. Ces deux dernières propriétés, très-remarquables, tiennent certainement à la tendance qu'a l'acide muriatique pour absorber un excès d'oxigène, tendance qui est si bien démontrée par la formation de l'acide muriatique oxigéné, &c. Dans le cas où l'acide muriatique diſſout des oxides métalliques trop oxidés pour être diſſous par d'autres acides, il commence par enlever une portion d'oxigène aux oxides, & une partie de l'eau s'étant dégagée en acide muriatique oxigéné, l'autre diſſout le reſte de l'oxide moins oxidé.

Quant à l'action de tous les autres acides ſur les métaux, elle n'eſt point encore aſſez connue pour qu'on puiſſe l'expliquer auſſi exactement que celle des trois premiers. Nous remarquerons ſeulement que les métaux ne doivent point décompoſer l'acide carbonique, puiſque le charbon qui eſt le radical de cet acide, a plus d'affinité avec l'oxigène que celui-ci n'en a avec les métaux, comme le prouve la décompoſition des oxides métalliques par le principe charboneux; il en eſt de même des acides végétaux.

Enfin, la précipitation en métaux, des oxides métalliques unis aux acides par d'autres ſubſtances métalliques, eſt entièrement fondée ſur les attractions diverſes de l'oxigène pour ces ſubſtances; quand le cuivre précipite l'oxide d'argent, & le fer l'oxide de cuivre en état d'argent & de cuivre métalliques, c'eſt parce

que

que le cuivre a plus d'attraction avec l'oxigène que l'argent, & le fer plus que le cuivre.

XI. On ne fait que commencer à concevoir la formation des principes immédiats des végétaux; on avoit remarqué il y a long-temps que les plantes croissoient très-bien dans l'eau la plus pure, & qu'avec l'eau & l'air atmosphérique, elles formoient tous les principes qui les constituent. Tels sont donc les deux matériaux d'où elles tirent leur principale nourriture, & avec lesquels sont produits l'extrait, le mucilage, l'huile, le charbon, les acides, les parties colorantes, &c. Depuis les découvertes sur les gaz, on a observé qu'elles croissent très-vîte dans l'air altéré & mêlé d'acide carbonique, ainsi que dans le gaz hydrogène. Nous avons déjà annoncé que les feuilles décomposent l'eau & l'acide carbonique; elles absorbent l'hydrogène de la première, & le carbone du second, en dégageant l'air vital de l'une & de l'autre; elles paroissent aussi absorber l'azote. Ces phénomènes bien connus nous éclairent sur la formation du charbon & sur celle de l'huile, car on ne peut douter que ce dernier principe ne soit formé de l'hydrogène fixé pour ainsi dire par le carbone, puisqu'il donne beaucoup d'eau & d'acide carbonique pendant la combustion; mais nous ne connoissons point encore la formation du principe colorant, des huiles diverses, de l'arome, de l'alcali fixe, de la partie glutineuse, &c. On peut seulement prévoir qu'en faisant des expériences sur la végétation, d'après ces nouvelles vues, on découvrira la nature & la constitution de tous ces divers principes immédiats.

On commence à concevoir la formation des acides végétaux pendant & par l'acte même de la végétation. Nous avons déjà annoncé dans l'histoire de ces acides, qu'ils paroissent tous formés de bases analogues, qu'en dernière analyse on retire de tous également du carbone, de l'hydrogène & de l'oxigène, & qu'ils ne semblent différer que par la proportion de ces principes, & par leur compression ou densité. Cette opinion devient d'autant plus vraisemblable, qu'on multiplie davantage les travaux sur ces acides.

Schéele & M. Crell ont trouvé de l'analogie entre plusieurs d'entr'eux. Schéele qui avoit d'abord cru l'acide oxalique & l'acide du sucre très-différens l'un de l'autre, est parvenu, comme nous l'avons dit ailleurs, à prouver que ce n'est qu'un seul & même acide; 1°. en enlevant la portion de potasse qui masque les propriétés de l'acide oxalique dans le sel d'oseille du commerce, & en l'amenant par-là à l'état d'acide oxalique pur; 2°. en changeant l'acide *du sucre* en sel d'oseille par l'addition d'un peu de potasse.

Si l'on ajoute à ce fait très-important de l'analyse végétale, les belles expériences de M. Crell, qui a retiré l'acide tartareux de l'alcool, & qui a changé l'acide tartareux en vinaigre & en acide oxalique, & ce dernier en acide acéteux, on reconnoîtra que les acides oxalique, tartareux & acéteux sont très-analogues les uns aux autres; qu'ils sont formés d'une seule & même base, & qu'ils ne diffèrent que par la dose d'oxigène que chacun d'eux contient. Il paroît que l'acide tartareux est celui qui en contient le moins, que l'acide oxalique en a beaucoup plus, & que l'acide acéteux est celui des trois qui en est le plus chargé. Je ne puis m'empêcher de croire que si quatre acides végétaux qu'on avoit d'abord cru très-différens, ont déjà été reconnus pour être formés par les mêmes bases, combinées avec des doses différentes d'oxigène, on pourra également reconnoître, par de nouvelles recherches, une analogie égale entre plusieurs autres, & spécialement entre les acides citrique & malique qui se trouvent si souvent ensemble dans les sucs végétaux. Ces assertions sont déjà étayées par les recherches qu'on trouvera dans une analyse du quinquina de S. Domingue, insérée dans un des cahiers des Annales de Chimie.

Enfin, ce qu'on possède sur la théorie de la végétation, explique déjà l'influence des engrais; M. Parmentier est le premier & presque le seul physicien qui a commencé à appliquer cette théorie à l'agriculture, dans un mémoire qu'il vient de lire à la société d'agriculture de Paris (juin 1791).

XII. La fermentation vineuse, la formation simultanée de l'acide carbonique & de l'alcool, la nécessité de l'eau & d'un principe sucré pour l'établissement de cette fermentation, nous autorisent à penser que ce mouvement est produit par la décomposition de l'eau. L'oxigène de ce liquide paroît se porter sur le charbon avec lequel il constitue l'acide carbonique qui se dégage, & l'alcool est formé par l'hydrogène fixé dans la base huileuse qui, avec des quantités diverses d'oxigène, constitue les acides tartareux, oxalique & acéteux. Cette théorie explique parfaitement pourquoi l'alcool est si léger, pourquoi il forme tant d'eau dans sa combustion, pourquoi on le change par les acides minéraux, en acides oxalique, acéteux, &c. On n'a point, il est vrai, encore bien saisi comment il passe à l'état d'éther; il est seulement vraisemblable que l'alcool perd dans ces opérations une portion de son hydrogène, & qu'il se forme de l'eau.

XIII. Les chimistes commencent à soupçonner toutes les données que la science fait espérer aujourd'hui pour la formation des matières animales. La digestion paroît être une simple extraction ou dissolution par le suc gastrique ; la fixation du gaz azote, ou l'augmentation de sa proportion par la soustraction des autres principes, est une des premières fonctions de l'organisme ; elle paroît constituer, d'après les recherches de Schéele & sur-tout de M. Berthollet, la principale différence qui existe entre les matières animales & les substances végétales ; elle contribue à la formation de l'ammoniaque que ces substances donnent si abondamment dans la distillation, &c. La respiration paroît être un des moyens les plus énergiques que la nature emploie pour augmenter la quantité d'azote dans les matières animales.

La différence des fluides animaux destinés à nourrir les divers organes, la distinction de l'humeur gélatineuse, de la liqueur albumineuse & de la partie fibreuse fondue & dissoute dans certains fluides, est bien établie aujourd'hui. On ait que la première est la moins animalisée, que la ſeconde l'eſt davantage, & que la troiſième ſemble être le dernier produit de l'action vitale ſur les fluides; que cette dernière *humeur*, par le ſimple repos, ſe réunit en un tiſſu de fibres ſolides; que la partie albumineuſe s'épaiſſit & ſe concrète par la chaleur; tandis que la ſubſtance gélatineuſe eſt plus diſpoſée à ſe fondre, mais auſſi plus prompte à ſe reproduire. On a trouvé des acides particuliers dans les humeurs excrémentielles, on en ignore la formation, ſur-tout celle de l'acide phoſphorique ſi abondant & ſi répandu dans ce règne.

La nature des ſolides animaux a fixé l'attention des chimiſtes modernes; on connoît la différence du tiſſu fibreux des muſcles, des plaques membraneuſes, des lames dures des os, &c. la médecine attend des découvertes chimiques la ſolution des problêmes relatifs à la formation de chacune des matières qui conſtituent ces parties, & ſur-tout de l'acide phoſphorique, du ſuc albumineux, de la matière fibreuſe, du phoſphate calcaire, des huiles particulières qu'on trouve dans ce règne. La découverte de la formation de l'ammoniaque entrevue par Bergman & Schéele, & miſe hors de doute par M. Berthollet, doit faire eſpérer que ces problêmes pourront être réſolus ſucceſſivement. Il ne nous manque vraiſemblablement que quelques faits principaux, pour arriver à plusieurs grands résultats, & cet espoir doit animer les médecins qui connoissent l'importance de la chimie.

XIV. Depuis le chancelier Bâcon, on a senti l'utilité de l'expérience & des recherches sur la putréfaction, pour la médecine. Des physiciens célèbres s'en sont occupés avec quelque fruit; mais la cause de cette décomposition & la manière dont elle s'opère, n'ont point encore été trouvées; les découvertes modernes répandent quelque jour sur ce point important. On entrevoit que l'eau qui favorise & fait naître la putréfaction, est décomposée dans le mouvement intestin qui la constitue; on sent comment l'ammoniaque se forme si abondamment par la fixation du gaz azote & du gaz hydrogène; on apprécie la lenteur de la décomposition de la graisse, sa conservation & son épaississement, qui va même dans quelques cas jusqu'à sa solidité, & la sécheresse, due à la fixation de l'oxigène de l'eau; la volatilisation & la réduction en fluides élastiques des substances animales mortes exposées à l'air; en un mot, la séparation complète de tous ces principes, & leur dissipation dans l'atmosphère, qui les transporte dans de nouvelles combinaisons, & sur-tout cette suite de compositions & de pasſages d'un règne à l'autre, ſi bien rendue par Beccher dans cet emblême philoſophique : *Circulus æterni motûs*, par lequel il a exprimé la puiſſance toujours active de la nature.

EXPLICATION

Du Tableau de Nomenclature.

NOUS ferons d'abord observer que notre intention, en rédigeant ce tableau, n'a point été d'offrir toute la nomenclature de la chimie, mais de réunir sous plusieurs classes de composés, un assez grand nombre d'exemples choisis, pour qu'on pût, à l'aide d'une étude simple & facile, appliquer notre méthode de nommer à tous les composés que les chimistes connoissent, ou à ceux qui peuvent être découverts par la suite. Pour remplir cet objet, nous avons divisé ce tableau en six colonnes perpendiculaires, à la tête desquelles sont placés les titres généraux qui annoncent l'état des corps dont on y trouve les noms. Chacune de ces colonnes est divisée en 55 cases, placées les unes au-dessous des autres. Ce nombre est déterminé par celui des substances non décomposées que nous connoissons, & qui sont nommées de suite dans la première colonne. Les divisions horisontales, correspondantes des cinq colonnes suivantes, comprennent les principales combinaisons de ces substances simples, &

doivent conséquemment être en même nombre qu'elles.

Suivons chacune de ces colonnes dans les principaux détails qu'elles présentent.

COLONNE PREMIÈRE.

La première marquée par le chiffre romain I, a pour titre SUBSTANCES NON DÉCOMPOSÉES. Rappelons ici que ces corps ne sont simples pour nous que parce qu'on n'a pas encore pu en faire l'analyse ; toutes les expériences exactes qui ont été faites depuis dix ans, annoncent que ces corps ne peuvent être séparés en êtres plus simples, & qu'on ne peut point les reproduire par des compositions artificielles. Ces substances sont, comme nous l'avons déjà dit, au nombre de 55 ; au-devant de chaque case horisontale qui contient chacune d'elles, est placé en chiffres arabes le n°. qui désigne la place de ces corps & de leurs composés correspondans dans les autres colonnes. Les lignes horisontales sont donc, par cette disposition, absolument continues depuis la première colonne jusqu'à la sixième, & toutes les cases horisontales de chaque colonne sont comprises & désignées par le même numéro.

Les 55 substances simples de la première

colonne, ſont diviſées en cinq claſſes ſuivant la nature comparée de chacune d'elles. La première diviſion comprend quatre corps, qui ſemblent ſe rapprocher le plus de l'idée qu'on s'eſt formée des élémens, & qui jouent le plus grand rôle dans les combinaiſons ; ce ſont la *lumière* (caſe 1), le *calorique* (caſe 2), nommé juſqu'ici matière de la chaleur, l'*oxigène* (caſe 3), ou la partie de l'air vital qui ſe fixe dans les corps qui brûlent, qui en augmente le poids, qui en change la nature, & dont le caractère ou la propriété la plus ſaillante étant de former les acides, nous a engagés à tirer ſon nom de cette propriété remarquable ; l'*hydrogène* (caſe 4), ou la baſe du fluide élaſtique, appelé gaz inflammable, être qui exiſte ſolide dans la glace, puiſqu'il eſt un des principes de l'eau. Ces quatre premiers corps ſimples ſont renfermés dans une accolade particulière.

La ſeconde claſſe des ſubſtances non décompoſées de la première colonne, comprend 26 corps différens, qui ont tous la propriété de devenir acides par leur union avec l'oxigène, & que nous déſignons d'après ce caractère commun, par les mots de *baſes acidifiables*. Parmi ces 26 corps, il n'y en a que quatre que l'on a pu obtenir ſimples & ſans combinaiſons ; tels ſont l'*azote* ou *radical nitrique* (caſe 5) (1), ou la baſe ſolide de la mofète atmoſphérique très-connue aujourd'hui des chimiſtes, le charbon pur, *carbone* ou *radical carbonique* (caſe 6), le ſoufre ou *radical ſulfurique* (caſe 7), & le phoſphore ou *radical phoſphorique* (caſe 8). Les 22 autres ne ſont connus que dans leurs combinaiſons avec l'oxigène & dans l'état d'acides; mais, pour donner à la ſcience plus de clarté & d'extenſion, nous les avons ſéparés de l'oxigène par la penſée, & nous les ſuppoſons dans leur état de pureté auquel il eſt vraiſemblable que l'art parviendra à les réduire quelque jour. Ils ſont alors tous déſignés par les noms de leurs acides avec une terminaiſon uniforme, & que l'on fait précéder du mot générique *radical* : telle eſt la manière dont il faut concevoir les expreſſions de *radical muriatique* (caſe 9), *radical boracique* (caſe 10), *radical fluorique* (caſe 11), *radical ſuccinique* (caſe 12), *radical acétique* (caſe 13), *radical tartareux* (caſe 14), *radical pyro-tartareux* (caſe 15), *radical oxalique* (caſe 16), *radical gallique* (caſe 17), *radical citrique* (caſe 18),

(1) Encore faut-il obſerver qu'on n'obtient point l'azote ſeul & iſolé, mais combiné avec le calorique & dans l'état de gaz.

radical malique (case 19), *radical benzoïque* (case 20), *radical pyro-lignique* (case 21), *radical pyro-mucique* (case 22), *radical camphorique* (case 23), *radical lactique* (case 24), *radical saccho-lactique* (case 25), *radical formique* (case 26), *radical prussique* (case 27), *radical sébacique* (case 28), *radical lithique* (case 29), *radical bombique* (case 30).

La troisieme classe des substances non décomposées de la première colonne, renferme les matières métalliques, qui sont au nombre de 17, depuis la case 31 jusqu'à la case 47 inclusivement. Toutes ont les noms sous lesquels on les a connues jusqu'à présent; les trois premières sont susceptibles de passer à l'état d'acides, & tiennent par ce caractère aux bases acidifiables qui les précèdent.

Dans la quatrième classe des matières non décomposées sont placées les terres; la *silice* (case 48), l'*alumine* (case 49), la *baryte* (case 50), la *chaux* (case 51), la *magnésie* (case 52). On n'a point encore décomposé ces cinq terres, & elles doivent être regardées comme des corps simples dans l'état actuel de nos connoissances.

Enfin, la cinquième classe des substances non décomposées, renferme les trois alcalis, la *potasse* (case 53), la *soude* (case 54), l'*ammoniaque* (case 55). Quoique cette dernière ait déjà été décomposée par Bergman & Schéele, & quoique M. Berthollet ait déterminé avec précision la nature & la quantité de ses principes, nous avons cru devoir la ranger au-dessous des alcalis fixes, dont on espère aussi bientôt connoître les composans, afin de ne point interrompre l'ordre & le rapport de ces substances qui se comportent à beaucoup d'égards comme des matières non décomposables dans les expériences de la chimie.

La première colonne dont nous venons d'exposer toutes les divisions, est partagée en deux comme toutes les autres, suivant sa longueur; la division de la gauche est destinée à offrir les noms anciens distingués par le caractère italique.

COLONNE II.

La seconde colonne porte pour titre, *mises à l'état de gaz par le calorique;* il faut joindre à ce titre celui de la colonne précédente, & lire *substances non décomposées mises à l'état de gaz par le calorique.* Alors on entend facilement que cette seconde colonne est destinée à offrir l'état aériforme permanent que sont susceptibles de prendre plusieurs des substances simples indiquées dans la première; on ne trouve dans cette colonne que quatre fluides élastiques, dont les noms sont dérivés comme tous les mots tracés dans les autres colonnes, de ceux des matières non décomposées, & deviennent simples & clairs par l'addition du mot *gaz* qui précède ces premiers noms. Ainsi on trouve dans la case 3 le *gaz oxigène* ou air vital, dans la case 4 le *gaz hydrogène*, dans la case 5 le *gaz azote*, & dans la case 55 le *gaz ammoniac*, à côté desquels se trouvent les noms anciens.

COLONNE III.

On lit en tête de la troisième colonne *combinées avec l'oxigène*; il faut toujours supposer le titre de la première colonne, & il est clair que c'est *des substances non décomposées* qu'on veut parler. Cette colonne est une des plus chargées, parce que presque tous les corps de la première peuvent se combiner avec l'oxigène. En jettant un coup-d'œil sur la disposition & les noms qui y sont exposés, on voit d'abord que ces noms sont tous composés de deux mots qui expriment des composés de deux matières; le premier de ces mots est le terme générique d'*acide* qui indique le caractère salin donné par l'oxigène; le second spécifie chaque acide, & est presque toujours celui du radical indiqué dans la première colonne. La cinquième case de cette troisième colonne présente l'union de l'*azote* ou *radical nitrique* avec l'oxigène, & il résulte trois composés connus de cette union de deux corps, suivant les proportions de leurs principes; en effet ou l'azote contient le moins d'oxigène possible, & alors il forme *la base du gaz nitreux*; ou il en est saturé, & il constitue l'*acide nitrique*; ou il contient moins d'oxigène que ce dernier, mais plus que le gaz nitreux, & il forme l'*acide nitreux*. On voit que c'est en changeant simplement la terminaison du même mot, que nous avons exprimé les trois états de cette combinaison. Il en est absolument de même de l'*acide sulfurique* (case 7), de l'*acide phosphorique* (case 8), de l'*acide acétique* (case 13): ces acides peuvent être chacun dans deux états de combinaison avec l'oxigène, suivant les quantités que leurs radicaux ou leurs bases acidifiables en contiennent. Quand les bases en sont complètement saturées, il en résulte les acides *sulfurique*, *acétique* & *phosphorique*. Lorsque ces bases n'en sont pas saturées, & qu'elles sont pour ainsi dire en excès sur la quantité de l'oxigène, nous les nommons acides *sulfureux*, *acéteux*, *phosphoreux*, comme on le voit aux cases déjà citées. Cette terminaison nous sert à désigner ainsi l'état l'état des acides, d'après les noms déjà employés de vitriolique & de sulfureux, & nous en faisons une règle aussi générale que simple pour tous les autres acides qui sont dans l'un ou l'autre de ces états. Il sera aisé de concevoir d'après cela les noms des acides *carbonique* (case 6), *boracique* (case 10), & de tous ceux qui ne présentent qu'un seul état où la base acidifiable est saturée d'oxigène. Par la même loi de nomenclature, on conçoit que les acides qui sont seuls dans une case & dont les noms sont terminés en *eux*, ont un excès de matière acidifiable; tels sont les acides *tartareux* (case 14), *pyro-tartareux* (case 15), *pyro-ligneux* (case 21), & *pyro-muqueux* (case 22). L'*acide muriatique* (case 9), se trouve dans un état différent de tous les autres; outre sa combinaison acide saturée d'oxigène, il peut prendre un excès de ce principe, & alors il acquiert des propriétés singulières. Pour le distinguer dans cet état particulier, nous le nommons *acide muriatique oxigéné* (case 9), & ce troisième nom simple & dont la valeur est bien déterminée, pourra s'appliquer par la suite aux autres acides, si on y découvre la propriété de se surcharger d'oxigène.

Les cases inférieures de cette troisième colonne depuis la 31 jusqu'à la 47 inclusivement, offrent la nomenclature d'un autre systême de corps. On y trouve le mot *oxide* au commencement de la dénomination composée; on a dit dans le Mémoire précédent les raisons qui nous ont engagés à substituer ce nom à celui de chaux métalliques; il est aisé de voir que, sans exprimer la qualité saline comme celui d'*acide*, ce mot annonce cependant comme ce dernier, une combinaison de l'oxigène; on aura d'ailleurs l'avantage de pouvoir employer cette dénomination pour tous les corps susceptibles de s'unir à l'oxigène, & qui, dans cette union, ne forment point des acides, soit parce que la quantité d'oxigène n'est pas assez abondante, soit parce que leurs bases ne sont pas de nature acidifiable. Ainsi, par exemple, l'acide phosphorique vitrifié ou privé d'une portion d'oxigène par l'action d'un grand feu, est une sorte d'*oxide phosphorique;* le gaz nitreux qui n'est pas plus acide que le verre phosphorique, parce qu'il ne contient point assez d'oxigène, est aussi un véritable *oxide nitreux;* ainsi l'hydrogène uni à l'oxigène ne forme point un acide, mais cette union constitue l'eau qui, considérée sous ce point de vue, pourroit être regardée comme un *oxide d'hydrogène.*

Parmi les dix-sept oxides métalliques qui sont présentés depuis la case 31 jusqu'à la case 48, il en eſt trois qui ne ſont que des paſſages de l'état métallique à l'état acide ; c'eſt par défaut d'oxigène que les oxides d'arſénic (caſe 31), de molybdène (caſe 32), de tungſtène (caſe 33), ne ſont point encore acides. Une plus grande quantité de ce principe générateur de l'acidité, forme les acides *arſénique*, *molybdique*, *tunſtique* (mêmes caſes). On a expliqué comment des épithètes priſes de la couleur ou des procédés nous ſervent à diſtinguer les divers oxides du même métal, comme on peut le voir aux articles des *oxides d'antimoine* (caſe 38), des *oxides de plomb* (caſe 42), & des *oxides de mercure* (caſe 44), qui fourniſſent les exemples les plus multipliés de cette diverſité.

COLONNE IV.

La quatrième colonne dont le titre *oxigénées gazeuſes* annonce les ſubſtances ſimples combinées tout-à-la-fois & à l'oxigène, & avec aſſez de calorique pour être portées à l'état de gaz permanens à la preſſion & à la température ordinaires, ne préſente que ſix ſubſtances connues dans cet état ; tels ſont le *gaz nitreux* & le gaz *acide nitreux* (caſe 5), le gaz *acide carbonique* (caſe 6), le gaz *ſulfureux* (caſe 7), les gaz *acide muriatique*, & *acide muriatique oxigéné* (case 9) & le gaz *acide fluorique* (case 11). Comme aucune autre des substances oxigénées n'a pu jusqu'à présent être mise à l'état de gaz par le calorique, la plupart des cases de cette quatrième colonne se trouvant vides, nous avons profité de cette circonstance pour placer des combinaisons particulières, des oxides métalliques, ou des métaux oxigénés, avec diverses substances. Cette colonne se trouve donc coupée vers son milieu, & prend le nouveau titre d'*oxides métalliques avec diverses bases*. Les cases 31, 36, 37, 38, 39, 40, 41, 42, 43, 44 & 45, indiquent les combinaisons des oxides métalliques avec le soufre & avec les alcalis; les premières portent l'épithète d'*oxides sulfurés*, d'arsénic, de plomb; les secondes, celle d'*oxides métalliques alcalins*; lorsque chacun de ces composés varie dans les proportions & conséquemment dans leurs propriétés, nous les distinguons comme les oxides simples, par des secondes épithètes prises de la couleur; ainsi nous disons *oxides d'antimoine sulfurés gris, rouge, orangé*, &c. (case 38).

COLONNE V.

Si la cinquième colonne qui comprend les substances simples *oxigénées avec bases*, ou les sels neutres en général, offre un plus grand nombre de noms que les précédentes ; c'est qu'il nous a paru nécessaire de donner ici un plus grand nombre d'exemples, pour faire voir l'avantage de cette nomenclature méthodique, sur les noms anciens, dont la plupart, quoique devant exprimer des combinaisons analogues, étoient tout-à-fait dissemblables.

Un premier coup-d'œil sur les cases de cette colonne, fera voir qu'il règne dans tous les noms qui y sont compris une uniformité dans la terminaison, dont l'usage constant dans notre nomenclature, est d'exprimer des composés analogues. Il est aisé de concevoir que cette marche régulière facilitera singulièrement l'étude de la science, & répandra une grande clarté dans les ouvrages de chimie. Les corps désignés dans cette cinquième colonne sont tous des composés de trois substances, des bases acidifiables, du principe acidifiant ou de l'oxigène, & des bases terreuses, alcalines ou métalliques ; cependant leur nature n'est indiquée que par deux mots, parce que le premier qui est dérivé de celui de la combinaison oxigène ou acide, renferme en lui l'expression de cette union, & le second appartient uniquement à la base qui sature l'acide. Tous les noms de ces composés sont terminés en *ate* lorsqu'ils contiennent les acides dans leur état de saturation complette par l'oxigène; leur terminaison est en *ite*, lorsque les acides y sont privés d'une certaine quantité d'oxigène. En considérant les cases de cette colonne depuis la cinquième jusqu'à la trente-quatrième, on voit que nous y avons inséré d'autant plus d'exemples (1), que les acides

(1) Les sels neutres sont aujourd'hui très-nombreux, 29 acides connus qui peuvent être saturés, chacun par quatre terres dissolubles, trois alcalis & quatorze oxides métalliques non acidifiables, (car il paroît que les oxides acidifiables, comme ceux d'arsénic, de molybdène & de tungstène, ne peuvent pas neutraliser les acides minéraux) forment 609 sortes de sels composés. Si l'on y ajoute que cinq de ces acides; savoir le nitrique, le sulfurique, le muriatique, l'acétique, le phosphorique, peuvent encore se combiner dans leurs deux états différens, aux bases neutralisables, & que plusieurs acides comme le sulfurique, le tartareux, l'oxalique, l'arsénique, peuvent se saturer de diverses quantités de bases & forment ce que nous appelons les acidules, dont huit sortes bien distinctes sont déjà très-connues (*a*), on verra que le nombre des sels neutres peut être porté jusqu'à 722 sortes, dont les dénominations peuvent être formées méthodiquement, d'après les 46 ou 48 exemples de ces sels exposés dans le tableau.

(*a*) Tels sont le *sulfate acidule de potasse* ou tartre vitriolé avec excès d'acide, les *tartrites* ou *oxalites acidules* de potasse, de soude, d'ammoniaque, ou les crêmes de tartre & les sels d'oseille faits artificiellement avec les acides tartareux & oxalique purs, unis à une petite quantité de bases alcalines, & l'*arséniate acidule de potasse*, ou le sel neutre arsénical de Macquer.

auxquels elles correſpondent ou dont elles contiennent des compoſés ſalins, ſont plus connus & plus employés. Ces caſes offrent quelques différences principales dans la nomenclature.

1°. Le plus grand nombre comprend des ſels dont les noms ſont terminés en *ate*, comme les *carbonates* (caſe 6), les *fluates* (caſe 11), les *ſuccinates* (caſe 12), les *gallates* (caſe 17), les *citrates* (caſe 18), les *malates* (caſe 19), les *benzoates* (caſe 20), les *camphorates* (caſe 23), les *lactates* (caſe 24), les *ſaccho-lates* (caſe 25), les *formiates* (caſe 26), les *pruſſiates* (caſe 27), les *ſébates* (caſe 28), *les lithiates* (caſe 29), les *bombiates* (caſe 30), les *arſeniates* (caſe 31), les *molybdates* (caſe 32), les *tunſtates* (caſe 33). Cette terminaiſon identique & unique de ces dix-huit genres de ſels neutres, annonce que les acides qui les conſtituent ne ſont connus que dans leur état de ſaturation complette par l'oxigène ; auſſi tous ces acides ont-ils dans la troiſième colonne la terminaiſon uniforme en *ique*, d'après les règles de notre nomenclature.

2°. En conſidérant enſuite les caſes 14, 15, 21 & 22 de la cinquième colonne, on n'y trouve que des *tartrites*, des *pyro-tartrites*, des *pyro-lignites*, des *pyro-mucites*, dont la terminaiſon uniforme annonce des acides avec excès de baſes acidifiables, & désigne qu'ils contiennent les acides tartareux, pyro-tartareux, pyro-ligneux & pyro-muqueux.

3°. Il est dans cette colonne une troisième classe de cases où l'on trouve à-la-fois des sels neutres, dont les noms ont les deux terminaisons indiquées; telles sont les cases 5 où l'on trouve des *nitrates* & des *nitrites*, 7 où l'on trouve des *sulfates* & des *sulfites*, 8 qui présente des *phosphates* & des *phosphites*, & 13 qui rassemble des *acétates* & des *acétites*. Cette double terminaison dans chacune de ces cases indique assez, d'après ce que nous avons exposé plus haut, que les sels auxquels nous l'avons appliquée sont formés par le même acide dans deux proportions d'union avec l'oxigène, en se rappelant toujours que les acides terminés en *ique* forment des sels neutres terminés en *ate*, & que ceux dont la terminaison est en *eux*, constituent des sels neutres terminés en *ite*.

4°. Dans plusieurs des cases de cette colonne nous avons donné quelques exemples de sels neutres différens de ceux des deux classes distinguées jusqu'ici; c'est ainsi que dans la case 9 nous avons appelé *muriate oxigéné de potasse*, la combinaison de l'acide muriatique oxigéné avec la potasse, sel qui est très-différent du ſimple muriate de potaſſe, & dans lequel M. Berthollet a découvert la propriété de détonner ſur les charbons ardens. Nous avons encore exprimé dans d'autres caſes de la même colonne les combinaiſons ſalines où les acides prédominent, en ajoutant à la dénomination méthodique de ces ſels l'épithète *acidule*; comme dans les caſes 14 où on lit : *tartrite acidule de potaſſe*, & 16 qui préſente l'*oxalate acidule de potaſſe*. Enfin, nous avons déſigné par l'expreſſion de *ſurſaturés* les ſels neutres où la baſe prédomine, comme on peut le voir dans les caſe 8 où ſe trouve un *phoſphate ſurſaturé de ſoude*, & 10 où ſe trouve le borax ou *borate ſurſaturé de ſoude*.

Si l'on réfléchit à la méthode rigoureuſe & étimologique que nous avons ſuivie pour dénommer les ſels neutres, & au peu de rapport qu'avoient entr'eux dans l'ancienne nomenclature les noms donnés à des ſels de nature ſemblable, on concevra pourquoi cette colonne eſt celle de toutes qui préſente le plus de différences & de changemens, quoiqu'il n'y ait réellement de nouveau que deux terminaiſons variées dans des noms déjà connus.

COLONNE VI.

La ſixième & dernière colonne de ce tableau qui comprend les ſubſtances ſimples combinées dans leur état naturel, & ſans être oxigénées ou acidifiées comme l'indique le titre, eſt une des plus courtes, & ne contient que peu de composés. Les cases inférieures depuis la 31e jusqu'à la 48e renferment les composés de métaux entr'eux, auxquels nous conſervons les noms d'alliages & d'amalgames adoptés juſqu'actuellement. Au-deſſus de celle-ci, on n'en trouve que trois qui offrent une nomenclature nouvelle, fondée ſur les mêmes principes que les précédentes; la caſe 6 offre l'expreſſion *carbure de fer*, qui déſigne la combinaiſon de charbon en nature & de fer, appelée *plombagine*; la caſe 7 préſente les *ſulfures métalliques* ou les combinaiſons du ſoufre en nature avec les métaux, les *ſulfures alcalins* ou les combinaiſons du ſoufre avec les alcalis, le *gaz hydrogène ſulfuré* ou la diſſolution du ſoufre dans le gaz hydrogène; enfin, dans la caſe 8, nous exprimons par le nom générique de *phoſphures métalliques*, les composés de phoſphore en nature avec les métaux; ainſi nous ſubſtituons au mot *ſydérite* l'expreſſion de *phoſphure de fer*, qui désigne sans équivoque l'union du phosphore avec le fer, & nous trouvons dans ces trois mots comparables, *carbure*, *sulfure* & *phosphure*, qui ne different que par la terminaison de noms très-connus, un moyen de donner une idée exacte de combinaisons analogues, & de les distinguer d'avec tous les autres composés.

Au-dessous de ces six colonnes, nous avons placé une nomenclature des principaux corps composés qui constituent les végétaux. Dans cette partie du tableau, nous avons simplement choisi parmi les noms anciens, ceux qui, par leur simplicité & leur clarté, entrent complétement dans les vues que nous nous étions proposées.

Telle est la méthode que nous avons suivie dans l'ensemble des noms que comprend ce tableau. Après l'étude facile que ce tableau exige des personnes qui voudront connoître notre plan, elles verront bientôt que nous n'avons fait qu'un très-petit nombre de mots, si l'on excepte ceux qui étoient indispensables pour désigner des substances jusqu'alors inconnues, comme les acides nouvellement découverts. En suivant l'ordre des substances nommées dans la premiere colonne, d'où tous les autres noms sont dérivés, on reconnoîtra que nous n'avons de mots nouveaux que l'*oxigène*, l'*hydrogène* & l'*azote*. Quant aux mots *calorique*, *carbone*, *silice*, *ammoniaque*, ils n'offrent comme tous leurs dérivés dans les colonnes suivantes, que de légers changemens de noms déjà très-bien connus & très-employés. On peut donc assurer que ce n'est presqu'entièrement que par des terminaisons nouvelles que notre nomenclature diffère de l'ancienne, & que s'il résulte de ces changemens plus de facilité dans l'étude, plus de clarté dans l'expression, si surtout ils donnent les moyens d'éviter toute équivoque, comme l'essai qui en a déjà été fait en 1787 & 1788, dans les cours du jardin du Roi & du Lycée, nous permet de l'espérer; la réforme que nous proposons, fondée sur une méthode simple, ne peut être que favorable aux progrès de la chimie (1).

---

(1) Depuis 1788, les années 1789, 1790 & 1791, pendant lesquelles j'ai continué à enseigner cette nomenclature, m'ont confirmé, ainsi que tous les étudians, dans l'espérance que j'en avois conçue il y a quatre ans.

AVERTISSEMENT

Sur les deux Synonymies.

NOUS avons cru devoir joindre au tableau général de nomenclature méthodique, dans lequel est exposé l'ensemble du systême que nous proposons, une synonymie détaillée de tous les mots dont on s'est servi pour exprimer les préparations chimiques ; nous présentons ici cette synonymie sous la forme de deux dictionnaires ; dans le premier, ce sont d'abord les mots anciens qui sont disposés suivant leur ordre alphabétique, & à côté desquels on trouve les noms nouveaux ou adoptés qui leur correspondent. A l'aide de ce dictionnaire, on pourra non-seulement savoir quels noms nous avons donnés aux différens composés chimiques; mais encore les personnes qui ne sont pas familiarisées avec la plupart des préparations, dont les noms anciens ne sont souvent rien moins que propres à les faire connoître, trouveront en lisant les synonymes nouveaux, une espèce de définition assez claire dans les mots mêmes qui composent ces synonymes, pour qu'elles se rappellent facilement les composés dont il est question.

Le second dictionnaire est l'opposé du premier, & nous croyons qu'il ne sera pas moins utile.

Les mots nouveaux y sont présentés dans l'ordre alphabétique, & ils sont accompagnés de tous leurs synonymes anciens. Dans celui-ci nous avons eu pour objet de réunir la synonymie la plus complette, afin d'éviter aux étudians ces difficultés qu'offrent plusieurs autres sciences, & en particulier la botanique & la minéralogie, dans lesquelles l'immense quantité de noms différens donnés à une même chose, a produit une confusion & une obscurité que les travaux des hommes les plus infatigables n'ont point encore pu éclaircir.

Nous faisons voir dans ce nouveau dictionnaire que la même substance a souvent reçu huit, dix ou douze noms différens, que la plupart de ces noms n'avoient que peu ou point de rapport avec les choses auxquelles ils avoient été donnés; ce qui a dû nécessairement arriver dans une science, que les premiers auteurs ne cherchoient qu'à couvrir d'un voile mystérieux & dans l'histoire de laquelle on peut suivre différentes époques, où les savans qui l'ont cultivée ne sont arrivés que par degrés insenſibles à la connoiſſance exacte des composés. Cependant, pour éviter trop de longueur & d'obſcurité, nous avons eu ſoin de ne point reproduire ici les noms donnés autrefois par les alchimiſtes, & qui, n'étant fondés que ſur des idées chimériques ou abſurdes, ont heureuſement été oubliés, depuis que la chimie a marché d'un pas égal avec la phyſique expérimentale.

L'une ou l'autre de ces ſynonymies aura donc ſon uſage particulier. La première qui pourra ſervir de table aux ouvrages de chimie publiés juſqu'ici, expoſera la nomenclature méthodique adaptée à chaque mot ancien. Dans celle-ci comme dans la ſuivante, nous n'avons réuni que les noms des corps ſimples ou composés des préparations chimiques, & nous n'avons expoſé aucun de ceux qui déſignent les opérations mêmes, parce que nous n'avons fait aucun changement à ces derniers mots. La ſeconde ſynonymie eſt plus complette & contient beaucoup plus de mots que la première, parce qu'elle fait connoître beaucoup de composés dus aux travaux des modernes, & qui n'avoient point de noms il y a quelques années. Cette nomenclature peut donc être regardée en quelque ſorte comme un inventaire des connoiſſances actuelles en chimie.

Dans l'une & dans l'autre on trouvera quelquefois parmi les noms nouveaux quelques synonymes; nous les conservons, soit pour ne pas perdre la trace de quelques dénominations dont l'usage est général, soit pour laisser le choix de quelques expressions diversement terminées, destinées à répandre de la variété dans le discours, & à éviter une monotonie peut-être fastidieuse. Telle est, par exemple, la terminaison des sels neutres, qui présente leur base ou en substantif ou en adjectif, au choix de l'écrivain. On trouvera aussi dans les livres de chimie quelques mots dont nous ne faisons point mention dans les synonymes, parce qu'ils ont été donnés à des composés dont la nature n'est point encore exactement connue; & si l'on a bien saisi la marche rigoureuse que nous nous sommes tracée, on verra qu'il nous étoit impossible de nommer des combinaisons mal connues.

Nous avons mis quelques définitions à plusieurs des dénominations générales ou particulières, soit lorsque nous avons eu quelques doutes sur les composés dont il est question; soit lorsque nous avons parlé de corps nouvellement découverts.

La seconde synonymie qui expose les noms nouveaux par ordre alphabétique, & leurs synonymes

nonymes anciens, préſente en même temps la traduction latine des dénominations nouvelles; nous avons ſuivi le même plan pour les mots latins; la terminaiſon uniforme, & les loix des dérivés ſont toujours les deux principes qui nous ont guidés dans ce travail. Il auroit été incomplet, ſi nous n'avions offert aux ſavans de toutes les nations, le moyen de s'exprimer d'une manière uniforme, & d'être entendus facilement. A meſure que la ſcience acquerra de nouvelles lumières, on ajoutera aiſément les noms appropriés d'après la méthode que nous avons aſſez fait connoître dans le Mémoire précédent.

SYNONYMIE

Ancienne & nouvelle par ordre alphabétique.

A

Noms anciens.	*Noms nouveaux, ou adoptés.*
Acete ammoniacal.	Acétite ammoniacal. — d'ammoniaque.
Acete calcaire.	Acétite calcaire. — de chaux.
Acete d'argile.	Acétite alumineux. — d'alumine.
Acete de cuivre.	Acétite de cuivre.
Acete de magnésie.	Acétite magnésien. — de magnésie.
Acete de plomb.	Acétite de plomb.
Acete de soude.	Acétite de soude.
Acete de potasse.	Acétite de potasse.
Acete de zinc.	Acétite de zinc.
Acete martial.	Acétite de fer.
Acete mercuriel.	Acétite de mercure. — mercuriel.
Acide acéteux.	Acide acéteux.
Acide aérien.	Acide carbonique.
Acide arsénical.	Acide arsénique.

Noms anciens.	*Noms nouveaux.*
Acide benzonique.	Acide benzoique.
Acide boracin.	Acide boracique.
Acide charboneux.	Acide carbonique.
Acide citronien.	Acide citrique.
Acide crayeux.	Acide carbonique.
Acide des fourmis.	Acide formique.
Acide des pommes.	Acide malique.
Acide du benjoin.	Acide benzoïque.
Acide du ſel.	Acide muriatique.
Acide du ſoufre.	Acide ſulfurique.
Acide du ſuccin.	Acide ſuccinique.
Acide du ſucre.	Acide oxalique.
Acide du ſuif.	Acide ſébacique.
Acide du vinaigre.	Acide aceteux.
Acide du Wolfram, de MM. Delhuyar.	Acide tunſtique.
Acide fluorique.	Acide fluorique.
Acide formicin.	Acide formique.
Acide galactique.	Acide lactique.
Acide gallique.	Acide gallique.
Acide lignique.	Acide pyro-ligneux.
Acide lithiaſique.	Acide lithique.
Acide maluſien.	Acide malique.
Acide marin.	Acide muriatique.
Acide marin déphlogiſtiqué.	Acide muriatique oxigéné.

Noms anciens.	*Noms nouveaux.*
Acide méphitique.	Acide carbonique.
Acide molybdique.	Acide molybdique.
Acide nitreux blanc.	Acide nitrique.
Acide nitreux dégazé.	Acide nitrique.
Acide nitreux déphlogistiqué.	Acide nitrique.
Acide nitreux phlogistiqué.	Acide nitreux.
Acide oxalin.	Acide oxalique.
Acide perlé.	Phosphate de soude surfaturé.
Acide phosphorique déphlogistiqué.	Acide phosphorique.
Acide phosphorique phlogistiqué.	Acide phosphoreux.
Acide saccharin.	Acide oxalique.
Acide sacchlactique.	Acide saccho-lactique.
Acide sébacé.	Acide sébacique.
Acide sédatif.	Acide boracique.
Acide spathique.	Acide fluorique.
Acide sulfureux.	Acide sulfureux.
Acide syrupeux.	Acide pyro-muqueux.
Acide tartareux.	Acide tartareux.
Acide tungstique.	Acide tunstique.
Acide vitriolique.	Acide sulfurique.

Noms anciens.	*Noms nouveaux.*
Acide vitriolique phlogistiqué.	Acide sulfureux.
Acidum pingue.	Principe hypothétique de Meyer.
Acier.	Acier.
Affinités.	Affinités ou attractions chimiques.
Aggrégation.	Aggrégation.
Aggrégés.	Aggrégés.
Air acide vitriolique.	Gaz acide sulfureux.
Air alcalin.	Gaz ammoniacal.
Air atmosphérique.	Air atmosphérique.
Air déphlogistiqué.	Gaz oxigène, ou air vital.
Air du feu de Schéele.	Gaz oxigène.
Air factice.	Gaz acide carbonique.
Air fixe.	Gaz acide carbonique.
Air gâté.	Gaz azote.
Air inflammable.	Gaz hydrogène.
Air phlogistiqué.	Gaz azote.
Air puant du soufre.	Gaz hydrogène sulfuré.
Air putride.	
Air solide de Hales.	Gaz acide carbonique.
Air vicié.	Gaz azote.
Air vital.	Gaz oxigène.
Airain.	Airain, ou alliage de cuivre & d'étain.

Noms anciens.	*Noms nouveaux.*
Alkaest.	Dissolvant universel, dont l'existence a été supposée par les Alchimistes.
Alkaest de Respour.	Potasse mêlée d'oxide de zinc.
Alkaest de Vanhelm.	Carbonate de potasse.
Alcalis en général.	Alcalis.
Alcalis caustiques.	Alcalis.
Alcalis effervescens.	Carbonates alcalins.
Acali fixe du tartre non caustique.	Carbonate de potasse.
Alcali fixe du tartre caustique.	Potasse.
Alcali fixe végétal.	Carbonate de potasse.
Alc. marin caustique.	Soude.
Acali marin non caustique.	Carbonate de soude.
Alcali minéral aéré.	Carbonate de soude.
Alcali min. caustique.	Soude.
Alcali minéral effervescent.	Carbonate de soude.
Alcali phlogistiqué.	Prussiate de potasse ferrugineux non saturé.
Alcali prussien.	Prussiate de potasse ferrugineux.

Noms anciens.	*Noms nouveaux.*
Alcali végétal aéré.	Carbonate de potasse.
Alc. végétal caustique.	Potasse.
Alc. volatil caustique.	Ammoniaque.
Alcali volatil concret.	Carbon. ammoniacal.
Alcali volatil effervescent.	Carbon. ammoniacal.
Alcali volatil fluor.	Ammoniaque.
Alcali urineux.	Ammoniaque.
Alliage des métaux.	Alliage.
Alun.	Sulfate d'alumine. — alumineux.
Alun marin.	Muriate d'alumine. — alumineux.
Alun nitreux.	Nitrate d'alumine. — alumineux.
Amalgame d'argent.	Amalgame d'argent.
Amalg. de bismuth.	Amalgame de bismuth.
Amalgame de cuivre.	Amalgame de cuivre.
Amalgame d'étain.	Amalgame d'étain.
Amalgame d'or.	Amalgame d'or.
Amalgame de plomb.	Amalgame de plomb.
Amalgame de zinc.	Amalgame de zinc.
Ambre jaune.	Succin.
Amidon.	Amidon.
Ammoniac arsénical. (sel)	Arseniate ammoniacal. — d'ammoniaque.

Noms anciens.	*Noms nouveaux.*
Ammoniac crayeux. (*sel*)	Carbonate ammoniac. — d'ammoniaque.
Ammoniac nitreux. (*sel*)	Nitrate ammoniacal. — d'ammoniaque.
Ammoniac phosphorique. (*sel*)	Phosphate ammoniacal — d'ammoniaque.
Ammoniac spathique. (*sel*)	Fluate ammoniacal. — d'ammoniaque.
Ammoniac tartareux. (*sel*)	Tartrite ammoniacal. — d'ammoniaque.
Ammon. vitriolique. (*sel*)	Sulfate ammoniacal. — d'ammoniaque.
Antimoine. (*mine d'*)	Sulfure d'antimoine natif.
Antimoine crud.	Sulfure d'antimoine.
Antimoine diaphorétique.	Oxide d'antimoine blanc par le nitre.
Aqua stygia.	Acide nitro-muriatique par le muriate ammoniacal.
Aquila alba.	Muriate mercuriel doux sublimé.
Arbre de Diane.	Amalgame d'argent cristallisé.

Noms anciens.	*Noms nouveaux.*
Arcane corallin.	Oxide de mercure rouge par l'acide nitrique.
Arcanum duplicatum.	Sulfate de potasse.
Argent.	Argent.
Argent corné.	Muriate d'argent.
Argile.	Argile. (mêlange d'alumine & de silice)
Argile pure.	Alumine.
Argile crayeuse.	Carbonate alumineux. — d'alumine.
Argile spathique.	Fluate alumineux. — d'alumine.
Arsenic. (régule d')	Arsenic.
Ars. blanc. (chaux d')	Oxide d'arsenic.
Arsenic rouge.	Oxide d'arsenic sulfuré rouge.
Arséniate de potasse.	Arséniate de potasse.
Attractions électives.	Attractions électives.
Azur de cobalt, ou des quatre feux.	Oxide de cobalt vitreux & silice.

B

BAROTE.	Baryte.
Barote effervescente.	Carbonate de baryte.

Noms anciens.	Noms nouveaux.
Base de l'air vital.	Oxigène.
Base du sel marin.	Soude.
Baume de Bucquet.	Baumes.
Voyez la nouvelle Nomenclature.	
Baume du soufre.	Sulfure d'huile volatile.
Benjoin.	Benjoin.
Benzones.	Benzoates.
Beurre d'antimoine.	Muriate d'antimoine sublimé.
Beurre d'arsenic.	Muriate d'arsenic sublimé.
Beurre de bismuth.	Muriate de bismuth sublimé.
Beurre d'étain.	Muriate d'étain sublimé.
Beurre d'étain solide, de M. Baumé.	Muriate d'étain concret.
Beurre de zinc.	Muriate de zinc sublimé.
Bézoard minéral.	Oxide d'antimoine.
Bismuth.	Bismuth.
Bitumes.	Bitumes.
Blanc de fard.	Oxide de bismuth blanc par l'acide nitrique.

Noms anciens.	*Noms nouveaux.*
Blanc de plomb.	Oxide de plomb blanc par l'acide acéteux.
Blende, ou fausse galène.	Sulfure de zinc.
Bleu de Berlin.	Prussiate de fer.
Bleu de Prusse.	Prussiate de fer.
Borax ammoniacal.	Borate ammoniacal.
Borax argilleux.	Borate alumineux. — d'alumine.
Borax brut.	Borax de soude, ou Borate sursaturé de soude.
Borax calcaire.	Borate calcaire. — de chaux.
Borax d'antimoine.	Borate d'antimoine.
Borax de cobalt.	Borate de cobalt.
Borax de cuivre.	Borate de cuivre.
Borax de zinc.	Borate de zinc.
Borax magnésien.	Borate magnésien. — de magnésie.
Borax martial.	Borate de fer.
Borax mercuriel.	Borate de mercure.
Borax pesant, ou barotique.	Borate barytique. — de baryte.
Borax végétal.	Borate de potasse.

Noms anciens.	*Noms nouveaux.*
Bronze ou airain.	Alliage de cuivre & d'étain, bronze.

C

CALCUL de la vessie.	Acide lithique.
Caméléon minéral.	Oxide de manganèse & potasse.
Camphre.	Camphre.
Camphorites. (sels)	Camphorates.
Causticum.	Principe hypothétique de Meyer.
Céruse.	Oxide de plomb blanc par l'acide acéteux, *mêlé de craie.*
Céruse d'antimoine.	Oxide d'antimoine blanc par précipitation.
Chaleur latente.	Calorique.
Charbon pur.	Carbone.
Chaux d'antimoine vitrifiée.	Oxide d'antimoine vitreux.
Chaux métalliques.	Oxides métalliques.
Chaux vive.	Chaux.
Cinnabre.	Oxide de mercure sulfuré rouge.

Noms anciens.	*Noms nouveaux.*
Citrates. (sels)	Citrates.
Cobalt, ou Cobolt,	Cobalt.
Colcothar.	Oxide de fer rouge par l'acide sulfurique.
Couperose blanche.	Sulfate de zinc.
Couperose bleue.	Sulfate de cuivre.
Couperose verte.	Sulfate de fer.
Craie ammoniacale.	Carbonat. ammoniacal
Craie barotique.	Carbonate barytique.
Craie de plomb.	Carbonate de plomb.
Craie de soude.	Carbonate de soude.
Craie de zinc.	Carbonate de zinc.
Craie magnésienne.	Carbonate magnésien. — de magnésie.
Craie martiale.	Carbonate de fer.
Craie, ou spath calcaire.	Carbonate calcaire. — de chaux.
Crême de chaux.	Carbonate calcaire.
Crême, ou cristaux de tartre.	Tartrite acidule de potasse.
Cristal minéral.	Nitrite de potasse mêlé de sulfate de potasse.
Cristaux de lune.	Nitrate d'argent. } cristallisés.
Cristaux de soude.	Carbonate de soude. } cristallisés.

Noms anciens.	Noms nouveaux.
Cristaux de Vénus.	Acétite de cuivre cristallisé.
Crocus metallorum.	Oxide d'antimoine sulfuré demi-vitreux.
Cuivre.	Cuivre.
Cuivre jaune.	Alliage de cuivre & de zinc, ou laiton.

D

Demi-métaux.	Demi-métaux.
Diamant.	Diamant.

E

Eau.	Eau.
Eau aérée.	Acide carbonique.
Eau de chaux.	Eau de chaux.
Eau de ch. prussienne.	Prussiate de chaux.
Eau distillée.	Eau distillée.
Eau forte.	Acide nitrique du commerce.
Eaux gazeuses.	Eaux imprégnées d'acide carbonique.
Eaux-mères.	Résidu salin déliquescent.

Noms anciens.	Noms nouveaux.
Eau mercurielle.	Nitrate de mercure en dissolution.
Eau régale.	Acide nitro-muriatique.
Eaux acidules.	Eaux acidules ou eaux imprégnées d'acide carbonique.
Eaux hépatiques.	Eaux sulfureuses, ou eaux sulfurées.
Emétiques.	Tartrite de potasse & d'antimoine.
Empyrée.	Gaz oxigène.
Encre de sympathie par le cobalt.	Muriate de cobalt.
Esprit acide du bois.	Acide pyro-ligneux.
Esprit alcalin volatil.	Gaz ammoniac, ou ammoniacal.
Esprit ardent, ou esprit de vin.	Alcool.
Esprit de Mendererus.	Acétite ammoniacal.
Esprit de nitre.	Acide nitrique étendu d'eau.
Esp. de nitre fumant.	Acide nitreux.
Esp. de nitre dulcifié.	Alcool nitrique.
Esprit de sel.	Acide muriatique.
Esp. de sel ammoniac.	Ammoniaque.

Noms anciens.	Noms nouveaux.
Esprit de vin.	Alcool.
Esprit de vitriol.	Acide sulfurique étendu d'eau.
Esprit de Vénus.	Acide acétique.
Esprit recteur.	Arome.
Esprits acides.	Acides étendus d'eau.
Esprit volatil de sel ammoniac.	Ammoniaque étendue d'eau.
Essences.	Huiles volatiles.
Etain.	Etain.
Etain corné.	Muriate d'étain.
Ether acéteux.	Ether acétique.
Ether marin.	Ether muriatique.
Ether nitreux.	Ether nitrique.
Ether vitriolique.	Ether sulfurique.
Ethiops martial.	Oxide de fer noir.
Ethiops minéral.	Oxide de mercure sulfuré noir.
Ethiops per se.	Oxide mercuriel noirâtre.
Extrait.	L'extractif.

F

Fécule des Plantes.	Fécule.
Fer, ou mars.	Fer.

Fer

Noms anciens.	*Noms nouveaux.*
Fer aéré.	Carbonate de fer.
Fer d'eau.	Phosphate de fer.
Fleurs ammoniacales cuivreuses.	Muriate ammoniacal de cuivre sublimé.
Fleurs ammoniacales martiales.	Muriate ammoniacal de fer sublimé.
Fleurs argentines de régule d'antimoine.	Oxide d'antimoine sublimé.
Fleurs d'arsenic.	Oxide d'arsenic sublimé.
Fleurs de benjoin.	Acide benzoïque sublimé.
Fleurs de bismuth.	Oxide de bismuth sublimé.
Fleurs d'étain.	Oxide d'étain sublimé.
Fleurs métalliques.	Oxides métalliques sublimés.
Fleurs de soufre.	Soufre sublimé.
Fleurs de zinc.	Oxide de zinc sublimé.
Fluides aériformes.	Gaz.
Fluides élastiques.	Gaz.
Fluor ammoniacal.	Fluate ammoniacal. — d'ammoniaque.
Fluor argileux.	Fluate alumineux. — d'alumine.
Fluor de potasse.	Fluate de potasse.

Noms anciens.	*Noms nouveaux.*
Fluor de soude.	Fluate de soude.
Fluor magnésien.	Fluate magnésien. — de magnésie.
Fluor pesant.	Fluate barytique. — de baryte.
Foie d'antimoine.	Oxide d'antimoine sulfuré.
Foie d'arsenic.	Oxide arsenical de potasse.
Foie de soufre alcalin volatil.	Sulfure ammoniacal. — d'ammoniaque.
Foie de soufre antimonié.	Sulfure alcalin antimonié.
Foie de soufre barotique.	Sulfure barytique. — de baryte.
Foie de soufre calcaire	Sulfure calcaire. — de chaux.
Foie de soufre magnésien.	Sulfure de magnésie. — magnésien.
Foie de soufre.	Sulfures alcalins.
Foie de soufre terreux.	Sulfures terreux.
Formiates. (sels)	Formiates.

G

Galactes. (sels)	Lactates.
Gaz acide acéteux.	Gaz acide acéteux.

Noms anciens.	*Noms nouveaux.*
Gaz acide crayeux.	Gaz acide carbonique.
Gaz acide marin.	Gaz acide muriatique.
Gaz acide muriatique aéré.	Gaz acide muriatique oxigéné.
Gaz acide nitreux.	Gaz acide nitreux.
Gaz acide ſpathique.	Gaz acide fluorique.
Gaz acide ſulfureux.	Gaz acide ſulfureux.
Gaz alcalin.	Gaz acide ammoniacal.
Gaz hépatique.	Gaz hydrogène ſulfuré.
Gaz inflammable.	Gaz hydrogène.
Gaz inflammable charbonneux.	Gaz hydrogène carboné.
Gaz inflammable des marais.	Gaz hydrogène des marais, (mêlange de gaz hydrogène carboné, & de gaz azote.)
Gaz méphitique.	Gaz acide carbonique.
Gomme ou mucilage.	Gomme.
Gaz phlogiſtiqué.	Gaz azote.
Gaz nitreux.	Gaz nitreux.
Gaz phoſphorique de M. Gengembre.	Gaz hydrogène phoſphoré.
Gaz pruſſien.	Gaz acide pruſſique.
Gaz.	Gaz.

Noms anciens.	*Noms nouveaux.*
Gilla vitrioli.	Sulfate de zinc.
Gluten de froment.	Gluten ou glutineux.

H

HÉPARS.	Sulfures.
Huiles animales.	Huiles volatiles animales.
Huile de chaux.	Muriate calcaire.
Huile de tartre par défaillance.	Potasse mélangée de carbonate de potasse en déliquescence.
Huile des philosophes.	Huiles fixes empyreumatiqués.
Huile de vitriol.	Acide sulfurique.
Huile douce du vin.	Huile éthérée.
Huiles empyreumatiques.	Huiles empyreumatiques.
Huiles éthérées.	Huiles volatiles.
Huiles grasses.	Huiles fixes.
Huiles essentielles.	Huiles volatiles.
Huiles par expression.	Huiles fixes.

J

JUPITER.	Etain.

Noms anciens.	*Noms nouveaux.*
	K
Kermès minéral.	Oxide d'antimoine sulfuré rouge.
	L
Laine philosophique	Oxide de zinc sublimé.
Lait de chaux.	Chaux délayée dans l'eau.
Laiton.	Alliage du cuivre & de zinc, ou laiton.
Lessive des savonniers	Dissolution de soude.
Lignites. (sels)	Pyro-lignites.
Lilium de Paracelse.	Alcool de potasse.
Liqueur des cailloux.	Potasse silicée en liqueur.
Liqueur fumante de Boyle.	Sulfure ammoniacal. — d'ammoniaque.
Liqueur fumante de Libavius.	Muriate d'étain fumant
Litharge.	Oxide de plomb demi-vitreux, ou litharge.
Liqueur saturée de la partie colorante du bleu de Prusse.	Prussiate de potasse.

Noms anciens.	Noms nouveaux.
Lumière.	Lumière.
Lune.	Argent.
Lune cornée.	Muriate d'argent.

M

Magistère de bismuth.	Oxide de bismuth par l'acide nitrique.
Magistère de soufre.	Soufre précipité.
Magistère de plomb.	Oxide de plomb précipité.
Magnésie blanche.	Carbonate de magnésie
Magnésie aérée de Bergman.	Carbonate de magnésie
Magnésie caustique.	Magnésie.
Magnésie crayeuse.	Carbonate de magnésie
Magné. effervescente.	Carbonate de magnésie
Magnésie fluorée.	Fluate de magnésie.
Magnésie noire.	Oxide de manganèse noir.
Magnésie spathique.	Fluate de magnésie.
Malusites. (sels)	Malates de potasse, de soude, &c.
Massicot.	Oxide de plomb jaune.
Matière de la chaleur.	Calorique.

Noms anciens.	Noms nouveaux.
Matière du feu.	Ce mot a été employé pour désigner la lumière, le calorique & le phlogistique.
Matière perlée de Kerkringius.	Oxide d'antimoine blanc par précipitation.
Méphite ammoniacal.	Carbonate ammoniacal — d'ammoniaque.
Méphite barotique.	Carbonate barytique. — de baryte.
Méphite calcaire.	Carbonate calcaire. — de chaux.
Méphite de magnésie.	Carbonate magnésien. — de magnésie.
Méphite de plomb.	Carbonate de plomb.
Méphite de zinc.	Carbonate de zinc.
Méphite martial.	Carbonate de fer.
Matière colorante du bleu de Prusse.	Acide prussique.
Mercure.	Mercure.
Mercure des métaux.	Principe hypothétique de Beccher.
Mercure doux.	Muriate mercuriel doux.
Merc. précipité blanc.	Muriate mercuriel par précipitation.

Noms anciens.	Noms nouveaux.
Minium.	Oxide de plomb rouge, ou minium.
Mine d'antimoine.	Sulfure d'antimoine natif.
Mine de fer de marais	Mine de fer tenant phosphate de fer.
Mofète atmosphériq.	Gaz azote.
Molybdes. (sels)	Molybdates.
Molybde ammoniacal	Molybd. ammoniacal. — d'ammoniaque.
Molybde barotique.	Molybdate barytique. — de baryte.
Molybde de potasse.	Molybdate de potasse.
Molybde de soude.	Molybdate de soude.
Molybdène.	Molybdène.
Mucilage.	Mucilage.
Muriates. (sels)	Muriates.
Muriate d'antimoine.	Muriate d'antimoine.
Muriate d'argent.	Muriate d'argent.
Muriate de bismuth.	Muriate de bismuth.
Muriate de cobalt.	Muriate de cobalt.
Muriate de cuivre.	Muriate de cuivre.
Muriate d'étain.	Muriate d'étain.
Muriate de fer.	Muriate de fer.
Mur. de manganèse.	Muriate de manganèse.
Muriate de plomb.	Muriate de plomb.
Muriate de zinc.	Muriate de zinc.

Noms anciens.	Noms nouveaux.
Muriate ou ſel régalin de platine.	Nitro-muriate de platine.
Muriate ou ſel régalin d'or.	Muriate d'or.
Muriate mercuriel corroſif.	Muriate mercuriel corroſif.

N

Natrum ou natron.	Carbonate de ſoude.
Neige d'antimoine.	Oxide d'antimoine blanc ſublimé.
Nitre.	Nitrate de potaſſe, ou nitre.
Nitre ammoniacal.	Nitrate ammoniacal.
Nitre argileux.	Nitrate d'alumine.
Nitre calcaire.	Nitrate calcaire. — de chaux.
Nitre cubique.	Nitrate de ſoude.
Nitre d'argent.	Nitrate d'argent.
Nitre d'arſenic.	Nitrate d'arſenic.
Nitre de biſmuth.	Nitrate de biſmuth.
Nitre de cobalt.	Nitrate de cobalt.
Nitre de cuivre.	Nitrate de cuivre.
Nitre d'étain.	Nitrate d'étain.
Nitre de fer.	Nitrate de fer.

Noms anciens.	Noms nouveaux.
Nitre de magnésie.	Nitrate magnésien. — de magnésie.
Nitre de manganèse.	Nitrate de manganèse.
Nitre de nickel.	Nitrate de nickel.
Nitre de plomb.	Nitrate de plomb.
Nit. de terre pesante.	Nitrate barytique. — de baryte.
Nitre de zinc.	Nitrate de zinc.
Nit. fixé par lui-même	Carbonate de potasse.
Nitre lunaire.	Nitrate d'argent.
Nitre mercuriel.	Nitrate de mercure.
Nitre prismatique.	Nitrate de potasse.
Nitre quadrangulaire	Nitrare de soude.
Nitre rhomboïdal.	Nitrate de soude.
Nitre saturnin.	Nitrate de plomb.

O

OCHRE.	Oxide de fer jaune.
Or.	Or.
Or fulminant.	Oxide d'or ammoniacal.
Orpiment.	Oxide d'arsénic sulfuré jaune.
Oxigyne.	Oxigène.

Noms anciens.	*Noms nouveaux.*
	P
PHLOGISTIQUE.	Principe hypothétique de Stahl.
Phoſph. ammoniacal	Phoſphate ammoniacal — d'ammoniaque.
Phoſphate barotique.	Phoſphate barytique. — de baryte.
Phoſphate calcaire.	Phoſphate calcaire. — de chaux.
Phoſph. de magnéſie.	Phoſphate magnéſien. — de magnéſie.
Phoſphate de potaſſe.	Phoſphate de potaſſe.
Phoſphate de ſoude.	Phoſphate de ſoude.
Phoſphore de baudoin	Nitre calcaire ſec.
Phoſphore de Kunkel	Phoſphore.
Phoſph. de Homberg.	Muriate calcaire ſec.
Pierre à cautère.	Potaſſe ou ſoude concrète.
Pierre calcaire.	Carbonate de chaux.
Pierre infernale.	Nitrate d'argent fondu.
Pierre peſante.	Tunſtate calcaire.
Platine. (la.)	Platine. (le)
Plâtre.	Sulfate calcaire, ou plâtre calciné.
Plomb., ou Saturne.	Plomb.

Noms anciens.	*Noms nouveaux.*
Plomb corné.	Muriate de plomb.
Plomb ſpathique.	Carbonate de plomb.
Plombagine.	Carbure de fer.
Pompholyx.	Oxide de zinc ſublimé.
Potaſſe du commerce.	Carbonate de potaſſe impur.
Potée d'étain.	Oxide d'étain gris.
Poudre d'Algaroth.	Oxide d'antimoine par l'acide muriatique.
Poudre du Comte de Palme. *Poudre de Sentinelly.*	Carbonate de magnéſie.
Précipité blanc par l'acide muriatique.	Muriate mercuriel par précipitation.
Précipité d'or par l'étain ou pourpre de Caſſius.	Oxide d'or précipité par l'étain.
Précipité jaune.	Oxide de mercure jaune par l'acide ſulfurique.
Précipité per ſe.	Oxide de mercure rouge par le feu.
Précipité rouge.	Oxide de mercure rouge par l'acide nitrique
Principe acidifiant.	Oxigène.
Principe aſtrigent.	Acide gallique.

Noms anciens.	Noms nouveaux.
Princip. charbonneux	Carbone.
Principe inflammable (voyez phlogiſtique.)	
Principe mercuriel.	Principe hypothétique de Beccher.
Principe ſorbile de M. Ludbock.	Oxigène.
Pruſſite calcaire.	Pruſſiate calcaire. — de chaux.
Pruſſite de potaſſe.	Pruſſiate de potaſſe.
Pruſſite de ſoude.	Pruſſiate de ſoude.
Pyrite de cuivre.	Sulfure de cuivre.
Pyrite martiale.	Sulfure de fer.
Pyrophore de Homberg.	Sulfure d'alumine carboné. Pyrophore de Homberg.

R

RÉALGAR ou *réalgal.*	Oxide d'arſénic ſulfuré rouge.
Régaltes. (ſels formés avec l'eau régale.)	Nitro-muriates.
Régule.	Mot employé pour déſigner l'état métallique.

Noms anciens.	*Noms nouveaux.*
Régule d'antimoine.	Antimoine.
Régule d'arsenic.	Arsenic.
Regule de cobalt.	Cobalt.
Régule de manganèse.	Manganèse. (le)
Régule de molybdène.	Molybdène. (le)
Régule de sydérite.	Phosphure de fer.
Résines.	Résines.
Rouille de cuivre.	Oxide de cuivre vert.
Rouille de fer.	Carbonate de fer.
Rubine d'antimoine.	Oxide d'antimoine sulfuré, vitreux brun.

S

Safran de mars.	Oxide de fer.
Safran de mars apér.	Carbonate de fer.
Safran de mars astringent.	Oxide de fer brun.
Safran des métaux.	Oxide d'antimoine sulfuré demi-vitreux.
Safre.	Oxide de cobalt gris, avec silice, ou safre.
Salpêtre.	Nitrate de potasse, ou nitre.
Saturne.	Plomb.
Savons acides.	Savons acides.

Noms anciens.	*Noms nouveaux.*
Savons alcalins.	Savons alcalins.
Savons terreux, ou combinaiſons oleo-terreuſes de M. Berthollet.	Savons terreux.
Savons métalliques, ou combinaiſons oleo-métalliques de M. Berthollet.	Savons métalliques.
Savon de Starkey.	Savonule de potaſſe.
Sébates. (ſels)	Sébates.
Sel acéteux ammoniacal.	Acétite ammoniacal. — d'ammoniaque.
Sel acéteux calcaire.	Acétite calcaire. — de chaux.
Sel acéteux d'argile.	Acétite alumineux. — d'alumine.
Sel acéteux de zinc.	Acétite de zinc.
Sel acéteux magnéſien	Acétite magnéſien. — de magnéſie.
Sel acéteux martial.	Acétite de fer.
Sel acéteux minéral.	Acétite de ſoude.
Sel admirable perlé.	Phoſphate de ſoude ſurſaturé.
Sel Alembroth.	Muriate ammoniaco-mercuriel.

Noms anciens.	*Noms nouveaux.*
Sel ammoniac.	Muriate ammoniacal.
	— d'ammoniaque.
Sel ammon. crayeux.	Carbonate ammon.
Sel ammoniac fixe.	Muriate calcaire.
	— de chaux.
Sel ammoniacal nitr.	Nitrate ammoniacal.
	— d'ammoniaque.
Sel ammoniacal, secret de Glauber.	Sulfate ammoniacal.
	— d'ammoniaque.
Sel ammoniacal sédatif.	Borate ammoniacal.
	— d'ammoniaque.
Sel ammoniacal spathique.	Fluate ammoniacal.
	— d'ammoniaque.
Sel ammoniacal vitriolique.	Sulfate ammoniacal.
	— d'ammoniaque.
Sel cathartique amer.	Sulfate magnésien.
	— de magnésie.
Sel commun.	Muriate de soude.
Sel d'Angleterre.	Carbon. ammoniacal.
	— d'ammoniaque.
Sel de colcothar.	Sulfate de fer (dans un état peu connu.)
Sel de cuisine.	Muriate de soude.
Sel de Glaubert.	Sulfate de soude.
Sel de Jupiter.	Muriate d'étain.
Sel de lait.	Sucre de lait.

Sel

Noms anciens.	*Noms nouveaux.*
Sel de la sagesse.	Muriate ammoniaco-mercuriel.
Sel d'Epsom.	Sulfate magnésien. — de magnésie.
Sel de Duobus.	Sulfate de potasse.
Sel de Scheidschutz.	Sulfate de magnésie.
Sel de Sedlitz.	Sulfate de magnésie.
Sel de segner.	Sébate de potasse.
Sel de Seignette.	Tartrite de soude.
Sel de succin, retiré par la cristallisation	Acide succinique cristallisé.
Sel d'oseille.	Oxalate acidule de potasse.
Sel fébr. de Sylvius.	Muriate de potasse.
Sel fixe de tartre.	Carbonate de potasse non saturé.
Sel fusible de l'urine.	Phosphate de soude & d'ammoniaque.
Sel gemme.	Muriate de soude fossile
Sel marin.	Muriate de soude.
Sel marin argileux.	Muriate alumineux. — d'alumine.
Sel marin barotique.	Muriate barytique. —de baryte.
Sel marin calcaire.	Muriate calcaire. — de chaux.

Noms anciens.	*Noms nouveaux.*
Sel marin de fer.	Muriate de fer.
Sel marin de zinc.	Muriate de zinc.
Sel marin magnésien.	Muriate magnésien. — de magnésie.
Sel natif de l'urine.	Phosphate de soude & d'ammoniaque.
Sel neutre arsenical de Macquer.	Arséniate acidule de potasse.
Sel ou sucre de saturne	Acétite de plomb.
Sel polychreste de Glaser.	Sulfate de potasse.
Sel polychreste de la Rochelle.	Tartrite de soude.
Sel régalin d'or.	Muriate d'or.
Sel sédatif.	Acide boracique.
Sel sédatif mercuriel.	Borate de mercure.
Sel sédatif sublimé.	Acide boracique sublimé.
Sel stanno-nitreux.	Nitrate d'étain.
Sel sulfureux de Stahl	Sulfite de potasse.
Sel végétal.	Tartrite de potasse.
Sel volatil d'Angleter.	Carbon. ammoniacal.
Sel volatil de succin.	Acide succinique sublimé.
Sélénite.	Sulfate de chaux.
Smalt.	Oxide de cobalt, vitrifié avec la silice, ou *smalt.*

Noms anciens.	*Noms nouveaux.*
Soude caustique.	Soude.
Soude crayeuse.	Carbonate de soude.
Soude spathique.	Fluate de soude.
Soufre.	Soufre.
Soufre doré d'antimoine.	Oxide d'antimoine sulfuré, orangé.
Spath ammoniacal.	Fluate ammoniacal.
Spath calcaire.	Carbonate de chaux.
Spath fluor.	Fluate calcaire.
Spath pesant.	Sulfate de baryte.
Spiritus sylvestre.	Acide carbonique.
Sublimé corrosif.	Muriate de mercure corrosif.
Sublimé doux.	Muriate de mercure doux.
Suc de citron.	Acide citrique.
Succin.	Succin.
Sucre.	Sucre.
Sucre candi.	Sucre cristallisé.
Sucre de saturne.	Acétite de plomb.
Sucre ou sel de lait.	Sucre de lait.
Sydérite.	Phosphate de fer.
Syderotete de M. de Morveau.	Phosphure de fer.

Noms anciens.	*Noms nouveaux.*
	T
TARTRE.	Tartrite acidule de potaſſe.
Tartre ammoniacal.	Tartrite ammoniacal.
Tartre antimonié.	Tartrite de potaſſe antimonié.
Tartre calcaire.	Tartrite de chaux.
Tartre chalybé.	Tartrite de potaſſe ferrugineux.
Tartre crayeux.	Carbonate de potaſſe.
Tartre crud.	Tartre.
Tartre cuivreux.	Tartrite de cuivre.
Tartre de magnéſie.	Tartrite de magnéſie.
Tartre de potaſſe.	Tartrite de potaſſe.
Tartre de ſoude.	Tartrite de ſoude.
Tartre émétique.	Tartrite de potaſſe antimonié.
Tartre martial ſoluble	Tartrite de potaſſe ferrugineux.
Tartre méphitique.	Carbonate de potaſſe.
Tartre mercuriel.	Tartrite mercuriel.
Tartre ſaturnin.	Tartrite de plomb.
Tartre ſpathique.	Fluate de potaſſe.
Tartre ſoluble.	Tartrite de potaſſe.
Tartre ſtibié.	Tartrite de potaſſe antimonié.

Noms anciens.	*Noms nouveaux.*
Tartre tartarisé.	Tartrite de potasse.
Tartre tartarisé, tenant antimoine.	Tartrite de potasse surcomposé d'antimoine
Tartre vitriolé.	Sulfate de potasse.
Teinture âcre de tartre	Alcool de potasse.
Teintures spiritueuses	Alcool résineux.
Terre animale.	Phosphate calcaire. — de chaux.
Terre base de l'alun.	Alumine.
Terre base du spath pesant.	Baryte.
Terre calcaire.	Chaux ou terre calcaire
Terre de l'alun.	Alumine.
Terre foliée cristallis.	Acétite de soude.
Terre foliée de tartre.	Acétite de potasse.
Terre foliée mercuriel.	Acétite de mercure.
Terre minérale.	Acétite de soude.
Terre magnésienne.	Carbonate de magnésie
Terre muriatique de M. Kirvan.	Magnésie.
Terre pesante.	Baryte.
Terre pesante aérée.	Carbonate de baryte.
Terre siliceuse.	Silice, ou terre silicée.
Tungstes. (sels)	Tunstates.
Tungste ammoniacal.	Tunstate ammoniacal.
Tungste de potasse.	Tunstate de potasse.

Noms anciens.	*Noms nouveaux.*
Turbith minéral.	Oxide mercuriel jaune par l'acide sulfurique.
Turbith nitreux.	Oxide mercuriel jaune par l'acide nitrique.

V

VERT de gris.	Oxide de cuivre vert.
Vert de gris du commerce.	Acétite de cuivre, avec excès d'oxide de cuivre.
Vénus.	Cuivre.
Verdet.	Acétite de cuivre.
Verdet distillé.	Acétite de cuivre cristallisé.
Verre d'antimoine.	Oxide d'antimoine sulfuré vitreux.
Vif-argent.	Mercure.
Vinaigre distillé.	Acide acéteux.
Vinaigre de saturne.	Acétite de plomb.
Vinaigre radical.	Acide acétique.
Vitriol ammoniacal.	Sulfate ammoniacal.
Vitriol blanc.	Sulfate de zinc.
Vitriol bleu.	Sulfate de cuivre.
Vitriol calcaire.	Sulfate de chaux.
Vitriol d'antimoine.	Sulfate d'antimoine.

Noms anciens.	*Noms nouveaux.*
Vitriol d'argent.	Sulfate d'argent.
Vitriol d'argile.	Sulfate d'alumine.
Vitriol de bismuth.	Sulfate de bismuth.
Vitriol de chaux.	Sulfate calcaire.
Vitriol de Chypre.	Sulfate de cuivre.
Vitriol bleu.	Sulfate de cuivre.
Vitriol de cobalt.	Sulfate de cobalt.
Vitriol de cuivre.	Sulfate de cuivre.
Vitriol de lune.	Sulfate d'argent.
Vitriol de manganèse	Sulfate de manganèse.
Vitriol de mercure.	Sulfate de mercure.
Vitriol de nikel.	Sulfate de nikel.
Vitriol de platine.	Sulfate de platine.
Vitriol de plomb.	Sulfate de plomb.
Vitriol de potasse.	Sulfate de potasse.
Vitriol de soude.	Sulfate de soude.
Vitriol d'étain.	Sulfate d'étain.
Vitriol de zinc.	Sulfate de zinc.
Vitriol magnésien.	Sulfate de magnésie.
Vitriol martial.	Sulfate de fer.
Vitriol vert.	Sulfate de fer.
Wolfram de MM. d'Elhuyar.	Tunsten.

Z

ZINC.	Zinc.

DICTIONNAIRE

Pour la nouvelle Nomenclature Chimique.

A

Noms nouveaux.	Noms anciens.
ACÉTATE. *Acetas, tis. s. m.*	Sels formés par l'union de l'acide acétique [ou vinaigre radical] avec différentes bases. Les noms suivans qui n'ont point de synonymes dans la nomenclature ancienne, sont de ce genre.
Acétate alumineux. — d'alumine. *Acetas aluminosus.*	
Acétate ammoniacal. — d'ammoniaque. (1) *Acetas ammoniacalis.*	

(1) On ne répétera plus ces deux manières d'exprimer la base d'un sel neutre, on employera indistinctement l'une & l'autre. Il suffit d'avoir indiqué, par ces premiers exemples, qu'on peut prendre à volonté l'adjectif & le substantif.

Cette observation convient également à la nomenclature latine.

Noms nouveaux.	Noms anciens.
Acétate d'antimoine.	
Acetas stibii.	
Acétate d'argent.	
Acetas argenti.	
Acétate d'arsenic.	
Acetas arsenici.	
Acétate de baryte.	
Acetas barytæ.	
Acétate de bismuth.	
Acetas bismuthi.	
Acétate de chaux.	
Acetas calcis.	
Acétate de cobalt.	
Acetas cobalti.	
Acétate de cuivre.	
Acetas cupri.	
Acétate d'étain.	
Acetas stanni.	
Acétate de fer.	
Acetas ferri.	
Acétate de magnésie.	
Acetas magnesiæ.	
Acétate de manganèse.	
Acetas magnesii.	
Acétate de mercure.	
Acetas hydrargyri.	
Acétate de molybdène	
Acetas molybdeni.	

Noms nouveaux.	Noms anciens.
Acétate de nickel.	
Acetas niccoli.	
Acétate d'or.	
Acetas auri.	
Acétate de platine.	
Acetas platini.	
Acétate de plomb.	
Acetas plumbi.	
Acétate de potaſſe.	
Acetas potaſſæ.	
Acétate de ſoude.	
Acetas ſodæ.	
Acétate de tungſtène.	
Acetas tunſteni.	
Acétate de zinc.	
Acetas zinci.	
Acétite. *Acetis, itis. ſ. m.*	Sels formés par l'union de l'acide acéteux, ou vinaigre diſtillé, avec différentes baſes.
Acétite alumineux. *Acetis aluminoſus.*	*Acète d'argile.* *Sel acéteux d'argile.*
Acétite ammoniacal. *Acetis ammoniacalis.*	*Acète ammoniacal.* *Sel acéteux ammon.* *Eſp. de Mendererus.*
Acétite d'antimoine.	
Acetis ſtibii.	

Noms nouveaux.	Noms anciens.
Acétite d'argent. *Acetis argenti.*	
Acétite d'arsenic. *Acetis arsenicalis.*	*Liqueur fumante arsenico-acéteuse de M. Cadet.*
Acétite de baryte. *Acetis baryticus.*	
Acétite de bismuth. *Acetis bismuthi.*	
Acétite de chaux. *Acetis calcareus.*	*Acète calcaire.* *Sel acéteux calcaire.*
Acétite de cobalt. *Acetis cobalti.*	
Acétite de cuivre. *Acetis cupri.*	*Acète de cuivre.* *Verdet.* *Verdet distillé du commerce.* *Cristaux de Vénus.*
Acétite d'étain. *Acetis stanni.*	
Acétite de fer. *Acetis ferri.*	*Acète martial.* *Sel acéteux martial.*
Acétite de magnésie. *Acetis magnesiæ.*	*Sel acéteux magnésien* *Acète de magnésie.*
Acétite de manganèse. *Acetis magnesii.*	

Noms nouveaux.	Noms anciens.
Acétite de mercure. *Acetis hydrargyri.*	*Acète mercuriel.* *Terre foliée mercuriel.*
Acétite de molybdène. *Acetis molybdeni.*	
Acétite de nickel. *Acetis niccoli.*	
Acétite d'or. *Acetis auri.*	
Acétite de platine. *Acetis platini.*	
Acétite de plomb. *Acetis plumbi.*	*Acète de plomb.* *Vinaigre de ſaturne.* *Sel ou ſucre de ſaturne.*
Acétite de potaſſe. *Acetis potaſſæ, vel potaſſeus.*	*Acète de potaſſe.* *Terre foliée de tartre.*
Acétite de ſoude. *Acetis ſodæ, vel ſodaceus.*	*Acète de Soude.* *Sel acéteux minéral.* *Terre foliée minéral.* *Terre foliée criſtalliſ.*
Acétite de tungſtène. *Acetis tunſteni.*	
Acétite de zinc. *Acetis zinci.*	*Acète de zinc.* *Sel acéteux de zinc.*
Acide acéteux. *Acidum acetoſum.*	*Acide acéteux.* *Vinaigre diſtillé.*

Noms nouveaux.	Noms anciens.
Acide acétique. *Acidum aceticum.*	*Vinaigre radical.* *Esprit de Vénus.*
Acide arsenique. *Acidum arsenicum.*	*Acide arsénical.*
Acide benzoïque. *Acidum benzoicum.*	*Acide benzonique.* *Acide du benjoin.* *Sel de benjoin.*
Acide benzoïque sublimé. *Acidum benzoicum sublimatum.*	*Fleurs de benjoin.* *Sel volatil de benjoin.*
Acide bombique. *Acidum bombicum.*	*Acide du ver à soie.* *Acide bombycin.*
Acide boracique. *Acidum boracicum.*	*Sel volatil narcotique de vitriol.* *Sel sédatif.* *Acide du borax.* *Acide boracin.*
Acide carbonique. *Acidum carbonicum.*	*Gaz sylvestre.* *Spiritus sylvestris.* *Air fixe.* *Air fixé.* *Acide aérien.* *Acide atmosphérique.* *Acide méphitique.* *Acide crayeux.* *Acide charbonneux.*

Noms nouveaux.	Noms anciens.
Acide citrique. *Acidum citricum.*	*Suc de citron.* *Acide citronien.*
Acide fluorique. *Acidum fluoricum.*	*Acide fluorique.* *Acide spathique.*
Acide formique. *Acidum formicum.*	*Acide des fourmis.* *Acide fourmicin.*
Acide gallique. *Acidum gallæ, seu gallaceum.*	Principe astringent. *Acide gallique.*
Acide lactique. *Acidum lacticum.*	*Petit lait aigri.* *Acide galactique.*
Acide lithique. *Acidum lithicum.*	*Acide du calcul.* *Acide bezoardique.* *Acide lithiasique.*
Acide malique. *Acidum malicum.*	*Acide des pommes.* *Acide malusien.*
Acide molybdique. *Acidum molybdicum.*	*Acide de la molybdène* *Acide molybdique.* *Acide du Wolfram.*
Acide muriatique. *Acidum muriaticum.*	*Acide du sel marin.* *Esprit de sel fumant.* *Acide marin.*
Acide muriatique oxigéné. *Acidum muriaticum oxigenatum.*	*Acide marin déphlogistiqué.* *Acide marin aéré.*

Noms nouveaux.	Noms anciens.
Acide nitreux. *Acidum nitrosum.*	*Acide nitreux rutilant* *Acide nitreux phlogistiqué.* *Acide nitreux fumant* *Esprit de nitre fumant*
Acide nitrique. *Acidum nitricum.*	*Acide nitreux blanc.* *Acide nitreux dégazé.* *Acide nitreux déphlogistiqué.*
Acide nitro-muriatique. *Acidum nitro-muriaticum.*	*Eau régale.* *Acide régalin.*
Acide oxalique. *Acidum oxalicum.*	*Acide de l'oseille.* *Acide oxalin.* *Acide saccharin.* *Acide du sucre.*
Acide phosphoreux. *Acidum phosphorosum*	*Acide phosphorique volatil.*
Acide phosphorique. *Acidum phosphoricum*	*Acide phosphorique.* *Acide de l'urine.*
Acide prussique. *Acidum prussicum.*	*Matière colorante du bleu de Prusse.*
Acide pyro-ligneux. *Acidum pyro-lignosum.*	*Esprit acide empyreumatique du bois.*

Noms nouveaux.	Noms anciens.
Acide pyro-muqueux. *Acidum pyro-mucosum*	*Esprit de miel, de sucre, &c.* *Acide syrupeux.*
Acide pyro-tartareux. *Acidum pyro-tartarosum.*	*Esprit de tartre.*
Acide saccho-lactique. *Acidum saccho-lacticum.*	*Acide du sucre de lait.* *Acide sacchlactique.*
Acide sébacique. *Acidum sebacicum.*	*Acide sébacé.* *Acide du suif.*
Acide succinique. *Acidum succinicum.*	*Acide du succin.* *Sel volatil de succin.*
Acide sulfureux. *Acidum sulfurosum.*	*Acide sulfureux.* *Acide sulfureux vol.* *Acide vitriolique phlogistiqué.* *Esprit de soufre.*
Acide sulfurique. *Acidum sulfuricum.*	*Acide du soufre.* *Acide vitriolique.* *Huile de vitriol.* *Esprit de vitriol.*
Acide tartareux. *Acidum tartarosum.*	*Acide tartareux.* *Acide du tartre.*

Acide

Noms nouveaux.	Noms anciens.
Acide tunſtique. *Acidum tunſticum.*	*Acide tungſtique.* *Acide de la tungſtène.* *Acide du Wolfram.*
Acier. *Chalybs.*	*Acier.*
Affinité. *Affinitas.*	*Affinité.*
Aggrégation. *Aggregatio.*	*Aggrégation.*
Aggrégés. *Aggregata.*	*Aggrégés.*
Air atmoſphérique. *Aer atmoſphæricus.*	*Air atmoſphérique.*
Alcalis. *Alcalia.*	*Alcalis en général.*
Alcool. *Alcool*, indécl.	*Eſprit de vin.* *Eſprit ardent.*
Alcool de potaſſe. *Alcool potaſſæ.*	*Lilium de Paracelſe.* *Teinture âcre de tartre*
Alcool nitrique. *Alcool nitricum.*	*Eſprit de nitre dulcifié*
Alcools réſineux. *Alcool reſinoſa.*	*Teintures ſpiritueuſes*
Alliage. *Connubium metallicum.*	*Alliage des métaux.*

Noms nouveaux.	Noms anciens.
Alumine. *Alumina.*	*Terre de l'alun.* *Base de l'alun.* *Argile pure.*
Amalgame.	*Amalgame.*
Amidon. *Amylum.*	*Amidon.*
Ammoniaque. *Ammoniaca.*	*Alc. volatil caustique.* *Alcali volatil fluor.* *Esprit volatil de sel ammoniac.*
Antimoine. *Antimonium, stibium.*	*Régule d'antimoine.*
Argent. *Argentum.*	*Diane.* *Lune.* *Argent.*
Argile, mêlange d'alumine & de silice. *Argilla.*	*Argile.* *Terre glaise.* *Terre argileuse.* *Glaise.*
Arome. *Aroma.*	*Esprit recteur.* *Principe odorant.*
Arséniates. *Arsenias, atis. s. m.*	*Sels arsénicaux.*
Arséniate acidule de potasse. *Arsenias acidulus potassæ.*	*Sel neutre arsénical de Macquer.*

Noms nouveaux.	Noms anciens.
Arseniate d'alumine. *Arsenias aluminæ.*	
Arseniate d'ammoniaque. *Arsenias ammoniacæ, seu ammoniacalis.*	*Ammoniac arsenical.*
Arseniate d'argent. *Arsenias argenti.*	
Arséniate de baryte. *Arsenias barytæ.*	
Arséniate de bismuth. *Arsenias bismuthi.*	
Arséniate de chaux. *Arsenias calcis.*	
Arséniate de cobalt. *Arsenias cobalti.*	
Arséniate de cuivre. *Arsenias cupri.*	
Arséniate d'étain. *Arsenias stanni.*	
Arséniate de fer. *Arsenias ferri.*	
Arséniate de magnésie. *Arsenias magnesiæ.*	
Arséniate de manganèse. *Arsenias magnesii.*	

Noms nouveaux.	Noms anciens.
Arſéniate de mercure.	
Arſenias hydrargyri.	
Arſéniate de molybdène.	
Arſenias molybdeni.	
Arſéniate de nikel.	
Arſenias niccoli.	
Arſéniate d'or.	
Arſenias auri.	
Arſéniate de platine.	
Arſenias platini.	
Arſéniate de plomb.	
Arſenias plumbi.	
Arſéniate de potaſſe.	
Arſenias potaſſæ.	
Arſéniate de ſoude.	
Arſenias ſodæ.	
Arſéniate de tungſtène.	
Arſenias tunſteni.	
Arſéniate de zinc.	
Arſenias zinci.	
Azote.	*Baſe de la moféte atmoſphérique.*

B

BARYTE.	*Terre peſante.*
Baryta.	*Terre du ſpath peſant.*
	Barote.

Noms nouveaux.	Noms anciens.
Baumes. *Balsama.*	*Baumes de Bucquet* *.
Benjoin. *Benzoes.*	*Benjoin.*
Benzoate. *Benzoas, tis. s. m.*	*Benzone.* Sel formé par l'union de l'acide benzoïque avec différentes bases. Les sels de ce genre n'ont point de noms dans la Nomenclature ancienne.
Benzoate d'alumine. *Benzoas aluminosus.*	
Benzoate d'ammoniaque. *Benzoas ammoniacalis.*	
Benzoate d'antimoine. *Benzoas stibii.*	
Benzoate d'argent. *Benzoas argenti.*	
Benzoate d'arsenic. *Benzoas arsenicalis.*	
Benzoate de baryte. *Benzoas baryticus.*	

* Résines unies avec un sel acide concret.

Noms nouveaux.	Noms anciens.
Benzoate de bismuth.	
Benzoas bismuthi.	
Benzoate de chaux.	
Benzoas calcareus.	
Benzoate de cobalt.	
Benzoas cobalti.	
Benzoate de cuivre.	
Benzoas cupri.	
Benzoate d'étain.	
Benzoas stanni.	
Benzoate de fer.	
Benzoas ferri.	
Benzoate de magnésie.	
Benzoas magnesiæ.	
Benz. de manganèse.	
Benzoas magnesii.	
Benzoate de mercure.	
Benzoas hydargyri.	
Benzoate de molybdène.	
Benzoas molybdeni.	
Benzoate de nickel.	
Benzoas niccoli.	
Benzoate d'or.	
Benzoas auri.	
Benzoate de platine.	
Benzoas platini.	

Noms nouveaux.	Noms anciens.
Benzoate de plomb. *Benzoas plumbi.*	
Benzoate de potaſſe. *Benzoas potaſſæ.*	
Benzoate de ſoude. *Benzoas ſodæ.*	
Benzoate de tungſtène. *Benzoas tunſteni.*	
Benzoate de zinc. *Benzoas zinci.*	
Biſmuth. *Biſmuthum.*	*Biſmuth.*
Bitumes. *Bitumina.*	*Bitumes.*
Bombiate. *Bombias, tis. ſ. m.*	Sel formé par l'union de l'acide bombique avec différentes baſes. Ce genre de ſel n'avoit point de nom dans l'ancienne Nomenclature.
Bombiate d'alumine. *Bombias aluminatus.*	
Bombiate d'ammoniaque. *Bombias ammoniacalis.*	
Bombiate d'antimoine. *Bombias ſtibii.*	

Noms nouveaux.	Noms anciens.
Bombiate d'argent. *Bombias argenti.*	
Bombiate d'arſenic. *Bombias arſenicalis.*	
Bombiate de baryte. *Bombias baryticus.*	
Bombiate de biſmuth. *Bombias biſmuthi.*	
Bombiate de chaux. *Bombias calcareus.*	
Bombiate de cobalt. *Bombias cobalti.*	
Bombiate de cuivre. *Bombias cupri.*	
Bombiate d'étain. *Bombias ſtanni.*	
Bombiate de fer. *Bombias ferri.*	
Bombiate de magnéſie. *Bombias magneſiæ.*	
Bombiate de manganèſe. *Bombias magneſii.*	
Bombiate de mercure. *Bombias hydrargyri.*	
Bombiate de molybdène. *Bombias molybdeni.*	

Noms nouveaux.	Noms anciens.
Bombiate de nickel. *Bombias niccoli.*	
Bombiate d'or. *Bombias auri.*	
Bombiate de platine. *Bombias platini.*	
Bombiate de plomb. *Bombias plumbi.*	
Bombiate de potaſſe. *Bombias potaſſæ.*	
Bombiate de ſoude. *Bombias ſodæ.*	
Bombiate de tungſtène. *Bombias tunſteni.*	
Bombiate de zinc. *Bombias zinci.*	
Borate. *Boras, tis. ſ. m.*	*Borax.*
Borate alumineux. *Boras aluminoſus.*	*Borax argileux.*
Borate ammoniacal. *Boras ammoniacalis.*	*Borax ammoniacal.* *Sel ammoniac ſédatif.*
Borate d'antimoine. *Boras ſtibii.*	*Borax d'antimoine.*
Borate d'argent. *Boras argenti.*	
Borate d'arſenic. *Boras arſenici.*	

Noms nouveaux.	Noms anciens.
Borate de baryte. *Boras barytæ.*	*Borax pesant, ou barotique.*
Borate de bismuth. *Boras bismuthi.*	
Borate de chaux. *Boras calcis.*	
Borate de cobalt. *Boras cobalti.*	*Borax de cobalt.*
Borate de cuivre. *Boras cupri.*	*Borax de cuivre.*
Borate d'étain. *Boras stanni.*	
Borate de fer. *Boras ferri.*	*Borax de fer.*
Borate de magnésie. *Boras magnesiæ.*	*Borax magnésien.*
Borate de manganèse. *Boras magnesii.*	
Borate de mercure. *Boras mercurii.*	*Borax mercuriel.* *Sel sédatif mercuriel.*
Borate de molybdène. *Boras molybdeni.*	
Borate de nickel. *Boras niccoli.*	
Borate d'or. *Boras auri.*	
Borate de platine. *Boras platini.*	

Noms nouveaux.	Noms anciens.
Borate de plomb. *Boras plumbi.*	
Borate de potasse. *Boras potassæ.*	*Borax végétal.*
Borate de soude. *Boras sodæ.*	*Borax ordinaire saturé d'acide boracique.*
Borate de tungstène. *Boras tunsteni.*	
Borate de zinc. *Boras zinci.*	*Borax de zinc.*
Borate de soude, *ou* Borate sursaturé de soude.	*Borax brut.* *Tinckal.* *Chrysocolle.* *Borax du commerce.*

C

CALORIQUE. *Caloricum.*	*Chaleur latente.* *Chaleur fixée.* *Principe de la chaleur.*
Camphre. *Camphora.*	*Camphre.*
Camphorate. *Camphoras, tis. s. m.*	Sel formé par l'union de l'acide camphorique avec différentes bases. Ces sels n'étoient point connus des anciens, & n'ont point de noms dans l'ancienne Nomenclature.

Noms nouveaux.	Noms anciens.
Camphorate d'alumine. *Camphoras aluminosus.*	
Camphorate d'ammoniaque. *Camphoras ammoniacalis.*	
Camphorate d'antimoine. *Camphoras stibii.*	
Camphorate d'argent. *Camphoras argenti.*	
Camphorate d'arsenic. *Camphoras arsenicalis.*	
Camphorate de baryte. *Camphoras baryticus.*	
Camphorate de bismuth. *Camphoras bismuthi.*	
Camphorate de chaux. *Camphoras calcareus.*	
Camphorate de cobalt. *Camphoras cobalti.*	
Camphorate de cuivre. *Camphoras cupri.*	
Camphorate d'étain. *Camphoras stanni.*	
Camphorate de fer. *Camphoras ferri.*	

Noms nouveaux.	Noms anciens.
Camphorate de magnésie. *Camphoras magnesiæ.*	
Camphorate de manganèse. *Camphoras magnesii.*	
Camphorate de mercure. *Camphoras mercurii.*	
Camphorate de molybdène. *Camphoras molybdeni.*	
Camphorate de nickel. *Camphoras niccoli.*	
Camphorate d'or. *Camphoras auri.*	
Camphorate de platine. *Camphoras platini.*	
Camphorate de plomb. *Camphoras plumbi.*	
Camphorate de potasse. *Camphoras potassæ.*	
Camphorate de soude. *Camphoras sodæ.*	
Camphorate de tungstène. *Camphoras tunsteni.*	

Noms nouveaux.	Noms anciens.
Camphorate de zinc. *Camphoras zinci.*	
Carbone. *Carbonicum.*	*Charbon pur.*
Carbonate. *Carbonas, tis. f. m.*	Sel formé par l'union de l'acide carbonique avec des bases.
Carbonate d'alumine. *Carbonas aluminosus.*	*Argile crayeuse.*
Carbonate ammoniacal. *Carbonas ammoniacæ.*	*Craie ammoniacale. Sel ammoniacal crayeux. Alcali volatil concret. Méphite ammoniacal. Sel volatil d'Angleterre.*
Carbonate d'antimoine. *Carbonas antimonii.*	
Carbonate d'argent. *Carbonas argenti.*	
Carbonate d'arsenic. *Carbonas arsenici.*	
Carbonate de baryte. *Carbonas baryticus.*	*Craie bar. ou pesante. Terre pesante aérée. Barote effervescente. Méphite barotique.*
Carbonate de bismuth. *Carbonas bismuthi.*	

Noms nouveaux.	Noms anciens.
Carbonate calcaire. *Carbonas calcareus.*	*Craie.* *Pierre calcaire.* *Méphite calcaire.* *Terre calcaire aérée.* *Terre calcaire effervescente.* *Spath calcaire.* *Crême de chaux.*
Carbonate de cobalt. *Carbonas cobalti.*	
Carbonate de cuivre. *Carbonas cupri.*	
Carbonate d'étain. *Carbonas stanni.*	
Carbonate de fer. *Carbonas ferri.*	*Saf. de mars apéritif.* *Rouille de fer.* *Fer aéré.* *Craie martiale.* *Méphite martial.*
Carbonate de magnésie. *Carbonas magnesiæ.*	*Terre magnésienne.* *Magnésie blanche.* *Magnésie aérée de Bergman.* *Magnésie crayeuse.* *Craie magnésienne.*

Noms nouveaux.	Noms anciens.
Carbonate de magnésie. *Carbonas magnesiæ.*	*Magnes. effervescente.* *Méphite de magnésie.* *Terre muriatique de Kirwan.* *Poudre du Comte de Palme, de Santinelli.*
Carbonate de manganèse. *Carbonas magnesii.*	
Carbonate de mercure. *Carbonas hydrargyri.*	
Carbonate de molybdène. *Carbonas molybdeni.*	
Carbonate de nickel. *Carbonas niccoli.*	
Carbonate d'or. *Carbonas auri.*	
Carbonate de platine. *Carbonas platini.*	
Carbonate de plomb. *Carbonas plumbi.*	*Craie de plomb.* *Plomb spathique.* *Méphite de plomb.*

Carbonate

Noms nouveaux.	Noms anciens.
Carbonate de potasse. *Carbonas potassæ.*	*Sel fixe de tartre.* *Alcali fixe végétal.* *Alcali végétal fixe aéré.* *Tartre crayeux.* *Tartre méphitique.* *Méphite de potasse.* *Nitre fixé par lui-même.* *Alkaest de Vanhelmont.*
Carbonate de soude. *Carbonas sodæ.*	*Natrum ou Natron.* *Base du sel marin.* *Alcali marin ou minér.* *Cristaux de soude.* *Soude crayeuse.* *Soude aérée.* *Soude effervescente.* *Méphite de soude.* *Alcali fixe minér. aéré.* *Alcali fixe minéral effervescent.* *Craie de soude.*
Carbonate de tungstène. *Carbonas tunsteni.*	

Noms nouveaux.	Noms anciens.
Carbonate de zinc. *Carbonas zinci.*	*Craie de zinc.* *Zinc aéré.* *Méphite de zinc.*
Carbure de fer.	*Plombagine.*
Chaux délayée dans l'eau.	*Laït de chaux.*
Chaux ou terre calcaire.	*Terre calcaire.* *Chaux vive.*
Citrate. *Citras, tis. ſ. m.*	Sel formé par la combinaiſon de l'acide du citron avec différentes baſes. Ce genre de ſel n'avoit point de nom dans l'ancienne Nomenclature.
Citrate d'alumine. *Citras aluminoſus.*	
Citrate d'ammoniaque. *Citras ammoniacalis.*	
Citrate d'antimoine. *Citras ſtibii.*	
Citrate d'argent. *Citras argenti.*	
Citrate d'arſenic. *Citras arſenicalis.*	
Citrate de baryte. *Citras baryticus.*	
Citrate de biſmuth. *Citras biſmuthi.*	

Noms nouveaux.	Noms anciens.
Citrate de chaux.	
Citras calcareus.	
Citrate de cobalt.	
Citras cobalti.	
Citrate de cuivre.	
Citras cupri.	
Citrate d'étain.	
Citras stanni.	
Citrate de fer.	
Citras ferri.	
Citrate de magnésie.	
Citras magnesiæ.	
Citrate de manganèse.	
Citras magnesii.	
Citrate de mercure.	
Citras mercurii.	
Citrate de molybdène.	
Citras molybdeni.	
Citrate de nickel.	
Citras niccoli.	
Citrate d'or.	
Citras auri.	
Citrate de platine.	
Citras platini.	
Citrate de plomb.	
Citras plumbi.	
Citrate de potasse.	
Citras potassæ.	

Noms nouveaux.	Noms anciens.
Citrate de ſoude. *Citras ſodæ.*	
Citrate de tungſtène. *Citras tunſteni.*	
Citrate de zinc. *Citras zinci.*	
Cobalt. *Cobaltum.*	*Régule de cobalt.* *Cobalt, ou cobolt.*
Cuivre. *Cuprum.*	*Cuivre.* *Vénus.*

D

DEMI-MÉTAUX.	*Demi-métaux.*
Diamant.	*Diamant.*

E

EAU.	*Eau.*
Eau de chaux.	*Eau de chaux.*
Eau diſtillée.	*Eau diſtillée.*
Eaux imprégnées d'acide carbonique.	*Eaux acidules.* *Eaux gazeuſes.*
Eaux ſulfurées.	*Eaux hépatiques.*

Noms nouveaux.	Noms anciens.
Etain. *Stannum.*	*Etain.* *Jupiter.*
Ether acétique. *Ether aceticum.*	*Ether acéteux.*
Ether muriatique. *Ether muriaticum.*	*Ether marin.*
Ether nitrique. *Ether nitricum.*	*Ether nitreux.*
Ether ſulfurique. *Ether ſulfuricum.*	*Ether vitriolique.*
Extractif. (l') *Extractum.*	*Extrait.*

F

FÉCULE. *Fécula.*	*Fécule des plantes.*
Fer. *Ferrum.*	*Fer.* *Mars.*
Fluate. *Fluas, tis. ſ. m.*	Sel formé par l'acide fluorique, combiné avec différentes baſes.
Fluate d'alumine. *Fluas aluminæ.*	*Fluor argileux.* *Argile ſpathique.*

Noms nouveaux.	Noms anciens.
Fluate ammoniacal. *Fluas ammoniacalis.*	*Sel ammoniacal ſpathique.* *Ammoniaq. ſpathique.* *Spath ammoniacal.* *Fluor ammoniacal.*
Fluate d'antimoine. *Fluas ſtibii.*	
Fluate d'argent. *Fluas argenti.*	
Fluate d'arſenic. *Fluas arſenicalis.*	
Fluate de baryte. *Fluas barytæ.*	*Fluor peſant.* *Fluor barotique.*
Fluate de biſmuth. *Fluas biſmuthi.*	
Fluate de chaux. *Fluas calcareus.*	*Spath fluor.* *Spath vitreux.* *Spath cubique* *Spath phoſphorique.* *Fluor ſpathique.*
Fluate de cobalt. *Fluas cobalti.*	
Fluate de cuivre. *Fluas cupri.*	
Fluate d'étain. *Fluas ſtanni.*	
Fluate de fer. *Fluas ferri.*	

Noms nouveaux.	Noms anciens.
Fluate de magnésie. *Fluas magnesiæ.*	*Magnésie fluorée.* *Magnésie spathique.* *Fluor magnésien.*
Fluate de manganèse. *Fluas magnesii.*	
Fluate de mercure. *Fluas mercurii.*	
Fluate de molybdène. *Fluas molybdeni.*	
Fluate de nickel. *Fluas niccoli.*	
Fluate d'or. *Fluas auri.*	
Fluate de platine. *Fluas platini.*	
Fluate de plomb. *Fluas plumbi.*	
Fluate de potasse. *Fluas potassæ.*	*Fluor tartareux.* *Tartre spathique.*
Fluate de soude. *Fluas sodæ.*	*Fluor de soude.* *Soude spathique.*
Fluate de tungstène. *Fluas tunsteni.*	
Fluate de zinc. *Fluas zinci.*	

Noms nouveaux.	Noms anciens.
Formiate. *Formias, tis. f. m.*	Sel formé par la combinaiſon de l'acide formique avec différentes baſes. Ce genre de ſel n'avoit point été nommé dans l'ancienne Nomenclature.
Formiate d'alumine. *Formias aluminoſus.*	
Formiate d'ammoniaque. *Formias ammoniacalis.*	
Formiate d'antimoine. *Formias ſtibii.*	
Formiate d'argent. *Formias argenti.*	
Formiate d'arſenic. *Formias arſenicalis.*	
Formiate de baryte. *Formias baryticus.*	
Formiate de biſmuth. *Formias biſmuthi.*	
Formiate de chaux. *Formias calcareus.*	
Formiate de cobalt. *Formias cobalti.*	
Formiate de cuivre. *Formias cupri.*	

Noms nouveaux.	Noms anciens.
Formiate d'étain. *Formias ftanni.*	
Formiate de fer. *Formias ferri.*	
Formiate de magnéfie. *Formias magnefiæ.*	
Formiate de manganèfe. *Formias magnefii.*	
Formiate de mercure. *Formias mercurii.*	
Formiate de molybdène. *Formias molybdeni.*	
Formiate de nickel. *Formias niccoli.*	
Formiate d'or. *Formias auri.*	
Formiate de platine. *Formias platini.*	
Formiate de plomb. *Formias plumbi.*	
Formiate de potaffe. *Formias potaffæ.*	
Formiate de foude. *Formias fodæ.*	
Formiate de tungftène. *Formias tunfteni.*	

Noms nouveaux.	Noms anciens.
Formiate de zinc. *Formias zinci.*	

G

GAZ. *Gas.*	*Gaz.* *Fluides élastiques.* *Fluides aériformes.*
Gaz acide acéteux. *Gas acidum acetosum.*	*Gaz acide acéteux.*
Gaz acide carbonique. *Gas acidum carbonicum.*	*Air fixe.* *Air solide de Hales.* *Gaz acide crayeux.* *Gaz méphitique.* *Acide aérien.*
Gaz acide fluorique. *Gas acidum fluoricum.*	*Gaz acide spathique.* *Gaz acide fluorique.*
Gaz acide muriatique. *Gas acidum muriaticum.*	*Air marin.* *Gaz acide marin.* *Gaz acide muriatique.*
Gaz acide muriatique oxigéné. *Gas acidum muriaticum oxigenatum.*	*Gaz acide muriatique aéré.* *Acide marin déphlogistiqué.*

Noms nouveaux.	Noms anciens.
Gaz acide nitreux. *Gas acidum nitrosum.*	*Gaz acide nitreux.*
Gaz acide prussique. *Gas acidum prussicum.*	*Gaz prussien.*
Gaz acide sulfureux. *Gas acidum sulfureum.*	*Gaz acide sulfureux.* *Air acide vitriolique.*
Gaz ammoniacal. *Gas ammoniacale.*	*Gaz alcalin.* *Air alcalin.* *Gaz alcali volatil.*
Gaz azotique. *Gas azoticum.*	*Air vicié.* *Air gâté.* *Air phlogistiqué.* *Gaz phlogistiqué.* *Mofète atmosphérique*
Gaz hydrogène. *Gas hydrogenium.*	*Gaz inflammable.* *Air inflammable.* *Phlogistique de M. Kirwan.*
Gaz hydrogène carboné. *Gas hydrogenium carbonatum.*	*Gaz inflammable carbonneux.*
Gaz hydrogène des marais. *Gas hydrogenium paludum.*	*Gaz inflammable mophétisé.* *Air inflammable des marais.*

Noms nouveaux.	Noms anciens.
Gaz hydrogène phosphorisé. *Gas hydrogenium phosphorisatum.*	*Gaz phosphorique.*
Gaz hydrogène sulfuré. *Gas hydrogenium sulfuratum.*	*Gaz hépatique.*
Gaz nitreux. *Gas nitrosum.*	*Gaz nitreux.*
Gaz oxygène. *Gas oxigenium.*	*Air vital.* *Air pur.* *Air déphlogistiqué.*
Gluten, *ou* le glutineux. *Gluten.*	*Gluten de la farine; du froment.* *Matière végéto-animale.*

H

HUILES empyreumatiques. *Olea empyreumatica.*	*Huiles empyreumatiques.*
Huiles fixes. *Olea fixa.*	*Huiles grasses.* *Huiles douces.* *Huiles par expression.*

Noms nouveaux.	Noms anciens.
Huiles volatiles. *Olea volatilia.*	*Huiles essentielles. Essences.*

I

J

K

L

LACTATES. *Lactas, tis. s. m.*	Sels formés par la combinaison de l'acide du petit lait aigri ou de l'acide lactique avec différentes bases. Ces sels n'étoient point connus avant Schéele, & n'avoient point reçu de nom jusqu'à présent. On n'a encore examiné que très-peu leurs propriétés.
Lactate d'alumine. *Lactas aluminosus.*	
Lactate d'ammoniaque. *Lactas ammoniacalis.*	
Lactate d'antimoine. *Lactas stibii.*	

Noms nouveaux.	Noms anciens.
Lactate d'argent.	
Lactas argenti.	
Lactate d'arsenic.	
Lactas arsenicalis.	
Lactate de baryte.	
Lactas baryticus.	
Lactate de bismuth.	
Lactas bismuthi.	
Lactate de chaux.	
Lactas calcareus.	
Lactate de cobalt.	
Lactas cobalti.	
Lactate de cuivre.	
Lactas cupri.	
Lactate d'étain.	
Lactas stanni.	
Lactate de fer.	
Lactas ferri.	
Lactate de magnésie.	
Lactas magnesiæ.	
Lactate de manganèse.	
Lactas magnesii.	
Lactate de mercure.	
Lactas hydrargyri.	
Lactate de molybdène.	
Lactas molybdeni.	
Lactate de nickel.	
Lactas niccoli.	

Noms nouveaux.	Noms anciens.
Lactate d'or. *Lactas auri.*	
Lactate de platine. *Lactas platini.*	
Lactate de plomb. *Lactas plumbi.*	
Lactate de potasse. *Lactas potassæ.*	
Lactate de soude. *Lactas sodæ.*	
Lactate de tungstène. *Lactas tunsteni.*	
Lactate de zinc. *Lactas zinci.*	
Lithiate. *Lithias, tis. s. m.*	Sel formé par la combinaison de l'acide lithique ou de la pierre de la vessie avec différentes bases. Ces sels n'avoient point été compris dans la Nomenclature ancienne, parce qu'ils n'étoient point connus avant Schéele.
Lithiate d'alumine. *Lithias aluminosus.*	
Lithiate d'ammoniaque *Lithias ammoniacalis.*	

Noms nouveaux.	Noms anciens.
Lithiate d'antimoine. *Lithias stibii.*	
Lithiate d'argent. *Lithias argenti.*	
Lithiate d'arsenic. *Lithias arsenicalis.*	
Lithiate de baryte. *Lithias baryticus.*	
Lithiate de bismuth. *Lithias bismuthi.*	
Lithiate de chaux. *Lithias calcareus.*	
Lithiate de cobalt. *Lithias cobalti.*	
Lithiate de cuivre. *Lithias cupri.*	
Lithiate d'étain. *Lithias stanni.*	
Lithiate de fer. *Lithias ferri.*	
Lithiate de magnésie. *Lithias magnesiæ.*	
Lithiate de manganèse. *Lithias magnesii.*	
Lithiate de mercure. *Lithias hydrargyri.*	
Lithiate de molybdène. *Lithias molybdeni.*	

Lithiate

Noms nouveaux.	Noms anciens.
Lithiate de nickel. *Lithias niccoli.*	
Lithiate d'or. *Lithias auri.*	
Lithiate de platine. *Lithias platini.*	
Lithiate de plomb. *Lithias plumbi.*	
Lithiate de potaſſe. *Lithias potaſſæ.*	
Lithiate de ſoude. *Lithias ſodæ.*	
Lithiate de tungſtène. *Lithias tunſteni.*	
Lithiate de zinc. *Lithias zinci.*	
Lumière.	*Lumière.*

M

MALATE. *Malas, tis. ſ. m.*	Sel formé par la combinaiſon de l'acide malique ou des pommes avec différentes baſes. Ce genre de ſels n'a point encore reçu de nom dans l'ancienne Nomenclature.

Noms nouveaux.	Noms anciens.
Malate d'alumine.	
Malas aluminosus.	
Malate d'ammoniaque.	
Malas ammoniacalis.	
Malate d'antimoine.	
Malas stibii.	
Malate d'argent.	
Malas argenti.	
Malate d'arsenic.	
Malas arsenicalis.	
Malate de baryte.	
Malas baryticus.	
Malate de bismuth.	
Malas bismuthi.	
Malate de chaux.	
Malas calcareus.	
Malate de cobalt.	
Malas cobalti.	
Malate de cuivre.	
Malas cupri.	
Malate d'étain.	
Malas stanni.	
Malate de fer.	
Malas ferri.	
Malate de magnésie.	
Malas magnesiæ.	
Malate de manganèse.	
Malas magnesii.	

Noms nouveaux.	Noms anciens.
Malate de mercure. *Malas hydrargyri.*	
Malate de molybdène. *Malas molybdeni.*	
Malate de nickel. *Malas niccoli.*	
Malate d'or. *Malas auri.*	
Malate de platine. *Malas platini.*	
Malate de plomb. *Malas plumbi.*	
Malate de potasse. *Malas potassæ.*	
Malate de soude. *Malas sodæ.*	
Malate de tungstène. *Malas tunsteni.*	
Malate de zinc. *Malas zinci.*	
Manganèse. *Manganesium.*	*Régule de manganèse.*
Mercure. *Hydrargyrum.*	*Mercure.* *Vif-argent.*

Noms nouveaux.	Noms anciens.
Molybdate. *Molybdas, tis. ſ. m.*	Sel formé par la combinaiſon de l'acide molybdique avec différentes baſes. Ce genre de ſels n'avoit point été nommé dans la Nomenclature ancienne.
Molybdate d'alumine. *Molybdas aluminoſus.*	
Molybdate d'ammoniaque. *Molybdas ammoniacalis.*	
Molybdate d'antimoine. *Molybdas ſtibii.*	
Molybdate d'argent. *Molybdas argenti.*	
Molybdate d'arſenic. *Molybdas arſenicalis.*	
Molybdate de baryte. *Molybdas baryticus.*	
Molybdate de biſmuth. *Molybdas biſmuthi.*	
Molybdate de chaux. *Molybdas calcareus.*	
Molybdate de cobalt. *Molybdas cobalti.*	
Molybdate de cuivre. *Molybdas cupri.*	

Noms nouveaux.	Noms anciens.
Molybdate d'étain. *Molybdas stanni.*	
Molybdate de fer. *Molybdas ferri.*	
Molybdate de magnésie. *Molybdas magnesiæ.*	
Molybdate de manganèse. *Molybdas magnesii.*	
Molybdate de mercure. *Molybdas hydrargyri.*	
Molybdate de nickel. *Molybdas niccoli.*	
Molybdate d'or. *Molybdas auri.*	
Molybdate de platine. *Molybdas platini.*	
Molybdate de plomb. *Molybdas plumbi.*	
Molybdate de potasse. *Molybdas potassæ.*	
Molybdate de soude. *Molybdas sodæ.*	
Molybdate de tungstène. *Molybdas tunsteni.*	
Molybdate de zinc. *Molybdas zinci.*	

Noms nouveaux.	Noms anciens.
Molybdène. (le)	*Régule de molybdène.*
Muqueux. (le)	*Mucilage.*
Muriate. *Murias, tis. ſ. m.*	Sel formé par la combinaiſon de l'acide muriatique & de différentes baſes.
Muriate d'alumine. *Murias aluminoſus.*	*Alun marin.* *Sel marin argileux.*
Muriate d'ammoniaque. *Murias ammoniacalis.*	*Sel ammoniac.* *Salmiac.*
Muriate d'antimoine. *Murias ſtibii.*	*Muriate d'antimoine.*
Muriate d'antimoine fumant. *Murias ſtibii fumans.*	*Beurre d'antimoine.*
Muriate d'argent. *Murias argenti.*	*Argent corné.* *Lune cornée.*
Muriate d'arſenic. *Murias arſenicalis.*	
Muriate d'arſenic ſublimé. *Murias arſenicalis ſublimatus.*	*Beurre d'arſenic.*
Muriate de baryte. *Murias baryticus.*	*Sel marin barotique.*
Muriate de biſmuth. *Murias biſmuthi.*	*Muriate de biſmuth.*

Noms nouveaux.	Noms anciens.
Muriate de bismuth sublimé. *Murias bismuthi sublimatus.*	*Beurre de bismuth.*
Muriate de chaux. *Murias calcareus.*	*Eau mère du sel marin.* *Sel marin calcaire.* *Sel ammoniac fixe.*
Muriate de cobalt. *Murias cobalti.*	*Encre de simpathie.*
Muriate de cuivre. *Murias cupri.*	*Muriate de cuivre.*
Muriate de cuivre ammoniacal sublimé. *Murias cupri ammoniacalis sublimatus.*	*Fleurs ammoniacales cuivreuses.*
Muriate d'étain. *Murias stanni.*	*Sel de Jupiter.*
Muriate d'étain concret. *Murias stanni concretus.*	*Beurre d'étain solide de M. Baumé.* *Etain corné.*
Muriate d'étain fumant. *Murias stanni fumans.*	*Liqueur fumante de Libavius.*
Muriate d'étain sublimé. *Murias stanni sublimatus.*	*Beurre d'étain.*

Noms nouveaux.	Noms anciens.
Muriate de fer. *Murias ferri.*	*Muriate de fer. Sel marin de fer.*
Muriate de fer ammoniacal sublimé. *Murias ferri ammoniacalis sublimatus.*	*Fleurs ammoniacales martiales.*
Muriate de magnésie. *Murias magnesiæ.*	*Sel marin à base de magnésie.*
Muriate de manganèse. *Murias magnesii.*	*Muriate de manganèse.*
Muriate de mercure corrosif. *Murias hydrargyri corrosivus.*	*Sublimé corrosif.*
Muriate de mercure doux. *Murias hydrargyri dulcis.*	*Sublimé doux.*
Muriate de mercure doux sublimé. *Murias hydrargyri sublimatus.*	*Aquila alba.*
Muriate de mercure & d'ammoniaque. *Murias hydrargyri & ammoniacalis.*	*Sel alembroth.*

Noms nouveaux.	Noms anciens.
Muriate de mercure par précipitation. *Murias hydrargyri præcipitatus.*	*Sel de la sagesse.* *Muriate précipité blanc.*
Muriate de molybdène. *Murias molybdeni.*	...
Muriate de nickel. *Murias niccoli.*	
Muriate d'or. *Murias auri.*	*Muriate d'or.* *Sel régalin d'or.*
Muriate de platine. *Murias platini.*	*Muriate de platine.* *Sel régalin de platine.*
Muriate de plomb. *Murias plumbi.*	*Plomb corné.* *Muriate de plomb.*
Muriate de potasse. *Murias potassæ.*	*Sel febrifuge de Sylvius.*
Muriate de soude. *Murias sodæ.*	*Sel marin.*
Muriate de soude fossile. *Murias sodæ fossilis.*	*Sel gemme.*
Muriate de tungstène. *Murias tunsteni.*	
Muriate de zinc. *Murias zinci.*	*Sel marin de zinc.* *Muriate de zinc.*

Noms nouveaux.	Noms anciens.
Muriate de zinc sublimé. *Murias zinci sublimatus.*	*Beurre de zinc.*
Muriates oxigénés.	(Nouvelles combinaisons de l'acide muriatique oxigéné avec la potasse & la soude, découvertes par M. Berthollet.)
Muriate oxigéné de potasse. *Murias oxigenatus potassæ.*	
Muriate oxigéné de soude. *Murias oxigenatus sodæ.*	

N

NITRATE. *Nitras, tis. f. m.*	Sel formé par la combinaison de l'acide nitrique avec différentes bases.
Nitrate d'alumine. *Nitras aluminosus.*	*Alun nitreux.* *Nitre argileux.*
Nitrate d'ammoniaque. *Nitras ammoniacalis.*	*Sel ammoniacal nitreux.* *Nitre ammoniacal.*
Nitrate d'antimoine. *Nitras stibii.*	

Noms nouveaux.	Noms anciens.
Nitrate d'argent. *Nitras argenti.*	*Nitre lunaire.* *Nitre d'argent.* *Cristaux de lune.*
Nitrate d'argent fondu. *Nitras argenti fusus.*	*Pierre infernale.*
Nitrate d'arsenic. *Nitras arsenicalis.*	*Nitre d'arsenic.*
Nitrate de baryte. *Nitras baryticus.*	*Nitre de terre pesante.* *Nitre barotique.*
Nitrate de bismuth. *Nitras bismuthi.*	*Nitre de bismuth.*
Nitrate de chaux. *Nitras calcareus.*	*Nitre calcaire.* *Eau mère du nitre.*
Nitrate de cobalt. *Nitras cobalti.*	*Nitre de cobalt.*
Nitrate de cuivre. *Nitras cupri.*	*Nitre de cuivre.*
Nitrate d'étain. *Nitras stanni.*	*Nitre d'étain.* *Sel stanno-nitreux.*
Nitrate de fer. *Nitras ferri.*	*Nitre de fer.* *Nitre martial.*
Nitrate de magnésie. *Nitras magnesiæ.*	*Nitre de magnésie.* *Nitre magnésien.*
Nitrate de manganèse. *Nitras magnesii.*	*Nitre de manganèse.*

Noms nouveaux.	Noms anciens.
Nitrate de mercure. *Nitras hydrargyri.*	*Nitre mercuriel.* *Nitre de mercure.*
Nitrate de mercure en dissolution. *Nitras hydrargyri solutus.*	*Eau mercurielle.*
Nitrate de molybdène. *Nitras molybdeni.*	
Nitrate de nickel. *Nitras niccoli.*	*Nitre de nickel.*
Nitrate d'or. *Nitras auri.*	
Nitrate de platine. *Nitras platini.*	
Nitrate de plomb. *Nitras plumbi.*	*Nitre de plomb.* *Nitre ſaturnin.*
Nitrate de potaſſe, ou nitre. *Nitras potaſſæ, vel nitrum.*	*Nitre.* *Salpêtre.*
Nitrate de ſoude. *Nitras ſodæ.*	*Nitre cubique.* *Nitre rhomboïdal.*
Nitrate de tungſtène. *Nitras tunſteni.*	
Nitrate de zinc. *Nitras zinci.*	*Nitre de zinc.*

Noms nouveaux.	Noms anciens.
Nitrite. *Nitris, tis. s. m.*	Sel formé par la combinaison de l'acide *nitreux** avec différentes bases. Ce genre de sel n'avoit point de nom dans l'ancienne Nomenclature. Il n'étoit pas connu avant les nouvelles découvertes.
Nitrite d'alumine. *Nitris aluminosus.*	
Nitrite d'ammoniaque. *Nitris ammoniacalis.*	
Nitrite d'antimoine. *Nitris stibii.*	
Nitrite d'argent. *Nitris argenti.*	
Nitrite d'arsenic. *Nitris arsenicalis.*	
Nitrite de baryte. *Nitris baryticus.*	
Nitrite de bismuth. *Nitris bismuthi.*	
Nitrite de chaux. *Nitris calcareus.*	
Nitrite de cobalt. *Nitris cobalti.*	

* C'est-à-dire, avec un esprit de nitre contenant moins d'oxigène que celui que nous avons appelé acide *nitrique*, & qui forme les *nitrates*.

Noms nouveaux.	Noms anciens.
Nitrite de cuivre. *Nitris cupri.*	
Nitrite d'étain. *Nitris ſtanni.*	
Nitrite de fer. *Nitris ferri.*	
Nitrite de magnéſie. *Nitris magneſiæ.*	
Nitrite de manganèſe. *Nitris magneſii.*	
Nitrite de mercure. *Nitris hydrargyri.*	
Nitrite de molybdène. *Nitris molybdeni.*	
Nitrite de nickel. *Nitris niccoli.*	
Nitrite d'or. *Nitris auri.*	
Nitrite de platine. *Nitris platini.*	
Nitrite de plomb. *Nitris plumbi.*	
Nitrite de potaſſe. *Nitris potaſſæ.*	
Nitrite de ſoude. *Nitris ſodæ.*	

Noms nouveaux.	Noms anciens.
Nitrite de tungstène. *Nitris tunsteni.*	
Nitrite de zinc. *Nitris zinci.*	

O

OR. *Aurum.*	*Or.*
Oxalate. *Oxalas, tis. f. m.*	Sel formé par la combinaison de l'acide oxalique avec différentes bases. La plupart des sels de ce genre n'ont point été nommés dans l'ancienne Nomenclature.
Oxalate acidule d'ammoniaque. *Oxalas acidulus ammoniacalis.*	
Oxalate acidule de potasse. *Oxalas acidulus potassæ.*	*Sel d'oseille du commerce.*
Oxalate acidule de soude. *Oxalas acidulus sodæ.*	

Noms nouveaux.	Noms anciens.
Oxalate d'alumine. *Oxalas aluminoſus.*	
Oxalate d'ammoniaque. *Oxalas ammoniacalis.*	
Oxalate d'antimoine. *Oxalas ſtibii.*	
Oxalate d'argent. *Oxalas argenti.*	
Oxalate d'arſenic. *Oxalas arſenicalis.*	
Oxalate de baryte. *Oxalas baryticus.*	
Oxalate de biſmuth. *Oxalas biſmuthi.*	
Oxalate de chaux. *Oxalas calcareus.*	
Oxalate de cobalt. *Oxalas cobalti.*	
Oxalate de cuivre. *Oxalas cupri.*	
Oxalate d'étain. *Oxalas ſtanni.*	
Oxalate de fer. *Oxalas ferri.*	
Oxalate de magnéſie. *Oxalas magneſiæ.*	
Oxalate de manganèſe. *Oxalas magneſii.*	

Oxalate

Noms nouveaux.	*Noms anciens.*
Oxalate de mercure. *Oxalas hydrargyri.*	
Oxalate de molybdène. *Oxalas molybdeni.*	
Oxalate de nickel. *Oxalas niccoli.*	
Oxalate d'or. *Oxalas auri.*	
Oxalate de platine. *Oxalas platini.*	
Oxalate de plomb. *Oxalas plumbi.*	
Oxalate de potasse. *Oxalas potassæ.*	
Oxalate de soude. *Oxalas sodæ.*	
Oxalate de tungstène. *Oxalas tunsteni.*	
Oxalate de zinc. *Oxalas zinci.*	
Oxide arsénical de potasse. *Oxidum arsenicale potassæ.*	*Foie d'arsénic.*
Oxide blanc d'arsénic. *Oxidum arsenici album.*	*Arsénic blanc.* *Chaux d'arsénic.*

Noms-nouveaux.	Noms anciens.
Oxide d'antimoine PAR LES ACIDES MURIATIQUE ET NITRIQUE. *Oxidum stibii acidis muriatico & nitrico confectum.*	*Bézoard minéral.*
Oxide d'antimoine blanc par le nitre. *Oxidum stibii album nitro confectum.*	*Antim. diaphorétique.* *Céruse d'antimoine.* *Matière perlée de Kerkringius.*
Oxide d'antimoine blanc sublimé. *Oxidum stibii album sublimatum.*	*Neige d'antimoine.* *Fleurs d'antimoine.* *Fleurs argentines de régule d'antimoine.*
Oxide d'antimoine par l'acide muriatique. *Oxidum stibii acido muriatico confectum.*	*Poudre d'Algaroth.*
Oxide d'antimoine sulfuré. *Oxidum stibii sulfuratum.*	*Foie d'antimoine.*

Noms nouveaux.	Noms anciens.
Oxide d'antimoine sulfuré demi-vitreux. *Oxidum stibii sulfuratum semi-vitreum.*	*Safran des métaux.*
Oxide d'antimoine sulfuré orangé. *Oxidum stibii sulfuratum aurantiacum.*	*Soufre doré d'antimoine.*
Oxide d'antimoine sulfuré rouge. *Oxidum stibii sulfuratum rubrum.*	*Kermès minéral.*
Oxide d'antimoine sulfuré vitreux. *Oxidum stibii sulfuratum vitreum.*	*Verre d'antimoine.*
Oxide d'antimoine sulfuré vitreux brun. *Oxidum stibii sulfuratum vitreum fuscum.*	*Rubine d'antimoine.*
Oxide d'arsenic blanc sublimé. *Oxidum arsenici album sublimatum.*	*Fleurs d'arsenic.*

Noms nouveaux.	Noms anciens.
Oxide d'arsenic sulfuré jaune. *Oxidum arsenici sulfuratum luteum.*	*Orpiment.*
Oxide d'arsenic sulfuré rouge. *Oxidum arsenici sulfuratum rubrum.*	*Arsénic rouge. Réalgar ou réalgal.*
Oxide de bismuth blanc par l'acide nitrique. *Oxidum bismuthi album acido nitrico confectum.*	*Magistère de bismuth. Blanc de fard.*
Oxide de bismuth sublimé. *Oxidum bismuthi sublimatum.*	*Fleurs de bismuth.*
Oxide de cobalt gris, avec silice, ou safre. *Oxidum cobalti cinereum cum silice.*	*Safre.*
Oxide de cobalt vitreux. *Oxidum cobalti vitreum.*	*Azur. Smalt.*

Noms nouveaux.	Noms anciens.
Oxide de cuivre verd acété. *Oxidum cupri viride acetatum.*	*Verd de gris.* *Rouille de cuivre.*
Oxide d'étain gris. *Oxidum ſtanni cinereum.*	*Potée d'étain.*
Oxide d'étain ſublimé. *Oxidum ſtanni ſublimatum.*	*Fleurs d'étain.*
Oxides de fer. *Oxida ferri.*	*Safran de Mars.*
Oxide de fer brun. *Oxidum ferri fuſcum.*	*Safran de Mars aſtringent.*
Oxide de fer jaune. *Oxidum ferri luteum.*	*Ochre.*
Oxide de fer noir. *Oxidum ferri nigrum.*	*Ethiops martial.*
Oxide de fer rouge. *Oxidum ferri rubrum.*	*Colcothar.*
Oxide de manganèſe blanc. *Oxidum magneſii album.*	*Chaux blanche de manganèſe.*
Oxide de manganèſe noir. *Oxidum magneſii nigrum.*	*Magnéſie noire.* *Savon des verriers.* *Pierre de Périgueux.*

Noms nouveaux.	Noms anciens.
Oxide de mercure jaune par l'acide nitrique. *Oxidum hydrargyri luteum acido nitrico confectum.*	*Turbith nitreux.*
Oxide de mercure jaune par l'acide sulfurique. *Oxidum hydrargyri luteum acido sulfurico confectum.*	*Turbith minéral.* *Précipité jaune.*
Oxide de mercure noirâtre. *Oxidum hydrargyri nigrum.*	*Ethiops* per se.
Oxide de mercure rouge par l'acide nitrique. *Oxidum hydrargyri rubrum acido nitrico confectum.*	*Précipité rouge.*
Oxide de mercure rouge par le feu. *Oxidum hydrargyri rubrum per ignem.*	*Précipité* per se.

Noms nouveaux.	Noms anciens.
Oxide de mercure sulfuré noir. *Oxidum hydrargyri sulfuratum nigrum.*	*Ethiops minéral.*
Oxide de mercure sulfuré rouge. *Oxidum hydrargyri sulfuratum rubrum.*	*Cinnabre.*
Oxide d'or ammoniacal. *Oxidum auri ammoniacale.*	*Or fulminant.*
Oxide d'or par l'étain. *Oxidum auri per stannum.*	*Précipité d'or par l'étain.* *Pourpre de Cassius.*
Oxides de plomb. *Oxida plumbi.*	*Chaux de plomb.*
Oxide de plomb blanc par l'acide acéteux. *Oxidum plumbi album per acidum acetosum.*	*Blanc de plomb.*
Oxide de plomb demi-vitreux, ou litharge. *Oxidum plumbi semivitreum.*	*Litharge.*
Oxide de plomb jaune. *Oxidum plumbi luteum.*	*Massicot.*

Noms nouveaux.	Noms anciens.
Oxide de plomb rouge ou minium. *Oxidum plumbi rubrum.*	*Minium.*
Oxide de zinc ſublimé. *Oxidum zinci ſublimatum.*	*Laine philoſophique.* *Coton philoſophique.* *Fleurs de zinc.* *Pompholyx.*
Oxides métalliques. *Oxida metallica.*	*Chaux métalliques.*
Oxides métalliques ſublimés. *Oxida metallica ſublimata.*	*Fleurs métalliques.*
Oxigène. *Oxigenium.*	*Oxygyne.* *Baſe de l'air vital.* *Principe acidifiant.* *Empyrée.* *Principe ſorbile.*

P

PHOSPHATE. *Phoſphas, tis. ſ. m.* Phoſphate d'alumine. *Phoſphas aluminoſus.*	Sel formé par l'union de l'acide phoſphorique avec différentes baſes.

Noms nouveaux.	Noms anciens.
Phoſphate d'ammoniaque. *Phoſphas ammoniacalis.*	*Ammoniaque phoſphorique. Phoſphate ammoniac.*
Phoſphate d'antimoine. *Phoſphas ſtibii.*	
Phoſphate d'argent. *Phoſphas argenti.*	
Phoſphate d'arſenic. *Phoſphas arſenicalis.*	
Phoſphate de baryte. *Phoſphas baryticus.*	
Phoſphate de biſmuth. *Phoſphas biſmuthi.*	
Phoſphate calcaire ou de chaux. *Phoſphas calcareus.*	*Terre des os. Phoſphate calcaire. Terre animale.*
Phoſphate de cobalt. *Phoſphas cobalti.*	
Phoſphate de cuivre. *Phoſphas cupri.*	
Phoſphate d'étain. *Phoſphas ſtanni.*	
Phoſphate de fer. *Phoſphas ferri.*	*Sydérite. Fer d'eau. Mine de fer de marais.*

Noms nouveaux.	Noms anciens.
Phoſphate de magnéſie. *Phoſphas magneſiæ.*	*Phoſphate de magnéſie.*
Phoſphate de mangan-èſe. *Phoſphas magneſii.*	
Phoſphate de mercure. *Phoſphas hydrargyri.*	*Précipité roſe de Lemery.*
Phoſphate de molybdène. *Phoſphas molybdeni.*	
Phoſphate de nickel. *Phoſphas niccoli.*	
Phoſphate d'or. *Phoſphas auri.*	
Phoſphate de platine. *Phoſphas platini.*	
Phoſphate de plomb. *Phoſphas plumbi.*	
Phoſphate de potaſſe. *Phoſphas potaſſæ.*	
Phoſphate de ſoude. *Phoſphas ſodæ.*	
Phoſphate de ſoude & d'ammoniaque. *Phoſphas ſodæ & ammoniacalis.*	*Sel natif de l'urine.* *Sels fuſibles de l'urine.*

Noms nouveaux.	Noms anciens.
Phoſphate ſurſaturé de ſoude. *Phoſphas ſuperſaturatus ſodæ.*	*Sel admirable perlé.*
Phoſphate de tungſtène. *Phoſphas tunſteni.*	
Phoſphate de zinc. *Phoſphas zinci.*	
Phoſphite. *Phoſphis, itis. ſ. m.*	Sel formé par la combinaiſon de l'acide phoſphoreux avec différentes baſes.
Phoſphite d'alumine. *Phoſphis aluminoſus.*	
Phoſphite d'ammoniaque. *Phoſphis ammoniacalis.*	
Phoſphite d'antimoine. *Phoſphis ſtibii.*	
Phoſphite d'argent. *Phoſphis argenti.*	
Phoſphite d'arſenic. *Phoſphis arſenicalis.*	
Phoſphite de baryte. *Phoſphis baryticus.*	
Phoſphite de biſmuth. *Phoſphis biſmuthi.*	

Noms nouveaux.	Noms anciens.
Phoſphite de chaux. *Phoſphis calcareus.*	
Phoſphite de cobalt. *Phoſphis cobalti.*	
Phoſphite de cuivre. *Phoſphis cupri.*	
Phoſphite d'étain. *Phoſphis ſtanni.*	
Phoſphite de fer. *Phoſphis ferri.*	
Phoſphite de magnéſie. *Phoſphis magneſiæ.*	
Phoſphite de mangane̓ſe. *Phoſphis magneſii.*	
Phoſphite de mercure. *Phoſphis hydrargyri.*	
Phoſphite de molybdène. *Phoſphis molybdeni.*	
Phoſphite de nickel. *Phoſphis niccoli.*	
Phoſphite d'or. *Phoſphis auri.*	
Phoſphite de platine. *Phoſphis platini.*	

Noms nouveaux.	Noms anciens.
Phoſphite de plomb. *Phoſphis plumbi.*	
Phoſphite de potaſſe. *Phoſphis potaſſæ.*	
Phoſphite de ſoude. *Phoſphis ſodæ.*	
Phoſphite de tungſtène. *Phoſphis tunſteni.*	
Phoſphite de zinc. *Phoſphis zinci.*	
Phoſphore. *Phoſphorum.*	*Phoſphore de Kunckel.*
Phoſphure. *Phoſphoretum.*	Combinaiſon du phoſphore non oxigéné, avec différentes baſes.
Phoſphure de cuivre. *Phoſphoretum cupri.*	
Phoſphure de fer. *Phoſphoretum ferri.*	*Syderum de Bergman.* *Syderotete de M. Morveau.* *Régule de Sydérite.*
Pyro-lignite. *Pyro-lignis, tis. ſ. m.*	Sel formé par la combinaiſon de l'acide pyro-ligneux avec différentes baſes. Ces ſels n'avoient point encore été nommés dans l'ancienne Nomenclature.

Noms nouveaux.	Noms anciens.
Pyro-lignite d'alumine. *Pyro-lignis aluminosus.*	
Pyro-lignite d'ammoniaque. *Pyro-lignis ammoniacalis.*	
Pyro-lignite d'antimoine. *Pyro-lignis stibii.*	
Pyro-lignite d'argent. *Pyro-lignis argenti.*	
Pyro-lignite d'arsenic. *Pyro-lignis arsenicalis.*	
Pyro-lignite de baryte. *Pyro-lignis baryticus.*	
Pyro-lignite de bismuth. *Pyro-lignis bismuthi.*	
Pyro-lignite de chaux. *Pyro-lignis calcareus.*	
Pyro-lignite de cobalt. *Pyro-lignis cobalti.*	
Pyro-lignite de cuivre. *Pyro-lignis cupri.*	
Pyro-lignite d'étain. *Pyro-lignis stanni.*	

Noms nouveaux.	Noms anciens.
Pyro-lignite de fer.	
Pyro-lignis ferri.	
Pyro-lignite de magnésie.	
Pyro-lignis magnesiæ.	
Pyro-lignite de manganèse.	
Piro-lignis magnesii.	
Pyro-lignite de mercure.	
Pyro-lignis hydrargyri.	
Pyro-lignite de molybdène.	
Pyro-lignis molybdeni.	
Pyro-lignite de nickel.	
Pyro-lignis niccoli.	
Pyro-lignite d'or.	
Pyro-lignis auri.	
Pyro-lignite de platine.	
Pyro-lignis platini.	
Pyro-lignite de plomb.	
Pyro-lignis plumbi.	
Pyro-lignite de potasse.	
Pyro-lignis potassæ.	
Pyro-lignite de soude.	
Pyro-lignis sodæ.	

Noms nouveaux.	Noms anciens.
Pyro-lignite de tungstène. *Pyro-lignis tunsteni.*	
Pyro-lignite de zinc. *Pyro-lignis zinci.*	
Pyro-mucites. *Pyro-mucis, tis. s. m.*	Sels formés par la combinaison de l'acide pyro-muqueux avec différentes bases. Ce genre de sels n'avoit point encore reçu de nom dans l'ancienne Nomenclature.
Pyro-mucite d'alumine. *Pyro-mucis aluminosus.*	
Pyro-mucite d'ammoniaque. *Pyro-mucis ammoniacalis.*	
Pyro-mucite d'antimoine. *Pyro-mucis stibii.*	
Pyro-mucite d'argent. *Pyro-mucis argenti.*	
Pyro-mucite d'arsenic. *Pyro-mucis arsenicalis.*	

Pyro-mucite

Noms nouveaux.	Noms anciens.
Pyro-mucite de baryte. *Pro-mucis baryticus.*	
Pyro-mucite de bismuth. *Pyro-mucis bismuthi.*	
Pyro-mucite de chaux. *Pyro-mucis calcareus.*	
Pyro-mucite de cobalt. *Pyro-mucis cobalti.*	
Pyro-mucite de cuivre. *Pyro-mucis cupri.*	
Pyro-mucite d'étain. *Pyro-mucis stanni.*	
Pyro-mucite de fer. *Pyro-mucis ferri.*	
Pyro-mucite de magnésie. *Pyro-mucis magnesiæ.*	
Pyro-mucite de manganèse. *Pyro-mucis magnesii.*	
Pyro-mucite de mercure. *Pyro-mucis hydrargyri.*	

Noms nouveaux.	Noms anciens.
Pyro-mucite de molybdène. *Pyro-mucis molybdeni.*	
Pyro-mucite de nickel. *Pyro-mucis niccoli.*	
Pyro-mucite d'or. *Pyro-mucis auri.*	
Pyro-mucite de platine. *Pyro-mucis platini.*	
Pyro-mucite de plomb. *Pyro-mucis plumbi.*	
Pyro-mucite de potasse. *Pyro-mucis potassæ.*	
Pyro-mucite de soude. *Pyro-mucis sodæ.*	
Pyro-mucite de tungstène. *Pyro-mucis tunsteni.*	
Pyro-mucite de zinc. *Pyro-mucis zinci.*	
Pyro-tartrite. *Pyro-tartris, tis. f. m.*	Sel formé par la combinaison de l'acide pyro-tartareux avec différentes bases.

Noms nouveaux.	Noms anciens.
Pyro-tartrite d'alumine. *Pyro-tartris aluminosus.*	
Pyro-tartrite d'ammoniaque. *Pyro-tartris ammoniacalis.*	
Pyro-tartrite d'antimoine. *Pyro-tartris ſtibii.*	
Pyro-tartrite d'argent. *Pyro-tartris argenti.*	
Pyro-tartrite d'arſenic. *Pyro-tartris arſenicalis.*	
Pyro-tartrite de baryte. *Pyro-tartris baryticus.*	
Pyro-tartrite de biſmuth. *Pyro-tartris biſmuthi.*	
Pyro-tartrite de chaux. *Pyro-tartris calcareus.*	
Pyro-tartrite de cobalt. *Pyro-tartris cobalti.*	
Pyro-tartrite de cuivre. *Pyro-tartris cupri.*	

Noms nouveaux.	Noms anciens.
Pyro-tartrite d'étain *Pyro-tartris ſtanni.*	
Pyro-tartrite de fer. *Pyro-tartris ferri.*	
Pyro-tartrite de magnéſie. *Pyro-tartris magneſiæ.*	
Pyro-tartrite de manganèſe. *Pyro-tartris magneſii.*	
Pyro tartrite de mercure. *Pyro-tartris hydrargyri.*	
Pyro-tartrite de molybdène. *Pyro-tartris molybdeni.*	
Pyro-tartrite de nickel. *Pyro-tartris niccoli.*	
Pyro-tartrite d'or. *Pyro-tartris auri.*	
Pyro-tartrite de platine. *Pyro-tartris platini.*	
Pyro-tartrite de plomb. *Pyro-tartris plumbi.*	

Noms nouveaux.	Noms anciens.
Pyro-tartrite de potasse. *Pyro-tartris potassæ.*	
Pyro-tartrite de soude. *Pyro-tartris sodæ.*	
Pyro-tartrite de tungstène. *Pyro-tartris tunsteni.*	
Pyro-tartrite de zinc. *Pyro-tartris zinci.*	
Platine. (le) *Platinum.*	*Juan blanca.* *La Platine.* *Platina del pinto.*
Plomb. *Plumbum.*	*Plomb.* *Saturne.*
Potasse. *Potassa, æ.*	*Alcali fixe végétal caustique.*
Potasse fondue. *Potassa fusa.*	*Pierre à cautère.*
Potasse silicée en liqueur. *Potassa silicea fluida.*	*Liqueur des cailloux.*

Noms nouveaux.	Noms anciens.
Prussiate. *Prussias, tis. s. m.*	Sel formé par la combinaison de l'acide prussique, ou matière colorante du bleu de Prusse, avec différentes bases. Ce genre de sels n'avoit point été nommé dans l'ancienne Nomenclature.
Prussiate d'alumine. *Prussias aluminosus.*	
Prussiate d'ammoniaque. *Prussias ammoniacalis.*	
Prussiate d'antimoine. *Prussias stibii.*	
Prussiate d'argent. *Prussias argenti.*	
Prussiate d'arsenic. *Prussias arsenicalis.*	
Prussiate de baryte. *Prussias baryticus.*	
Prussiate de bismuth. *Prussias bismuthi.*	
Prussiate de chaux. *Prussias calcareus.*	*Prussiate calcaire.* *Eau de chaux prussienne.*

Noms nouveaux.	Noms anciens.
Pruſſiate de cobalt. *Pruſſias cobalti.*	
Pruſſiate de cuivre. *Pruſſias cupri.*	
Pruſſiate d'étain. *Pruſſias ſtanni.*	
Pruſſiate de fer. *Pruſſias ferri.*	*Bleu de Pruſſe.* *Bleu de Berlin.*
Pruſſiate de magnéſie. *Pruſſias magneſiæ.*	
Pruſſiate de manganèſe. *Pruſſias magneſii.*	
Pruſſiate de mercure. *Pruſſias hydrargyri.*	
Pruſſiate de molybdène. *Pruſſias molybdeni.*	
Pruſſiate de nickel. *Pruſſias niccoli.*	
Pruſſiate d'or. *Pruſſias auri.*	
Pruſſiate de platine. *Pruſſias platini.*	
Pruſſiate de plomb. *Pruſſias plumbi.*	

Noms nouveaux.	Noms anciens.
Pruſſiate de potaſſe. *Pruſſias potaſſæ.*	*Liqueur ſaturée de la partie colorante du bleu de Pruſſe.*
Pruſſiate de potaſſe, ferrugineux ſaturé. *Pruſſias potaſſæ ferruginoſus ſaturatus.*	*Alcali Pruſſien.*
Pruſſiate de potaſſe, ferrugineux, non ſaturé. *Pruſſias potaſſæ ferrugineus, non ſaturatus.*	*Alcali phlogiſtiqué.*
Pruſſiate de ſoude. *Pruſſias ſodæ.*	
Pyrophore de Homberg. *Pyrophorum Hombergii.*	*Pyrophore de Homberg.*

R

RÉSINES. *Reſinæ.*	*Réſines.*

Noms nouveaux.	Noms anciens.
S	
SACCHO-LATE. *Saccholas, tis. ſ. m.*	Sel formé par la combinaiſon de l'acide ſaccho-lactique avec différentes baſes. Ce genre de ſels n'avoit point été nommé dans l'ancienne Nomenclature.
Saccho-late d'alumine. *Saccholas aluminoſus.*	
Saccho-late d'ammoniaque. *Saccholas ammoniacalis.*	
Saccho-late d'antimoine. *Saccholas ſtibii.*	
Saccho-late d'argent. *Saccholas argenti.*	
Saccho-late d'arſenic. *Saccholas arſenicalis.*	
Saccho-late de baryte. *Saccholas baryticus.*	
Saccho-late de biſmuth. *Saccholas biſmuthi.*	

Noms nouveaux.	Noms anciens.
Saccho-late de chaux. *Saccholas calcareus.*	
Saccho-late de cobalt. *Saccholas cobalti.*	
Saccho-late de cuivre. *Saccholas cupri.*	
Saccho-late d'étain. *Saccholas ſtanni.*	
Saccho-late de fer. *Saccholas ferri.*	
Saccho-late de magnéſie. *Saccholas magneſiæ.*	
Saccho-late de manganèſe. *Saccholas magneſii.*	
Saccho-late de mercure. *Saccholas hydrargyri.*	
Saccho-late de molybdène. *Saccholas molybdeni.*	
Saccho-late de nickel. *Saccholas niccoli.*	
Saccho-late d'or. *Saccholas auri.*	

Noms nouveaux.	Noms anciens.
Saccho-late de platine. *Saccholas platini.*	
Saccho-late de plomb. *Saccholas plumbi.*	
Saccho-late de potasse. *Saccholas potassæ.*	
Saccho-late de soude. *Saccholas sodæ.*	
Saccho-late de tungstène. *Saccholas tunsteni.*	
Saccho-late de zinc. *Saccholas zinci.*	
Savons. *Sapones.*	Combinaisons des huiles grasses, ou fixes, avec différentes bases.
Savons acides. *Sapones acidi.*	Combinaisons des huiles grasses, ou fixes, avec différens acides.
Savon d'alumine. *Sapo aluminosus.*	Savon composé d'huile fixe, unie avec l'alumine.
Savon ammoniacal. *Sapo ammoniacalis.*	Savon composé d'huile fixe, unie avec l'ammoniaque.
Savon de baryte. *Sapo baryticus.*	Savon composé d'huile fixe, unie avec la baryte.

Noms nouveaux.	Noms anciens.
Savon de chaux. *Sapo calcareus.*	Savon composé d'huile fixe, unie avec la chaux.
Savon de magnésie. *Sapo magnesiæ.*	Savon composé d'huile fixe, unie avec la magnésie.
Savon de potasse. *Sapo potassæ.*	Savon composé d'huile fixe, unie avec l'alcali fixe végétal.
Savon de soude. *Sapo sodæ.*	Savon composé d'huile fixe, unie avec l'alcali fixe minéral.
Savons métalliques. *Sapones metallici.*	Combinaisons des huiles grasses, ou fixes, avec les substances métalliques.
Savonules. *Saponuli.*	Combinaisons des huiles volatiles, ou essentielles, avec différentes bases.
Savonules acides. *Saponuli acidi.*	Combinaisons des huiles volatiles, ou essentielles, avec les différens acides.
Savonule d'alumine. *Saponulus aluminosus.*	Savon composé d'huile volatile, unie avec la base de l'alun.
Savonule ammoniacal. *Saponulus ammoniacalis.*	Savon composé d'huile volatile, unie avec l'ammoniaque.
Savonule de baryte. *Saponulus barytæ.*	Savon composé d'huile volatile, unie avec la baryte.

Noms nouveaux.	Noms anciens.
Savonule de chaux. *Saponulus calcareus.*	Savon composé d'huile volatile, unie avec la chaux.
Savonule de potasse. *Saponulus potassæ.*	Savon composé d'huile volatile, unie avec la potasse, ou *savon de Starkey*.
Savonule de soude. *Saponulus sodæ.*	Savon composé d'huile volatile, unie avec l'alcali fixe minéral ou la soude.
Savonules métalliques. *Saponuli metallici.*	Savons composés d'huiles volatiles, unies aux substances métalliques.
Sébate. *Sebas, tis. s. m.*	Sel formé par la combinaison de l'acide de la graisse ou acide sébacique avec différentes bases. Ces sels n'avoient point de nom dans l'ancienne Nomenclature.
Sébate d'alumine. *Sebas aluminosus.*	
Sébate d'ammoniaque. *Sebas ammoniacalis.*	
Sébate d'antimoine. *Sebas stibii.*	

Noms nouveaux.	Noms anciens.
Sébate d'argent. *Sebas argenti.*	
Sébate d'arſenic. *Sebas arſenicalis.*	
Sébate de baryte. *Sebas baryticus.*	
Sébate de biſmuth. *Sebas biſmuthi.*	
Sébate de chaux. *Sebas calcareus.*	
Sébate de cobalt. *Sebas cobalti.*	
Sébate de cuivre. *Sebas cupri.*	
Sébate d'étain. *Sebas ſtanni.*	
Sébate de fer. *Sebas ferri.*	
Sébate de magnéſie. *Sebas magneſiæ.*	
Sébate de manganèſe. *Sebas magneſii.*	
Sébate de mercure. *Sebas hydrargyri.*	

Noms nouveaux.	Noms anciens.
Sébate de molybdène. *Sebas molybdeni.*	
Sébate de nickel. *Sebas niccoli.*	
Sébate d'or. *Sebas auri.*	
Sébate de platine. *Sebas platini.*	
Sébate de plomb. *Sebas plumbi.*	
Sébate de potaſſe. *Sebas potaſſæ.*	
Sébate de ſoude. *Sebas ſodæ.*	
Sébate de tungſtène. *Sebas tunſteni.*	
Sébate de zinc. *Sebas zinci.*	
Silice, *ou* terre ſilicée. *Silica, terra ſilicea.*	*Terre quartzeuſe.* *Terre ſiliceuſe.* *Terre vitrifiable.*
Soude. *Soda.*	*Soude cauſtique.* *Alcali marin.* *Alcali minéral.*

Noms nouveaux.	Noms anciens.
Soufre. *Sulphur.*	*Soufre.*
Soufre ſublimé. *Sulphur ſublimatum.*	*Fleurs de ſoufre.*
Succin. *Succinum.*	*Karabé.* *Ambre jaune.* *Succin.*
Succinate. *Succinas, tis. ſ. m.*	Sel formé par la combinaiſon de l'acide ſuccinique avec différentes baſes.
Succinate d'alumine. *Succinas aluminoſus.*	
Succinate d'ammoniaque. *Succinas ammoniacalis.*	
Succinate d'antimoine. *Succinas ſtibii.*	
Succinate d'argent. *Succinas argenti.*	
Succinate d'arſenic. *Succinas arſenicalis.*	
Succinate de baryte. *Succinas baryticus.*	
Succinate de biſmuth. *Succinas biſmuthi.*	

Succinate

Noms nouveaux.	Noms anciens.
Succinate de chaux. *Succinas calcareus.*	
Succinate de cobalt. *Succinas cobalti.*	
Succinate de cuivre. *Succinas cupri.*	
Succinate d'étain. *Succinas stanni.*	
Succinate de fer. *Succinas ferri.*	
Succinate de magnésie. *Succinas magnesiæ.*	
Succinate de manganèse. *Succinas magnesii.*	
Succinate de mercure. *Succinas hydrargyri.*	
Succinate de molybdène. *Succinas molybdeni.*	
Succinate de nickel. *Succinas niccoli.*	
Succinate d'or. *Succinas auri.*	

Noms nouveaux.	Noms anciens.
Succinate de platine. *Succinas platini.*	
Succinate de plomb. *Succinas plumbi.*	
Succinate de potasse. *Succinas potassæ.*	
Succinate de soude. *Succinas sodæ.*	
Succinate de tungstène. *Succinas tunsteni.*	
Succinate de zinc. *Succinas zinci.*	
Sucre. *Saccharum.*	*Sucre.*
Sucre cristallisé. *Saccharum cristallisatum.*	*Sucre candi.*
Sucre de lait. *Saccharum lactis.*	*Sucre de lait.* *Sel de lait.*
Sulfate. *Sulfas, tis. s. m.*	Sel formé par la combinaison de l'acide sulfurique avec différentes bases.
Sulfate d'alumine. *Sulfas aluminosus.*	*Alun.* *Vitriol d'argile.*

Noms nouveaux.	Noms anciens.
Sulfate ammoniacal. *Sulfas ammoniacalis.*	*Sel ammoniacal vitriolique.* *Sel ammoniacal secret de Glauber.* *Vitriol ammoniacal.*
Sulfate d'antimoine. *Sulfas stibii.*	*Vitriol d'antimoine.*
Sulfate d'argent. *Sulfas argenti.*	*Vitriol d'argent.* *Vitriol de lune.*
Sulfate d'arsenic. *Sulfas arsenicalis.*	*Vitriol d'arsenic.*
Sulfate de baryte. *Sulfas baryticus.*	*Spath pesant.* *Vitriol barotique.*
Sulfate de bismuth. *Sulfas bismuthi.*	*Vitriol de bismuth.*
Sulfate de chaux. *Sulfas calcareus.*	*Vitriol de chaux.* *Vitriol calcaire.* *Sélénite.* *Gypse.*
Sulfate de cobalt. *Sulfas cobalti.*	*Vitriol de cobalt.*

Noms nouveaux.	Noms anciens.
Sulfate de cuivre. *Sulfas cupri.*	*Vitriol de Chypre.* *Vitriol bleu.* *Vitriol de cuivre ou de Vénus.* *Couperose bleue.*
Sulfate d'étain. *Sulfas stanni.*	*Vitriol d'étain.*
Sulfate de fer. *Sulfas ferri.*	*Vitriol martial.* *Vitriol vert.* *Vitriol de fer.* *Couperose verte.*
Sulfate de magnésie. *Sulfas magnesiæ.*	*Vitriol magnésien.* *Sel cathartique amer.* *Sel d'epsom.* *Sel de canal.* *Sel de Seydschutz.* *Sel de Sedliz.*
Sulfate de manganèse. *Sulfas magnesii.*	*Vitriol de manganèse.*
Sulfate de mercure. *Sulfas hydrargyri.*	*Vitriol de mercure.*
Sulfate de molybdène. *Sulfas molybdeni.*	

Noms nouveaux.	Noms anciens.
Sulfate de nickel. *Sulfas niccoli.*	
Sulfate d'or. *Sulfas auri.*	
Sulfate de platine. *Sulfas platini.*	
Sulfate de plomb. *Sulfas plumbi.*	*Vitriol de plomb.*
Sulfate de potasse. *Sulfas potassæ.*	*Vitriol de potasse.* *Sel de Duobus.* *Tartre vitriolé.* *Arcanum duplicatum.* *Sel polychreste de Glaser.*
Sulfate de soude. *Sulfas sodæ.*	*Sel de Glauber.* *Vitriol de soude.*
Sulfate de tungstène. *Sulfas tunsteni.*	
Sulfate de zinc. *Sulfas zinci.*	*Vitriol de zinc.* *Vitriol blanc.* *Vitriol de Goslard.* *Couperose blanche.*
Sulfite. *Sulfis, tis. f. m.*	Sel formé par la combinaison de l'acide sulfureux avec différentes bases.

Noms nouveaux.	Noms anciens.
Sulfite d'alumine.	
Sulfis aluminosus.	
Sulfite d'ammoniaque.	
Sulfis ammoniacalis.	
Sulfite d'antimoine.	
Sulfis stibii.	
Sulfite d'argent.	
Sulfis argenti.	
Sulfite d'arsenic.	
Sulfis arsenicalis.	
Sulfite de baryte.	
Sulfis baryticus.	
Sulfite de bismuth.	
Sulfis bismuthi.	
Sulfite de chaux.	
Sulfis calcareus.	
Sulfite de cobalt.	
Sulfis cobalti.	
Sulfite de cuivre.	
Sulfis cupri.	
Sulfite d'étain.	
Sulfis stanni.	
Sulfite de fer.	
Sulfis ferri.	

Noms nouveaux.	Noms anciens.
Sulfite de magnésie.	
Sulfis magnesiæ.	
Sulfite de manganèse.	
Sulfis magnesii.	
Sulfite de mercure.	
Sulfis hydrargyri.	
Sulfite de molybdène.	
Sulfis molybdeni.	
Sulfite de nickel.	
Sulfis niccoli.	
Sulfite d'or.	
Sulfis auri.	
Sulfite de platine.	
Sulfis platini.	
Sulfite de plomb.	
Sulfis plumbi.	
Sulfite de potasse.	*Sel sulfureux de Sthal.*
Sulfis potassæ.	
Sulfite de soude.	
Sulfis sodæ.	
Sulfite de tungstène.	
Sulfis tunsteni.	
Sulfite de zinc.	
Sulfis zinci.	

Noms nouveaux.	Noms anciens.
Sulfures alcalins. *Sulfureta alcalina.*	*Foies de soufre alcal. Hépars alcalins.*
Sulfure d'alumine. *Sulfuretum aluminæ.*	
Sulfure ammoniacal. *Sulfuretum ammoniacale.*	*Liqueur fumante de Boyle. Foie de soufre alcalin volatil.*
Sulfure d'antimoine. *Sulfuretum stibii.*	*Antimoine.*
Sulfure d'antimoine natif. *Sulfuretum stibii nativum.*	*Mine d'antimoine.*
Sulfure d'argent. *Sulfuretum argenti.*	*Blanckmal.*
Sulfure de baryte. *Sulfuretum barytæ.*	*Foie de soufre barytique.*
Sulfure de bismuth. *Sulfuretum bismuthi.*	
Sulfure calcaire. *Sulfuretum calcareum.*	*Foie de soufre calcaire.*
Sulfure de cobalt. *Sulfuretum cobalti.*	
Sulfure de cuivre. *Sulfuretum cupri.*	*Pyrite de cuivre.*

Noms nouveaux.	Noms anciens.
Sulfure d'étain. *Sulfuretum stanni.*	
Sulfure de fer. *Sulfuretum ferri.*	*Pyrite martiale.*
Sulfure d'huile fixe. *Sulfuretum olei fixi.*	*Baume de soufre.*
Sulfure d'huile volatile. *Sulfureum olei volatilis.*	*Baume de soufre.*
Sulfure de magnésie. *Sulfuretum magnesiæ.*	*Foie de soufre magnésien.*
Sulfure de manganèse. *Sulfuretum magnesii.*	
Sulfure de mercure. *Sulfuretum hydrargyri.*	
Sulfures métalliques. *Sulfureta metallica.*	*Combinaisons du soufre avec les métaux.*
Sulfure de molybdène. *Sulfuretum molybdeni.*	
Sulfure de nickel. *Sulfuretum niccoli.*	
Sulfure d'or. *Sulfuretum auri.*	
Sulfure de platine. *Sulfuretum platini.*	

Noms nouveaux.	Noms anciens.
Sulfure de plomb. *Sulfuretum plumbi.*	
Sulfure de potasse. *Sulfuretum potassæ.*	*Foie de soufre à base d'alcali végétal.*
Sulfure de potasse antimonié. *Sulfuretum potassæ stibiatum.*	*Foie de soufre antimonié.*
Sulfure de soude. *Sulfuretum sodæ.*	*Foie de soufre à base d'alcali fixe minéral.*
Sulfure de soude antimonié. *Sulfuretum sodæ stibiatum.*	*Foie de soufre antimonié.*
Sulfure de tungstène. *Sulfuretum tunsteni.*	
Sulfure de zinc. *Sulfuretum zinci.*	*Blende ou fausse galène.*
Sulfures terreux. *Sulfureta terrea.*	*Foies de soufre terreux.* *Hépars terreux.*

T

Noms nouveaux.	Noms anciens.
TARTRE. *Tartarus.*	*Tartre crud.*
Tartrite. *Tartris, tis. f. m.*	Sel formé par la combinaison de l'acide tartareux avec différentes bases.
Tartrite acidule de potasse. *Tartris acidulus potassæ.*	*Tartre. Crême de tartre. Cristaux de tartre.*
Tartrite d'alumine. *Tartris aluminosus.*	
Tartrite d'ammoniaque. *Tartris ammoniacalis.*	*Tartre ammoniacal. Sel ammoniacal tartareux.*
Tartrite d'antimoine. *Tartris stibii.*	
Tartrite d'argent. *Tartris argenti.*	
Tartrite d'arsenic. *Tartris arsenicalis.*	
Tartrite de baryte. *Tartris baryticus.*	

Noms nouveaux.	Noms anciens.
Tartrite de bismuth. *Tartris bismuthi.*	
Tartrite de chaux. *Tartris calcareus.*	*Tartre calcaire.*
Tartrite de cobalt. *Tartris cobalti.*	
Tartrite de cuivre. *Tartris cupri.*	
Tartrite d'étain. *Tartris stanni.*	
Tartrite de fer. *Tartris ferri.*	
Tartrite de magnésie. *Tartris magnesiæ.*	
Tartrite de manganèse. *Tartris magnesii.*	
Tartrite de mercure. *Tartris hydrargyri.*	
Tartrite de molybdène. *Tartris molybdeni.*	
Tartrite de nickel. *Tartris niccoli.*	
Tartrite d'or. *Tartris auri.*	

Noms nouveaux.	Noms anciens.
Tartrite de platine. *Tartris platini.*	
Tartrite de plomb. *Tartris plumbi.*	*Tartre ſaturnin.*
Tartrite de potaſſe. *Tartris potaſſæ.*	*Tartre ſoluble.* *Tartre tartariſé.* *Tartre de potaſſe.* *Sel végétal.*
Tartrite de potaſſe antimonié. *Tartris potaſſæ ſtibiatus.*	*Tartre ſtibié.* *Tartre émétique.* *Tartre antimonié.* *Emétique.*
Tartrite de potaſſe ferrugineux. *Tartris potaſſæ ferrugineus.*	*Tartre chalibé.* *Tartre martial ſoluble.*
Tartrite de potaſſe, ſurcompoſé d'antimoine. *Tartris potaſſæ ſtibiatus.*	*Tartre tartariſé, tenant antimoine.*

Noms nouveaux.	Noms anciens.
Tartrite de ſoude. *Tartris ſodæ.*	*Tartre de ſoude.* *Sel polychreſte de la Rochelle.* *Sel de Seignette.*
Tartrite de tungſtène. *Tartris tunſteni.*	
Tartrite de zinc. *Tartris zinci.*	
Tunſtate. *Tunſtas, tis. ſ. m.*	Sel formé par la combinaiſon de l'acide tunſtique avec différentes baſes. Ce genre de ſel n'avoit point été nommé dans la Nomenclature ancienne.
Tunſtate d'alumine. *Tunſtas aluminoſus.*	
Tunſtate d'ammoniaque. *Tunſtas ammoniacalis.*	
Tunſtate d'antimoine. *Tunſtas ſtibii.*	
Tunſtate d'argent. *Tunſtas argenti.*	

Noms nouveaux.	Noms anciens.
Tunſtate d'arſenic. *Tunſtas arſenicalis.*	
Tunſtate de baryte. *Tunſtas baryticus.*	
Tunſtate de biſmuth. *Tunſtas biſmuthi.*	
Tunſtate de chaux. *Tunſtas calcareus.*	
Tunſtate de cobalt. *Tunſtas cobalti.*	
Tunſtate de cuivre. *Tunſtas cupri.*	
Tunſtate d'étain. *Tunſtas ſtanni.*	
Tunſtate de fer. *Tunſtas ferri.*	
Tunſtate de magnéſie. *Tunſtas magneſiæ.*	
Tunſtate de manganèſe. *Tunſtas magneſii.*	
Tunſtate de mercure. *Tunſtas hydrargyri.*	
Tunſtate de molybdène. *Tunſtas molybdeni.*	

Noms nouveaux.	Noms anciens.
Tunſtate de nickel. *Tunſtas niccoli.*	
Tunſtate d'or. *Tunſtas auri.*	
Tunſtate de platine. *Tnnſtas platini.*	
Tunſtate de plomb. *Tunſtas plumbi.*	
Tunſtate de potaſſe. *Tunſtas potaſſæ.*	
Tunſtate de ſoude. *Tunſtas ſodæ.*	
Tunſtate de tungſtène. *Tunſtas tunſteni.*	
Tunſtate de zinc. *Tunſtas zinci.*	

Z

ZINC.	

FIN.

TABLE

TABLE DES MATIÈRES. (*)

Les chiffres romains désignent le tome, & les chiffres arabes les pages ; lorsqu'il n'y a que ces derniers, ils se rapportent toujours au volume précédemment indiqué.

A

(*) Cette Table des Matières a été faite par Madame Dupiery, qui y a mis un soin, une exactitude & une patience dont je n'aurois pas été capable.

B

C

E

F

G

I

J

K

L

O

Q

Fin de la Table des Matières.

ERRATA.

Tome I, page 252, ligne 7, *Lattier*, lisez *Laitier.*
Ibid. page 353, ligne 10, *Bois*, lisez *Bols.*
Tome IV, page 279, dernière ligne, *ce*, lisez *le.*
Ibid. page 474, ligne 21, *Acide carbonique*, lisez *Acide bombique.*

Premier Tableau. Tome V.

Division & Caractères des huit Classes d'Animaux, par M. Daubenton.

ANIMAUX.

Une tête.							La plupart sans tête.
Des narines.						Sans narines.	
Des oreilles.						Sans oreilles.	
Deux ventricules dans le cœur.			Un seul ventricule dans le cœur.			Le cœur de différentes formes, ou inconnu.	
Sang chaud.			Sang presque froid.			Une liqueur blanchâtre au lieu de sang.	
Inspirations & expirations de l'air fréquentes.			Inspirations & expirations de l'air par longs intervalles.		Entrée de l'air par des ouies.	Entrée de l'air par des stigmates.	Nulle entrée apparente pour l'air.
Vivipares.		Ovipares.					
Des mamelles.		Sans mamelles.					
1er Ordre. QUADRUPEDES.	2e Ordre. CÉTACÉS.	3e Ordre. OISEAUX.	4e Ordre. QUADRUPÉDES OVIPARES.	5e Ordre. SERPENS.	6e Ordre. POISSONS.	7e Ordre. INSECTES.	8e Ordre. VERS.
Quatre pieds & du poil.	Des nâgeoires sans poil.	Des plumes.	Quatre pieds sans poil.	Des écailles sans pieds ni nâgeoires.	Des écailles & des nâgeoire.	Des antennes.	Sans pieds & sans écailles.

TABLEAU des Quadrupèdes suivant la Méthode de M. BRISSON.

				ORDRES.	SOUS-DIVISIONS DES ORDRES.				GENRES.	
QUADRUPÈDES.	Sans dents.			I	Poils sur le corps				Fourmilier	*Myrmecophaga.*
					Ecailles sur le corps				Pholidote	*Pholidotus.*
	Avec des dents.	Molaires seules		II	Corps couvert de poils				Paresseux	*Tardigradus.*
					Corps couvert d'un test osseux				Armadille	*Cataphractus.*
		Molaires & Canines seules		III	Deux Canines longues en haut, trompe				Eléphant	*Elephantus.*
					Deux Canines longues en bas				Vache Marine	*Odobenus.*
		Incisives à la mâchoire inférieure seulement.		IV	Ruminans onguiculés; incisives au nombre de six				Chameau	*Camelus.*
				V	Ruminans à pieds fourchus; incisives au nombre de huit.	Cornes simples,	Tournées en haut.	Cuisses de devant plus longues que celles de derrière	Giraffe	*Giraffa.*
								Cuisses égales	Bouc	*Hircus.*
							Tournées en arrière		Bélier	*Aries.*
							Tournées vers les côtés		Bœuf	*Bos.*
						Cornes branchues			Cerf	*Cervus.*
						Point de cornes			Chevrotin	*Tragulus.*
		Incisives aux deux mâchoires.	Pieds ongulés.	VI	Corne du pied d'une seule pièce				Cheval	*Equus.*
				VII	Le pied fourchu				Cochon	*Sus.*
				VIII	Trois doigts ongulés à chaque pied				Rhinoceros	*Rhinoceros.*
				IX	Quatre doigts ongulés en devant, trois en arrière	Deux dents incisives à chaque mâchoire			Cabiai	*Hydrochærus.*
				X		Dix dents incisives à chaque mâchoire			Tapir	*Tapirus.*
				XI	Quatre doits ongulés à chaque pied				Hippopotame	*Hippopotamus.*
			Pieds onguiculés, deux dents incisives à chaque mâchoire.	XII	Point de dents canines.	Piquans sur le corps			Porc-épic	*Histrix.*
						Point de piquans.	Queue plate & écailleuse		Castor	*Castor.*
							Queue courte,	Oreilles longues	Lièvre	*Lepus.*
								Oreilles courtes	Lapin	*Cuniculus.*
							Queue longue,	Plate	Ecureuil	*Sciurus.*
								Ronde	Loir	*Glis.*
							Queue nue		Rat	*Mus.*
					Dents canines.	Points de piquans sur le corps			Musaraigne	*Musaranea.*
						Piquans sur le corps			Hérisson	*Erinaceus.*
			Quatre incisives à chaque mâchoire.	XIII	Doigts séparés				Singe	*Simia.*
					Doigts réunis en ailes				Roussette	*Pteropus.*
			Quatre incisives à la mâchoire supérieure, six à l'inférieure.	XIV	Doigts séparés				Maki	*Prosimia.*
					Doigts de devant réunis en ailes				Chauve-Souris	*Vespertilio.*
			Six incisives à la supérieure, quatre à l'inférieure.	XV					Phocas	*Phocas.*
			Six incisives à chaque mâchoire.	XVI	Les doigts séparés les uns des autres.	Quatre doigts aux pieds de devant & cinq à ceux de derrière			Hyène	*Hyæna.*
						Cinq doigts aux pieds de devant & quatre à ceux de derrière			Chien	*Canis.*
						Cinq doigts à chaque pied.	Pouce éloigné des autres doigts		Belette	*Mustella.*
							Pouce proche des autres doigts		Blaireau	*Meles.*
						Pieds qui s'appuyent sur le talon en marchant			Ours	*Ursus.*
						Ongles crochus qui peuvent être retirés & cachés			Chat	*Felis.*
					Les doigts joints ensemble par des membranes				Loutre	*Lutra.*
			Six incisives à la supérieure, huit à l'inférieure.	XVII					Taupe	*Talpa.*
			Dix incisives à la supérieure, huit à l'inférieure.	XVIII					Philandre	*Philander.*

METHODE *Ornithologique établie d'après les divisions de M.* BRISSON.

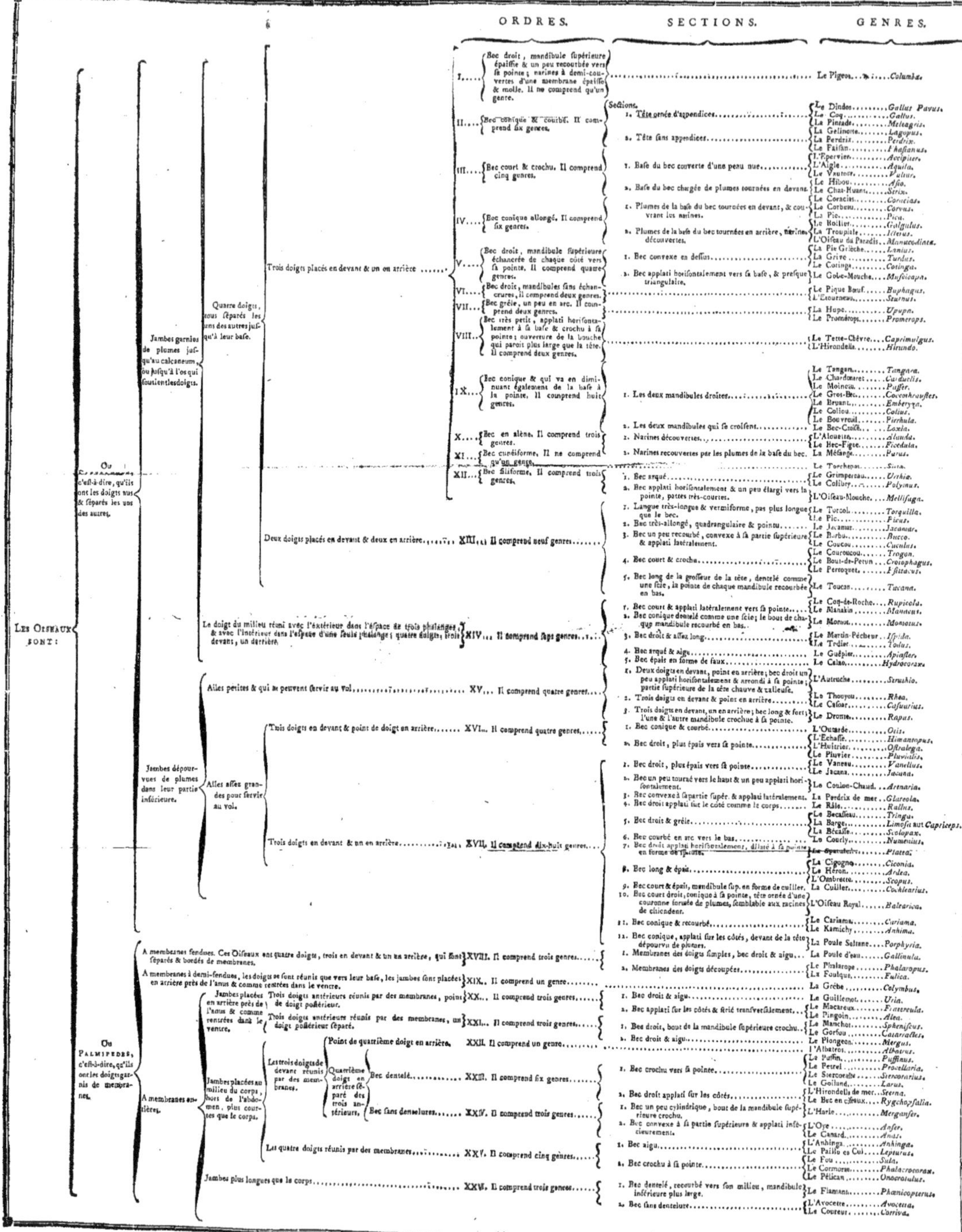

ORDRES. — SECTIONS. — GENRES.

- **Les Oiseaux sont :**
  - **Ou [illegible]** c'est-à-dire, qu'ils ont les doigts nus & séparés les uns des autres.
    - **Jambes garnies de plumes jusqu'au calcaneum, ou jusqu'à l'os qui soutient les doigts.**
      - **Quatre doigts, tous séparés les uns des autres jusqu'à leur base.**
        - **Trois doigts placés en devant & un en arrière**
          - I. Bec droit, mandibule supérieure épaissie & un peu recourbée vers sa pointe; narines à demi-couvertes d'une membrane épaisse & molle. Il ne comprend qu'un genre.
            - Le Pigeon... *Columba.*
          - II. Bec conique & courbé. Il comprend six genres. — Sections.
            - 1. Tête ornée d'appendices: Le Dindon... *Gallus Pavus.* Le Coq... *Gallus.* La Pintade... *Meleagris.*
            - 2. Tête sans appendices: La Gelinotte... *Lagopus.* La Perdrix... *Perdrix.* Le Faisan... *Phasianus.*
          - III. Bec court & crochu. Il comprend cinq genres.
            - 1. Base du bec couverte d'une peau nue: L'Epervier... *Accipiter.* L'Aigle... *Aquila.* Le Vautour... *Vultur.*
            - 2. Base du bec chargée de plumes tournées en devant: Le Hibou... *Asio.* Le Chat-Huant... *Strix.*
          - IV. Bec conique allongé. Il comprend six genres.
            - 1. Plumes de la base du bec tournées en devant, & couvrant les narines: Le Coracias... *Coracias.* Le Corbeau... *Corvus.* La Pie... *Pica.*
            - 2. Plumes de la base du bec tournées en arrière, narines découvertes: Le Rollier... *Galgulus.* La Troupiale... *Icterus.* L'Oiseau du Paradis... *Manucodiata.*
          - V. Bec droit, mandibule supérieure échancrée de chaque côté vers sa pointe. Il comprend quatre genres.
            - 1. Bec convexe en dessus: La Pie Grièche... *Lanius.* La Grive... *Turdus.* Le Cotinga... *Cotinga.*
            - 2. Bec applati horisontalement vers sa base, & presque triangulaire: Le Gobe-Mouche... *Muscicapa.*
          - VI. Bec droit, mandibules sans échancrures, il comprend deux genres.
            - Le Pique Bœuf... *Buphagus.* L'Etourneau... *Sturnus.*
          - VII. Bec grêle, un peu en arc. Il comprend deux genres.
            - La Hupe... *Upupa.* Le Promérops... *Promerops.*
          - VIII. Bec très petit, applati horisontalement à sa base & crochu à sa pointe; ouverture de la bouche qui paroît plus large que la tête. Il comprend deux genres.
            - Le Tette-Chèvre... *Caprimulgus.* L'Hirondelle... *Hirundo.*
          - IX. Bec conique & qui va en diminuant également de la base à la pointe. Il comprend huit genres.
            - 1. Les deux mandibules droites: Le Tangara... *Tangara.* Le Chardonneret... *Carduelis.* Le Moineau... *Passer.* Le Gros-Bec... *Coccothraustes.* Le Bruant... *Emberyza.* Le Coliou... *Colius.* Le Bouvreuil... *Pirrhula.*
            - 2. Les deux mandibules qui se croisent: Le Bec-Croisé... *Loxia.*
          - X. Bec en alêne. Il comprend trois genres.
            - 1. Narines découvertes: L'Alouette... *Alauda.* Le Bec-Figue... *Ficedula.*
            - 2. Narines recouvertes par les plumes de la base du bec: La Mésange... *Parus.*
          - XI. Bec cunéiforme. Il ne comprend qu'un genre.
            - Le Torchepot... *Sitta.*
          - XII. Bec filiforme. Il comprend trois genres.
            - 1. Bec arqué: Le Grimpereau... *Urthia.* Le Colibry... *Polytmus.*
            - 2. Bec applati horisontalement & un peu élargi vers la pointe, pattes très-courtes: L'Oiseau-Mouche... *Mellisuga.*
        - **Deux doigts placés en devant & deux en arrière** — XIII. Il comprend neuf genres.
          - 1. Langue très-longue & vermiforme, pas plus longue que le bec: Le Torcol... *Torquilla.* Le Pic... *Picus.*
          - 2. Bec très-allongé, quadrangulaire & pointu: Le Jacamar... *Jacamar.*
          - 3. Bec un peu recourbé, convexe à sa partie supérieure & applati latéralement: Le Barbu... *Bucco.* Le Coucou... *Cuculus.*
          - 4. Bec court & crochu: Le Couroucou... *Trogon.* Le Bout-de-Petun... *Crotophagus.* Le Perroquet... *Psittacus.*
          - 5. Bec long de la grosseur de la tête, dentelé comme une scie, la pointe de chaque mandibule recourbée en bas: Le Toucan... *Tucana.*
      - **Le doigt du milieu réuni avec l'extérieur dans l'espace de trois phalanges, & avec l'intérieur dans l'espace d'une seule phalange; quatre doigts, trois devant, un derrière** — XIV. Il comprend sept genres.
        - 1. Bec court & applati latéralement vers sa pointe: Le Coq-de-Roche... *Rupicola.* Le Manakin... *Manacus.*
        - 2. Bec conique dentelé comme une scie; le bout de chaque mandibule recourbé en bas: Le Momot... *Momotus.*
        - 3. Bec droit & assez long: Le Martin-Pêcheur... *Ispida.* Le Todier... *Todus.*
        - 4. Bec arqué & aigu: Le Guêpier... *Apiaster.*
        - 5. Bec épais en forme de faux: Le Calao... *Hydrocorax.*
    - **Jambes dépourvues de plumes dans leur partie inférieure.**
      - **Ailes petites & qui ne peuvent servir au vol** — XV. Il comprend quatre genres.
        - 1. Deux doigts en devant, point en arrière; bec droit un peu applati horisontalement & arrondi à sa pointe; partie supérieure de la tête chauve & calleuse: L'Autruche... *Struthio.*
        - 2. Trois doigts en devant & point en arrière: Le Thouyou... *Rhea.* Le Casoar... *Casuarius.*
        - 3. Trois doigts en devant, un en arrière; bec long & fort; l'une & l'autre mandibule crochue à sa pointe: Le Dronte... *Rapus.*
      - **Ailes assez grandes pour servir au vol.**
        - **Trois doigts en devant & point de doigt en arrière** — XVI. Il comprend quatre genres.
          - 1. Bec conique & courbé: L'Outarde... *Otis.*
          - 2. Bec droit, plus épais vers sa pointe: L'Echasse... *Himantopus.* L'Huitrier... *Ostralega.* Le Pluvier... *Pluvialis.*
        - **Trois doigts en devant & un en arrière** — XVII. Il comprend dix-huit genres.
          - 1. Bec droit, plus épais vers sa pointe: Le Vaneau... *Vanellus.* Le Jacana... *Jacana.*
          - 2. Bec un peu tourné vers le haut & un peu applati horisontalement: Le Coulon-Chaud... *Arenaria.*
          - 3. Bec convexe à sa partie supér. & applati latéralement: La Perdrix de mer... *Glareola.*
          - 4. Bec droit applati sur le côté comme le corps: Le Râle... *Rallus.*
          - 5. Bec droit & grêle: Le Becasseau... *Tringa.* La Barge... *Limosa aut Capriceps.* La Bécasse... *Scolopax.*
          - 6. Bec courbé en arc vers le bas: Le Courly... *Numenius.*
          - 7. Bec droit applati horisontalement, dilaté à sa pointe en forme de spatule: La Spatule... *Platea.*
          - 8. Bec long & épais: La Cigogne... *Ciconia.* Le Héron... *Ardea.* L'Ombrette... *Scopus.*
          - 9. Bec court & épais, mandibule sup. en forme de cuiller: La Cuiller... *Cochlearius.*
          - 10. Bec court droit, conique à sa pointe, tête ornée d'une couronne formée de plumes, semblable aux racines de chiendent: L'Oiseau Royal... *Balearica.*
          - 11. Bec conique & recourbé: Le Cariama... *Cariama.* Le Kamichy... *Anhima.*
          - 12. Bec conique, applati sur les côtés, devant de la tête dépourvu de plumes: La Poule Sultane... *Porphyria.*
  - **Ou Palmipèdes,** c'est-à-dire, qu'ils ont les doigts garnis de membranes.
    - **A membranes fendues. Ces Oiseaux ont quatre doigts, trois en devant & un en arrière, qui sont séparés & bordés de membranes** — XVIII. Il comprend trois genres.
      - 1. Membranes des doigts simples, bec droit & aigu: La Poule d'eau... *Gallinula.*
      - 2. Membranes des doigts découpées: Le Phalarope... *Phalaropus.* La Foulque... *Fulica.*
    - **A membranes à demi-fendues, les doigts ne sont réunis que vers leur base, les jambes sont placées en arrière près de l'anus & comme rentrées dans le ventre** — XIX. Il comprend un genre.
      - La Grèbe... *Colymbus.*
    - **A membranes entières.**
      - **Jambes placées en arrière près de l'anus & comme rentrées dans le ventre.**
        - **Trois doigts antérieurs réunis par des membranes, point de doigt postérieur** — XX. Il comprend trois genres.
          - 1. Bec droit & aigu: Le Guillemot... *Uria.*
          - 2. Bec applati sur les côtés & strié transversalement: Le Macareux... *Fratercula.* Le Pingoin... *Alca.*
        - **Trois doigts antérieurs réunis par des membranes, un doigt postérieur séparé** — XXI. Il comprend trois genres.
          - 1. Bec droit, bout de la mandibule supérieure crochu: Le Manchot... *Spheniscus.* Le Gorfou... *Catarractes.*
          - 2. Bec droit & aigu: Le Plongeon... *Mergus.*
      - **Jambes placées au milieu du corps, hors de l'abdomen, plus courtes que le corps.**
        - **Les trois doigts de devant réunis par des membranes.**
          - **Point de quatrième doigt en arrière** — XXII. Il comprend un genre.
            - L'Albatros... *Albatrus.*
          - **Quatrième doigt en arrière séparé des trois antérieurs.**
            - **Bec dentelé** — XXIII. Il comprend six genres.
              - 1. Bec crochu vers sa pointe: Le Puffin... *Puffinus.* Le Petrel... *Procellaria.* Le Stercoraire... *Stercorarius.* Le Goiland... *Larus.*
              - 2. Bec droit applati sur les côtés: L'Hirondelle de mer... *Sterna.* Le Bec en ciseaux... *Rygchopsalia.*
            - **Bec sans dentelures** — XXIV. Il comprend trois genres.
              - 1. Bec un peu cylindrique, bout de la mandibule supérieure crochu: L'Harle... *Merganser.*
              - 2. Bec convexe à sa partie supérieure & applati inférieurement: L'Oye... *Anser.* Le Canard... *Anas.*
        - **Les quatre doigts réunis par des membranes** — XXV. Il comprend cinq genres.
          - 1. Bec aigu: L'Anhinga... *Anhinga.* Le Paille en Cul... *Lepturus.*
          - 2. Bec crochu à sa pointe: Le Fou... *Sula.* Le Cormoran... *Phalacrocorax.* Le Pélican... *Onocrotalus.*
      - **Jambes plus longues que le corps** — XXVI. Il comprend trois genres.
        - 1. Bec dentelé, recourbé vers son milieu, mandibule inférieure plus large: Le Flamant... *Phœnicopterus.*
        - 2. Bec sans dentelure: L'Avocette... *Avocetta.* Le Coureur... *Corriva.*

QUADRUPEDES OVIPARES.

ESPECES.

PREMIERE CLASSE. Corps couvert d'une écaille. TORTUES.

1. Le Luth : *consistance de cuir.*
2. La Thuilée : *les pièces de l'écaille anticipent les unes sur les autres.*
3. Le Mydas : *deux ongles aux pieds de devant, un seul aux pieds de derrière.*
4. Le Caret : *deux ongles aux quatre pieds.*
5. La Ronde : *l'écaille ronde & applatie.*
6. La Raboteuse : *les pièces de l'écaille renflées.*
7. La Bourbeuse : *quatre ongles à chaque pied.*
8. Le Scorpion : *un ongle au bout de la queue.*
9. La Dentelée : *les bords de l'écaille dentelés.*
10. La Grecque : *quelqu'apparence de caractères grecs sur l'écaille.*
11. La Courte Queue : *la queue très-courte.*
12. Le Dos d'Ane : *le dos bom[illegible], les quatre lames antérieures du dos relevées en arrête.*
13. La Géométrique : *un cercle avec des rayons jaunes sur chaque pièce de l'écaille.*
14. La Bande Blanche : *une bande blanche près des bords de l'écaille.*
15. La Serpentine : *la tête ressemblante à celle d'un serpent, la queue très-longue.*

DEUXIÈME CLASSE. Corps nu avec une queue. LÉZARDS. M. Daubenton distingue cinq Genres dans les Lézards.

Premier Genre. Lézards qui ont le corps un peu tuberculeux & la queue applatie.

1. Le Crocodile : *trois ongles à chaque pied.*
2. Le Fouette-Queue : *des plaques carrées sur le dos, des écailles ovales sur les côtés & sur le dos.*
3. La Dragonne : *la queue très-longue, tous les doigts presque de même longueur.*
4. Le Sourcilleux : *des points sur les sourcils & le long du dos.*
5. L'Occiput fourchu : *deux pointes, neuf gros aiguillons le long du dos & de la queue.*
6. Le Moucheté : *des taches en lignes transversales sur tout le corps.*
7. Le Large-Doigt : *les avant-dernières phalanges des doigts sont les plus larges.*
8. Le Sillonné : *quatre plis sur le dos, deux sur la queue.*

Deuxième Genre. Lézards qui ont la queue étagée.

1. Le Cordyle : *écailles bleues rayées de châtain.*
2. Le Stellion : *marbré de blanc, de cendré & de noir.*
3. Le Gécote : *le corps perlé, la queue étagée.*
4. L'Azuré : *un manteau bleu.*
5. Le Grison : *le corps gris & tuberculeux.*
6. L'Ameiva : *marbré de blanc, rouge, bleu & noir.*
7. Le Gris : *deux lignes brunes sur un fond gris.*
8. Le Vert : *le dos vert, le ventre jaune.*
9. L'Algire : *quatre lignes jaunes sur le corps.*
10. Le Seps : *les jambes très-courtes.*
11. Le Lion : *six lignes blanches sur le corps.*
12. L'Exagonal : *la queue à six pans.*

Troisième Genre. Lézards qui ont la queue ronde, écailleuse & plus courte que le corps.

1. Le Caméléon : *deux ou trois doigts de chaque pied réunis.*
2. Le Gekko : *le corps perlé.*
3. Le Scinque : *la queue courte, applatie par le bout.*
4. Le Tapaye : *le corps gonflé.*
5. Le Strié : *cinq lignes blanches sur le dos.*

Quatrième Genre. Lézards qui ont la queue ronde, écailleuse, & plus longue que le corps.

1. Le Basilic : *des aiguillons qui soutiennent une grande membrane le long du dos.*
2. Le Porte-Crête : *une nageoire avec des rayons sur la queue.*
3. L'Iguane : *un goître dentelé en avant.*
4. Le Galeote : *l'occiput & le dos dentelés.*
5. L'Agame : *des anneaux d'écailles pointues sur la queue.*
6. L'Umbre : *un pli profond sous la queue.*
7. Le Plissé : *deux plis sous le cou.*
8. Le Marbré : *marbré de rougeâtre, de noir & de blanc.*
9. La Rouge-Gorge : *une poche rouge sous le cou.*
10. Le Goitre : *un goître couleur de rose.*
11. Le Teguixin : *les côtés du corps plissés.*
12. Le Doré : *des taches rondes placées deux à deux sur le dos & les côtés du corps.*
13. Le Triangulaire : *la queue triangulaire.*
14. La Double Raie : *des points noirs sur le dos, entre deux lignes jaunes.*
15. Le Galonné : *neuf bandes blanches le long du dos.*
16. La Queue Bleue : *cinq raies jaunâtres sur le dos & la queue bleue.*
17. Le Chalcide : *les jambes très-courtes.*

Cinquième Genre. Lézards qui ont quatre doigts aux pieds de devant & le corps plissé.

1. La Salamandre aquatique à queue ronde : *le ventre orangé, avec des mouches noires.*
2. La Salamandre aquatique à queue plate : *la queue plate.*
3. Le Ponctué : *le dos ponctué de blanc.*
4. Le Rayé : *quatre lignes jaunes sur le corps.*
5. Le Sourd : *de grandes taches jaunes sur le corps.*

Sixième Genre. Lézard ailé.

1. Le Dragon.

TROISIÈME CLASSE. Corps nu & sans queue.

Premier Genre. Crapauds, le corps arrondi & tuberculeux, les jambes courtes.

1. Le Pipa : *des ongles aux doigts des pieds de derrière.*
2. Le C[illegible]
3. L'Agua : *la peau grenue, avec des taches roussâtres.*
4. Le Pustuleux : *des épines sur les doigts, des vésicules jaunâtres sur la tête, le dos & les jambes.*
5. Le Goitreux : *la gorge gonflée.*
6. Le Bossu : *six doigts aux pieds de derrière.*
7. Le Rayon vert : *des lignes vertes disposées comme des rayons.*
8. Le Vert : *taché de vert.*
9. Le Calamite : *une ligne jaunâtre sur le dos, une bande orangée sur les côtés.*
10. Le Brun : *taché de brun.*
11. Le Commun : *un tubercule en forme de rein au-dessus de l'oreille.*
12. Le Couleur de Feu : *de petites taches d'un beau rouge sur le ventre.*
13. Le Marbré : *le dos taché de rouge & de jaune, le ventre jaunâtre & taché de noir.*
14. Le Criard : *les épaules saillantes.*

Deuxième Genre. Grenouilles, le corps allongé.

1. La Perlée : *des tubercules en forme de perles & de couleur rougeâtre, du rouge sur le corps.*
2. La Bordée : *bordée sur les côtés du corps.*
3. La Muette : *une tache noire oblongue entre les yeux & les jambes de devant.*
4. La Sonnante : *un pli transversal sous le cou.*
5. La Mangeable : *verte, avec trois raies jaunes, longitudinales.*
6. La Galonée : *cinq bandes pâles & longitudinales sur le dos.*
7. L'Epaule Armée : *quatre gros tubercules oblongs près de l'anus.*
8. La Réticulaire : *un réseau sur le dos.*
9. La Cinq-Doigts : *cinq doigts à chaque pied, un tubercule sous chacune des phalanges.*
10. La Patte d'Oie : *une membrane entre les doigts des quatre pieds.*
11. La Mugissante : *une membrane sous l'ouverture des oreilles.*

Troisième Genre. Raines, les doigts terminés par une plaque visqueuse.

1. La Bossue : *une bosse bien formée sur le dos.*
2. La Verte : *verte en dessus, blanche en dessous, une ligne jaune sur les côtés du corps.*
3. La Brune : *des tubercules laciniés aux talons & aux doigts.*
4. La Couleur de Lait : *des bandes de couleur cendrée, pâle sur les hypocondres.*
5. La Verdâtre : *le corps brun avec des taches vertes.*
6. La Fluteuse : *une vessie conique de chaque côté du cou.*
7. L'Orangée : *une file de petites taches rousses de chaque côté du dos.*
8. La Rouge : *le corps rouge.*
9. La Squelette : *très-maigre.*

TABLE MÉTHODIQUE DES QUADRUPEDES OVIPARES, PAR M. DE LA CÉPÈDE.

PREMIÈRE CLASSE. Quadrupèdes ovipares qui ont une queue.

PREMIER GENRE. TORTUES. Le corps couvert d'une carapace.

Ire. DIVISION. Les doigts très-inégaux, & allongés en forme de nageoires.

ESPÈCES.	CARACTÈRES.
Tortue franche	Un seul ongle aux pieds de derrière.
Écaille verte	Des écailles vertes sur la carapace.
Caouane	Deux ongles aux pieds de derrière.
T. Nasicorne	Un tubercule élevé sur le museau.
Caret	Les écailles du disque placées les unes sur les autres, comme les ardoises sur les toits.
Luth	La carapace de consistance de cuir, & relevée par cinq arêtes longitudinales.

IIe. DIVISION. Les doigts très-courts & presque égaux.

ESPÈCES.	CARACTÈRES.
T. Bourbeuse	La carapace noire, les écailles striées dans leur contour, & pointillées dans le centre.
T. Ronde	La carapace aplatie & ronde.
Terrapène	La carapace aplatie & ovale.
T. Serpentine	La queue aussi longue que la carapace qui paroît découpée par derrière en cinq pointes aiguës.
T. Rougeâtre	Du jaune rougeâtre sur la tête & sur le plastron.
T. Scorpion	La carapace relevée par trois arêtes longitudinales, les cinq écailles du milieu du disque très-alongées, le plastron ovale.
T. Jaune	La carapace verte, semée de taches jaunes.
T. Molle	La carapace souple & sans écailles proprement dites.
T. Grecque	La carapace très-bombée, les bords très-larges, les doigts recouverts par une membrane.
T. Géométrique	Des rayons jaunes qui se réunissent sur chaque écaille, à un centre de la même couleur.
T. Raboteuse	Les écailles de la carapace blanchâtres & parsemées de très-petites bandes noirâtres, celles du milieu du disque relevées en arête, le plastron festonné par devant.
T. Dentelée	La carapace un peu en forme de cœur, les bords de cette couverture très-dentelés.
T. Bombée	La carapace très-convexe, les écailles verdâtres rayées de jaune, le plastron ovale.
T. Vermillon	Les écailles de la carapace variées de noir, de blanc, de pourpre, de verdâtre & de jaune.
T. Courte queue	La carapace échancrée par-devant, les écailles de cette couverture bordées de stries & pointillées dans le milieu.
T. Chagrinée	Le disque offrant le chagrin.
T. Roussâtre	La couleur roussâtre, la carapace aplatie, les écailles minces.
T. Noirâtre	La couleur brune-noirâtre, les écailles épaisses & très-lisses sur toucher.

SECOND GENRE. LÉZARDS. Le corps sans carapace.

Ire. DIVISION. La queue aplatie, cinq doigts aux pieds de devant.

ESPÈCES.	CARACTÈRES.
Crocodile	Quatre doigts palmés aux pieds de derrière, la couleur d'un vert jaunâtre.
Crocodile noir	Quatre doigts palmés aux pieds de derrière, la couleur noire.
Gavial	Quatre doigts palmés aux pieds de derrière, les mâchoires très-étroites & très-alongées.
Fouette queue	Cinq doigts palmés aux pieds de derrière.
Dragonne	Cinq doigts séparés aux pieds de derrière, des écailles relevées en forme de crête sur la queue.
Tupinambis	Des doigts séparés à chaque pied, les écailles ovales, entourées de très-petits grains tuberculeux & non relevées en forme de crête.
L. Sourcilleux	Une arête saillante au-dessus des yeux, des écailles relevées en forme de crête depuis la tête jusqu'au bout de la queue.
Tête fourchue	Deux éminences au-dessus de la tête.
Large-doigt	Une membrane sous le cou, l'avant-dernière articulation de chaque doigt plus large que les autres.
L. Bimaculé	Deux grandes taches noirâtres sur les épaules.
L. Silloné	Deux séries sur le dos, les côtés du corps plissés & relevés en arête, le dessus de la queue relevé par une double saillie.

IIe. DIVISION. La queue ronde, cinq doigts à chaque pied, & des écailles élevées sur le dos en forme de crête.

ESPÈCES.	CARACTÈRES.
Iguane	Une poche sous le cou, des écailles élevées en forme de crête sous la gorge, & depuis la tête jusqu'au bout de la queue.
Basilic	Une poche sur le dos.
L. Porte-crête	Une membrane très-élevée & une sorte de crête écailleuse au-dessus de la queue.
Galéote	Des écailles relevées au-dessus des ouvertures des oreilles, & depuis la tête jusqu'au milieu du dos, le dessus des angles noirs.
Agame	Des écailles relevées en forme de crête au-dessus de la partie antérieure du dos, celles qui garnissent le derrière de la tête tournées vers le museau.

IIIe. DIVISION. La queue ronde, cinq doigts aux pieds de devant, des bandes écailleuses sous le ventre.

ESPÈCES.	CARACTÈRES.
L. Gris	La couleur grise, de grandes plaques sous le cou.
L. Vert	La couleur verte, de grandes plaques sous le cou.
Cordyle	La queue garnie de très-longues écailles terminées en épines, alongées, & formant des anneaux larges & festonnés.
L. Hexagone	La queue présentant six arêtes aiguës.
Améiva	La couleur grise ou verte, sans grandes écailles sous le cou.
L. Lyon	Trois raies blanches & trois raies noires de chaque côté du dos.
L. Galonné	Depuis sept jusqu'à onze bandes blanchâtres sur le dos, les cuisses marbrées de blanc.

Nota. Nous n'avons pas vu l'Hexagone, nous présumons qu'il a des bandes écailleuses sur le ventre. S'il n'en avoit point, il faudroit le placer dans la quatrième division, après le Téguixin.

IVe. DIVISION. La queue ronde, cinq doigts aux pieds de devant, sans bandes écailleuses sous le ventre.

ESPÈCES.	CARACTÈRES.
Caméléon	Les doigts réunis trois à trois, & deux à deux par une membrane.
Queue Bleue	Cinq raies jaunâtres sur le dos, la queue bleue.
L. Azuré	Des écailles pointues, le dos bleu.
Grison	La couleur grise marquée de points roussâtres, des verrues sur le corps.
Umbre	Une callosité sur l'occiput, un pli sous la gueule.
L. Plissé	Deux plis sous la gueule, deux verrues garnies de pointes derrière les ouvertures des oreilles.
Algire	Quatre raies jaunes sur le dos.
Stellion	Tout le corps garni de tubercules aigus, la queue couverte d'anneaux dentelés.
Scinque	Tout le corps garni d'écailles qui se recouvrent comme les ardoises des toits, la mâchoire supérieure plus avancée que l'inférieure.
Mabouya	Tout le corps garni d'écailles qui se recouvrent comme les ardoises des toits, la mâchoire inférieure aussi avancée que la supérieure, la queue plus courte que le corps.
L. Doré	Tout le corps garni d'écailles qui se recouvrent comme les ardoises des toits, une raie blanchâtre de chaque côté du dos, la queue plus longue que le corps.
Tapaye	Le corps arrondi & garni de pointes aiguës.
Strié	Six raies jaunes sur la tête, cinq raies jaunes sur le corps.
L. Marbré	Des écailles relevées en forme de petites dents sous la gorge, le dessus des angles noir, la queue relevée par neuf arêtes longitudinales.
Roquet	La couleur de feuille morte, marquée de taches jaunes & noirâtres, une petite membrane de chaque côté de l'extrémité des doigts.
Rouge Gorge	La couleur verte, une vésicule rouge sous la gorge.
L. Goitreux	La couleur grise mêlée de brun, une poche couverte de petits grains rougeâtres sous la gorge.
Téguixin	Plusieurs plis le long des côtés du corps.
L. Triangulaire	L'extrémité de la queue en forme de pyramide à trois faces.
Double Raie	Deux raies d'un jaune sale, & six rangées de points noirâtres sur le dos.
Sputateur	De petites plaques écailleuses au bout des doigts.

Nota. Comme nous n'avons pas vu la queue bleue, l'azuré, le grison, l'umbre, ni le plissé, nous pouvons seulement présumer, d'après les descriptions des Auteurs, que ces cinq lézards n'ont point de bandes écailleuses sur le ventre. S'ils en avoient, il faudroit les placer dans la troisième division, à la suite du galonné.

Ve. DIVISION. Les doigts garnis par-dessous de grandes écailles qui se recouvrent comme les ardoises des toits.

ESPÈCES.	CARACTÈRES.
Gecko	Des tubercules sous les cuisses, de très-petites écailles disposées sur la queue en bandes circulaires.
Geckotte	Le dessous des cuisses sans tubercules.
Tête Plate	Le dessous du corps & de la tête très-aplati, la queue garnie des deux côtés, d'une membrane.

VIe. DIVISION. Trois doigts aux pieds de devant & aux pieds de derrière.

ESPÈCES.	CARACTÈRES.
Seps	Les écailles placées les unes au-dessus des autres.
Chalcide	Les écailles disposées en anneaux.

VIIe. DIVISION. Des membranes en forme d'ailes.

ESPÈCES.	CARACTÈRES.
Dragon	Trois poches alongées & pointues sous la gorge.

VIIIe. DIVISION. Trois ou quatre doigts aux pieds de devant, quatre ou cinq doigts aux pieds de derrière.

ESPÈCES.	CARACTÈRES.
Salamandre terrestre	La queue ronde, des taches jaunes, marquées de points noirs.
S. à queue plate	La queue garnie par dessus & par dessous d'une membrane verticale.
S. Ponctuée	Deux rangs de points blancs sur le dos.
Quatre raies	Quatre raies jaunes sur le dos.
Sarroube	De grandes écailles & des ongles recourbés au-dessous des doigts.
Trois doigts	Trois doigts aux pieds de devant, quatre doigts aux pieds de derrière.

SECONDE CLASSE. Quadrupèdes ovipares qui n'ont point de queue.

PREMIER GENRE. GRENOUILLES. La tête & le corps alongés, l'un ou l'autre anguleux.

ESPÈCES.	CARACTÈRES.
Grenouille commune	La couleur verte, trois raies jaunes le long du dos, les deux extérieures saillantes.
G. Rousse	La couleur rousse, une tache noire de chaque côté, entre les yeux & les pattes de devant.
G. Pluviale	Des verrues sur le corps, le dessous de la partie postérieure parsemé de points.
G. Sonnante	La couleur noire, le dessus du corps hérissé de points saillans, un pli transversal sous le cou.
G. Bordée	Une bordure de chaque côté du corps.
G. Réticulaire	Le dessus du corps veiné, les doigts séparés.
Patte d'Oie	Les doigts de chaque pied réunis par une membrane.
Épaule armée	Un bouclier charnu sur chaque épaule, quatre gros boutons à la partie postérieure du corps.
G. Mugissante	Des tubercules sous toutes les phalanges des doigts.
G. Perlée	La tête triangulaire, de petits grains rougeâtres sur le corps.
Jackie	La couleur verdâtre mouchetée, les cuisses striées obliquement par derrière.
G. Galonnée	Quatre ou cinq lignes longitudinales & relevées sur le dos.

SECOND GENRE. RAINES. Le corps alongé, des pelotes visqueuses sous les doigts.

ESPÈCES.	CARACTÈRES.
Raine verte ou commune	Le dos vert, deux raies jaunes bordées de violet, & qui s'étendent depuis le museau jusqu'aux pieds de derrière.
R. Bossue	Une bosse sur le dos.
R. Brune	La couleur brune, des tubercules sous les pieds.
R. Couleur de lait	La couleur blanche ou bleuâtre pâle, des bandes cendrées sur le bas-ventre.
R. Flûteuse	Des taches rouges sur le dos.
R. Orangée	La couleur jaune, le plus souvent une file de points roux de chaque côté du dos qui est quelquefois panaché de rouge.
R. Rouge	La couleur rouge, quelquefois deux raies jaunes le long du dos.

TROISIÈME GENRE. CRAPAUDS. Le corps ramassé & arrondi.

ESPÈCES.	CARACTÈRES.
Crapaud commun	Un tubercule en forme de rein, au-dessus de chaque oreille.
C. Vert	Des taches vertes bordées de noir, & réunies plusieurs ensemble.
Rayon Vert	Des lignes vertes en forme de rayons.
C. Brun	La peau lisse, de grandes taches brunes, un faux ongle sous la plante des pieds de derrière.
Calamite	Trois raies longitudinales rougeâtres le long du dos, deux faux ongles sous chaque pied de devant.
C. Couleur de feu	Le dos d'une couleur olivâtre très-foncée, le [illegible] de feu.
C. Pustuleux	Des [illegible] en forme d'[illegible] sur les doigts, des pustules sur le dos.
C. Goitreux	Un gonflement sous la gorge, les deux doigts extérieurs des pieds de devant réunis.
C. Bossu	Une bande longitudinale [illegible] sur le dos qui est convexe en forme de bosse.
Pipa	La tête très-large & très-plate, les yeux très-petits & très-distants l'un de l'autre.
C. Cornu	Les paupières supérieures [illegible] en forme de cône aigu.
Agua	Le dos gris, semé de taches [illegible] [illegible] de feu.
C. Marbré	Le dos marqué de rouge & de jaune, le ventre jaune moucheté de noir.
C. Criard	Le dos moucheté de brun, les épaules relevées & très-nerveuses, cinq doigts à chaque pied.

REPTILES BIPEDES.

Ire. DIVISION. Deux pieds de devant.

ESPÈCES.	CARACTÈRES.
Bipède Cannelé	Des demi-anneaux sur le corps & sur le ventre, des anneaux entiers sur la queue qui est très-courte.

IIe. DIVISION. Deux pieds de derrière.

ESPÈCES.	CARACTÈRES.
Sheltopusik	Un sillon longitudinal de chaque côté du corps, les trous auditifs assez grands, la queue au moins aussi longue que le corps.

SERPENS.

ESPÈCES.

PREMIER GENRE. Serpens à sonnettes, c'est-à-dire, qui ont au bout de la queue des anneaux mobiles & sonores.
CROTALUS *Linnei.*

1. Le Milet: *trois rangs longitudinaux de taches noires.*
2. Le Boiguira: *une chaîne de taches noirâtres bordées de blanc.*
3. Le Theuthlaco: *nué de jaune & de brun.*
4. Le Muet: *une chaîne de grandes taches noires rhomboïdales sur le dos.*

SECOND GENRE. Serpens qui ont des plaques sous le ventre & sous la queue, sans sonnettes.
BOA *L.*

1. Le Tortu: *un gros dos.*
2. Le Bojobi: *verd ou orangé.*
3. L'Hipnale: *nué de gris & de jaunâtre.*
4. Le Devin: *une croix en partie courbe sur la tête.*
5. Le Mangeur de Rats: *bleu, avec des taches rondes.*
6. Le Cenchris: *jaunâtre.*
7. Le Mangeur de Chevres: *bleuâtre, avec des taches rondes, blanches & bordées de noir sur les côtés du corps.*
8. L'Ophrie: *tortu & brun.*
9. L'Enydre: *nué de gris, avec de longues dents de dessous.*
10. Le Parterre: *la tête marquée de traits jaunes, disposés en différens sens réguliers.*

TROISIEME GENRE. Serpens qui ont de grandes plaques sous le corps & de petites plaques sous la queue.
COLUBER *L.*

1. La Vipère d'Egypte: *le corps court & pâle, avec des taches brunes.*
2. L'Atropos: *blanc, avec des cercles bruns.*
3. Le Leberis: *des lignes noires.*
4. Le Lutrix: *le dos & le ventre jaunes, les côtés bleuâtres.*
5. Le Calemar: *livide, avec des lignes & des points bruns.*
6. Le Camus: *une croix blanche sur la tête, avec un point noir au milieu.*
7. Le Strié: *le dos strié.*
8. L'Ammodite: *une verrue sur le nez.*
9. Le Ceraste: *une dent saillante au-dessus de chacun des yeux.*
10. Le Bali: *sous le corps quatre lignes de points bruns.*
11. Le Serpent des Dames: *blanc, avec des bandes noirâtres.*
12. L'Alidre: *blanc.*
13. Le Ponctué: *jaune par dessous, avec neuf points noirs.*
14. Le Triangle: *un triangle brun au-dessus des narines.*
15. La Vipère: *une bande noirâtre ou zigzag le long du dos.*
16. La Dipsade: *noirâtre.*
17. L'Anguleux: *brun clair, avec des bandes noires.*
18. Le Bluet: *des écailles, mi-partie de bleu & de blanc.*
19. Le Blanc: *blanc sans taches.*
20. L'Aspic: *le cou étroit.*
21. Le Typhe: *bleuâtre.*
22. Le Vampum: *une grande bande de brun sur chacune des grandes plaques du ventre.*
23. Le Lebetin: *de couleur sombre, avec des points bruns sous le corps.*
24. La Tête Noire: *la tête noire, le corps brun & lisse.*
25. Le Cobel: *de couleur cendrée & parsemée de lignes blanches & obliques.*
26. Le Régine: *blanc & noir sur le ventre, brun sur le reste du corps.*
27. L'Annelé: *des bandes noires & transversales sur le dos.*
28. L'Ibibe: *une file de points noirs de chaque côté du corps.*
29. Le Mexiquain: *134 grandes plaques, & 77 petites.*
30. L'Hébraïque: *des apparences de caractères hébraïques, blanc sur le corps.*
31. L'Aurore: *le dos jaune, le reste du corps livide.*
32. La Sipède: *de couleur fauve.*
33. Le Maure: *des bandes transversales noires sur les côtés du corps.*
34. Le Chaigue: *deux bandes blanches sur un fond gris.*
35. Le Moqueur: *une bande blanche dentelée sous la queue.*
36. Le Miliaire: *une tache blanche sur les écailles.*
37. La Bande Noire: *une bande noire entre les yeux.*
38. Le Rhomboïdal: *des taches bleues rhomboïdales.*
39. Le Verd & Bleu: *bleu par-dessus, verdâtre par-dessous.*
40. Le Serpent à Collier: *noir, avec une tache blanche de chaque côté du cou.*
41. L'Agile: *des bandes brunes & blanches.*
42. Le Lacté: *blanc, avec des taches noires.*
43. Le Dard: *le corps cendré, avec des bandes noires le long du dos & des côtés.*
44. La Losange: *des bandes blanches en forme de losange.*
45. Le Collier: *trois points blancs sur le cou.*
46. Le Noir & Fauve: *44 anneaux, alternativement noirs & fauves.*
47. Le Pâle: *pâle, avec des taches grises & des points bruns.*
48. Le Rayé: *bleuâtre, avec quatre lignes brunes.*
49. Le Serpent à Lunettes: *une figure de lunette sur le cou.*
50. Le Padère: *blanc, avec plusieurs paires de taches brunes sur le dos.*
51. Le Grison: *blanc, avec des bandes brunes.*
52. La Chaîne: *noir bleuâtre, avec des lignes jaunes.*
53. Le Malpole: *blanc en dessous, bleuâtre en dessus, avec des bandes noires.*
54. La Large Queue: *la queue obtuse & applatie.*
55. Le Syrtale: *trois bandes d'un verd bleuâtre sur un fond brun.*
56. L'Atroce: *blanc, avec des écailles relevées en arrêtes.*
57. Le Gibon: *de couleur de rouille parsemée de blanc.*
58. Le Nébuleux: *nué de brun & de cendré.*
59. Le Sombre: *une tache brune derrière chaque œil.*
60. Le Saturnin: *cendré pâle.*
61. Le Blanchâtre: *blanchâtre, avec des bandes brunes.*
62. Le sans Tache: *tout blanc.*
63. L'Apre: *une tache noire & fourchue sur la tête.*
64. Le Carêne: *le dos d'âne.*
65. Le Coralin: *seize bandes rouges le long du corps.*
66. Le Guinpe: *203 grandes plaques, & 73 petites.*
67. Le Saurite: *verdâtre par-dessous, brun par-dessus, avec trois bandes verdâtres.*
68. Le Lien: *la gorge blanche.*
69. Le Décoloré: *cendré bleuâtre.*
70. Le Situle: *gris, avec une bande bordée de noir.*
71. Le Triscale: *bleu, avec trois lignes brunes sur le dos, qui se réunissent près de la tête.*
72. Le Moucheté: *des taches rouges & noires sur le dos, & carrées sur le ventre.*
73. Le Lemnisque: *des anneaux blancs & noirs.*
74. Le Bai Rouge: *bai-rouge, avec des taches blanches.*
75. Le Dispe: *bleu, avec des écailles bordées de blanc.*
76. Le Pélie: *le ventre vert, avec des lignes jaunes de chaque côté.*
77. Le Tyrie: *blanchâtre, avec trois rangs longitudinaux de taches brunes rhomboïdales.*
78. Le Rouge-Gorge: *la gorge de couleur rouge.*
79. Le Pethole: *couleur de soufre, avec des taches & des raies noires.*
80. Le Verdâtre: *bleu par-dessus, verdâtre par-dessous.*
81. Le Molure: *248 grandes plaques, & 59 petites.*
82. Le Boiga: *vert doré, avec des écailles noires par le bout.*
83. Le Pétalaire: *pâle en dessous, brun en dessus, avec des bandes blanches.*
84. L'Haie: *des écailles à moitié blanches.*
85. Le Fil: *le corps très-menu & la tête grosse, noir en dessus, blanc en dessous.*
86. Le Minime: *les tempes blanches, avec des taches noirâtres.*
87. Le Fer à Cheval: *une bande brune & courbe entre les yeux.*
88. Le Serpent de Minerve: *bleu, avec trois bandes brunes sur la tête & une sur le dos.*
89. Le Cendré: *cendré en dessus, blanc en dessous.*
90. Le Vert: *de couleur très-verte.*
91. Le Muqueux: *deux grandes plaques & cent quarante petites plaques.*
92. Le Domestique: *deux taches noires entre les yeux.*
93. Le Cenco: *brun, avec des taches pâles & des bandes blanches.*
94. Le Nez Retroussé: *une raie pâle sur les côtés du corps.*
95. Le Bleuâtre: *de couleur bleuâtre.*
96. L'Argus: *des taches formées par des cercles blancs & rouges, & disposées sur le corps en lignes transversales.*

QUATRIEME GENRE. Serpens qui ont des écailles sous le corps & sous la queue.
ANGUIS *L.*

1. La Pinade: *bleu, avec des taches noires disposées sur des lignes longitudinales.*
2. Le Colubrin: *panaché de blanchâtre & de roux.*
3. Le Trait: *les plaques du ventre fort larges.*
4. Le Miguel: *jaune, avec des raies & des anneaux roux.*
5. Le Rezeau: *les écailles blanches au centre & roussés sur les bords.*
6. Le Serpent Cornu: *deux dents saillantes en forme de défenses.*
7. Le Lombric: *blanchâtre & en forme de lombric.*
8. La Queue Plate: *la queue obtuse.*
9. La Queue Lancéolée: *la queue pointue.*
10. Le Rouleau: *un réseau noir & inégal sur un fond blanchâtre.*
11. L'Erix: *de couleur cendrée, avec trois raies noires & longitudinales.*
12. L'Orvet: *le dos couleur de rouille, le ventre gris.*
13. Le Serpent de Verre: *la queue trois fois aussi longue que le corps.*

CINQUIEME GENRE. Serpens qui ont des anneaux sur le corps & sur la queue.
AMPHISBÆNA *L.*

1. L'Enfumé: *nué de gris & de noirâtre.*
2. Le Blanc: *entiérement blanc.*

SIXIEME GENRE. Serpens qui ont la peau des côtés nue & plissée.
CÆCILIA *L.*

1. L'Ibiare: *point de rides sur la queue.*
2. Le Visqueux: *des rides sur la queue.*

Les Poissons ont,

- **Ou les ouies complettes.**
  - **Premiere Classe.** ACANTHOPTÉRYGIENS. *Les nageoires sont soutenues par des osselets.*
    - **Ordre I. Apodes.** *Les nageoires du ventre manquant.*
      1. Le Trickiure ou Paille-en-cul, *Trichiurus.*
      2. L'Empereur, ... *Xiphias.*
      3. La Donzelle, ... *Ophidium.*
    - **Ordre II. Jugulaires.** *Les nageoires du ventre sont placées sous le col.*
      1. La Vive, ... *Trachnius.*
      2. Le Bœuf, ... *Uranoscopus.*
      3. La Lyre, ... *Callionymus.*
      4. Le Perce-Pierre, ... *Blennius.*
    - **Ordre III. Thorachiques.** *Les nageoires du ventre sont placées sous la poitrine.*
      1. Le Goujon, ... *Gobius.*
      2. La Flamme, ... *Cepola.*
      3. Le Rasoir, ... *Coryphæna.*
      4. Le Maquereau, ... *Scomber.*
      5. Le Perroquet, ... *Labrus.*
      6. La Dorade, ... *Sparus.*
      7. La Bandouillère, ... *Chætodon.*
      8. Le Daine, ... *Sciæna.*
      9. La Perche, ... *Perca.*
      10. La Rascasse, ... *Scorpæna.*
      11. Le Rouget, ... *Mullus.*
      12. Le Milan, ... *Trigla.*
      13. Le Cabot, ... *Cottus.*
      14. Le Gal, ... *Zeus.*
      15. Le Sabre, ... *Trachipterus.*
      16. L'Epinoche, ... *Gasterosteus.*
    - **Ordre IV. Abdominaux.** *Les nageoires du ventre sont placées sous le ventre.*
      1. Le Silure, ... *Silurus.*
      2. Le Muge, ... *Mugil.*
      3. Le Polyneme, ... *Polynemus.*
      4. La Theutie, ... *Theutis.*
      5. Le Saurel, ... *Elops.*
  - **Deuxieme Classe.** MALACOPTÉRYGIENS. *Les nageoires sont molles & sans osselets.*
    - **Ordre I. Apodes.** ...
      1. L'Anguille, ... *Muræna.*
      2. Le Gymnote, ... *Gymnotus.*
      3. L'Anarrique, ... *Anarhichas.*
      4. Le Stromatée, ... *Stromateus.*
      5. Le Lançon, ... *Ammodytes.*
    - **Ordre II. Jugulaires.** ...
      1. Le Porte-Ecuelle, ... *Lepadogaster.*
      2. Le Merlan, ... *Gadus.*
    - **Ordre III. Thorachiques.** ...
      1. La Sole, ... *Pleuronectes.*
      2. Le Remora, ... *Echeneis.*
      3. La Jarretière, ... *Lepidopus.*
    - **Ordre IV. Abdominaux.** ...
      1. Le Cuirassier, ... *Loricaria.*
      2. L'Hepset, ... *Atherina.*
      3. Le Saumon, ... *Salmo.*
      4. La Fistulaire, ... *Fistularia.*
      5. L'Aiguille, ... *Esox.*
      6. L'Argentine, ... *Argentina.*
      7. La Sardine, ... *Clupea.*
      8. Le Muge Volant, ... *Exocœtus.*
      9. Le Barbeau, ... *Ciprinus.*
      10. La Coche Franche, ... *Cobitis.*
      11. L'Amie, ... *Amia.*
      12. Le Mormyre, ... *Mormyrus.*
- **Ou les ouies incomplettes.**
  - **Troisième Classe.** BRANCHIOSTÈGES.
    - **Ordre I. Apodes.** ...
      1. Le Cheval Marin, ... *Singnathus.*
      2. Le Baliste, ... *Balistes.*
      3. Le Coffre, ... *Ostracion.*
      4. Le Coffre à quatre dents, ... *Tetraodon.*
      5. Le Coffre à deux dents, ... *Diodon.*
    - **Ordre II. Jugulaires.** ...
      1. Le Baudroye, ... *Lophius.*
    - **Ordre III. Thorachiques.** ...
      1. Le Cicloptère, ... *Cyclopterus.*
    - **Ordre IV. Abdominaux.** ...
      1. La Bécasse, ... *Centriscus.*
      2. Le Pégase, ... *Pegasus.*

Huitième Tableau. *MÉTHODE Entomologique de M.* GEOFFROY. Tome V.

SECTIONS.	ARTICLES.	ORDRES.	GENRES.
Section I. Les Coléoptères, ou Insectes à étuis, ont :	I....Ou leurs étuis durs qui couvrent tout le ventre, & leurs tarses ont ;	I....Ou cinq articles à toutes les pattes, tels que.....	Le Cerfvolant....*Platycerus.*
			La Panache......*Ptilinus.*
			Le Scarabée......*Scarabæus.*
			Le Bousier.......*Copris.*
			L'Escarbot.......*Attelabus.*
			Le Dermeste.....*Dermestes.*
			La Vrillette......*Byrrhus.*
			L'Anthrène.......*Anthrenus.*
			La Cistèle.......*Cistela.*
			Le Bouclier......*Peltis.*
			Le Richard......*Cucujus.*
			Le Taupin.......*Elater.*
			Le Bupreste......*Buprestis.*
			La Bruche.......*Bruchus.*
			Le Verluisant....*Lampiris.*
			La Cicindèle.....*Cicindela.*
			L'Omalyse.......*Omalysus.*
			L'Hydrophile.....*Hydrophilus.*
			Le Ditique.......*Dyticus.*
			Le Tourniquet....*Gyrinus.*
		II...Ou quatre articles à toutes les pattes, tels que......	La Melolonte.....*Melolontha.*
			Le Prione........*Prionus.*
			Le Capricorne....*Cerambix.*
			La Lepture.......*Leptura.*
			Le Stencore......*Stenocorus.*
			Le Lupère.......*Luperus.*
			Le Gribouri......*Cryptocephalus.*
			Le Criocère......*Crioceris.*
			L'Altise.........*Altica.*
			La Galéruque....*Galeruca.*
			La Chrysomèle....*Chrysomela.*
			Le Mylabre......*Mylabris.*
			Le Becmare......*Rhinomacer.*
			Le Charanson....*Curculio.*
			Le Bostriche......*Bostrichus.*
			Le Clairon.......*Clerus.*
			L'Anthribe.......*Anthribus.*
			Le Scolite.......*Scolytus.*
			La Casside......*Cassida.*
			L'Anaspe........*Anaspis.*
		III...Ou trois articles à toutes les pattes, tels que......	La Coccinelle....*Coccinella.*
			La Tritome......*Tritoma.*
		V..Ou cinq articles aux deux premières paires de pattes, & quatre seulement à la dernière, tels que	La Diapère......*Diaperis.*
			La Cardinale.....*Pyrochroa.*
			La Cantharide....*Cantharis.*
			Le Ténébrion.....*Tenebrio.*
			La Mordelle......*Mordella.*
			La Cucule.......*Notoxus.*
			La Cerocome.....*Cerocoma.*
	II...Ou leurs étuis durs qui ne couvrent qu'une partie du ventre, & leurs tarses ont ;	....Ou cinq articles à toutes les pattes, tel que........	Le Staphylin.....*Staphylinus.*
		....Ou quatre articles à toutes les pattes, tel que......	La Nécydale......*Necydalis.*
		I...Ou trois articles à toutes les pattes, tel que........	Le Perce-Oreille..*Forficula.*
		V...Ou cinq articles aux deux premières paires de pattes, & quatre seulement à la dernière, tel que	Le Proscarabé....*Meloe.*
	III..Ou leurs étuis mous & comme membraneux, & leurs tarses ont ;	....Ou cinq articles aux deux premières paires de pattes, & quatre seulement à la dernière, tel que	La Blatte........*Blatta.*
		....Ou deux articles à toutes les pattes, tel que........	Le Trips........*Trips.*
		I...Ou trois articles à toutes les pattes, tels que.......	Le Grillon.......*Gryllus.*
			Le Criquet.......*Acrydium.*
		V...Ou quatre articles à toutes les pattes, tel que.......	La Sauterelle....*Locusta.*
		..Ou cinq articles à toutes les pattes, tel que........	La Mante........*Mantes.*

SECTIONS.	ARTICLES.	GENRES.
II...Les Hémiptères ou insectes à demi-étui, font....................		La Cigale.........*Cicada.*
		La Punaise........*Cimex.*
		La Naucore........*Naucoris.*
		La Punaise à avirons..*Notonecta.*
		La Corise.........*Corixa.*
		Le Scorpion aquatique.*Hepa.*
		La Psylle..........*Psylla.*
		Le Puceron.........*Aphis.*
		Le Kermès.........*Chermes.*
		La Cochenille......*Coccus.*
III..Les insectes à quatre ailes farineuses, font........................		Le Papillon........*Papilio.*
		Le Sphinx.........*Sphinx.*
		Le Pterophore......*Pterophorus.*
		La Phalène........*Phalæna.*
		La Teigne.........*Tinea.*
IV. Les insectes à quatre ailes nues ont :	I...Ou trois pièces aux tarses, tels que..	La Demoiselle......*Libellula.*
		La Perle..........*Perla.*
	II..Ou quatre pièces aux tarses, tel que	La Rafidie.........*Raphidia.*
	III..Ou cinq pièces aux tarses, tels que	L'Ephémère........*Ephemera.*
		La Frigane........*Fryganea.*
		L'Hémerobe........*Hemerobius.*
		Le Fourmilion......*Formicaleo.*
		La Mouche Scorpion..*Panorpa.*
		Le Frêlon.........*Crabro.*
		L'Urocère.........*Urocerus.*
		La Mouche à scie....*Tenthredo.*
		Le Cinips.........*Cynips.*
		Le Diplolèpe.......*Diplolepis.*
		L'Eulophe.........*Eulophus.*
		L'Ichneumon.......*Ichneumon.*
		La Guêpe.........*Vespa.*
		L'Abeille..........*Apis.*
		La Fourmi.........*Formica.*
V...Les insectes à deux ailes, font....................................		L'Oestre..........*Oestrus.*
		Le Taon..........*Tabanus.*
		L'Asile...........*Asilus.*
		La Mouche armée...*Stratiomys.*
		La Mouche........*Musca.*
		Le Stomoxe.......*Stomoxis.*
		La Volucelle.......*Volucella.*
		La Nemotèle.......*Nemotelus.*
		Le Scatopse.......*Scatopsus.*
		L'Hyppobosque.....*Hyppobosca.*
		La Tipule.........*Tipula.*
		Le Bibion.........*Bibio.*
		Le Cousin.........*Culex.*
VI..Les insectes aptères, ou sans ailes, font..........................		Le Pou...........*Pediculus.*
		La Podure.........*Podura.*
		La Forbicine.......*Forbicina.*
		La Puce..........*Pulex.*
		La Pince.........*Chelifer.*
		La Tique.........*Acarus.*
		Le Faucheur.......*Phalangium.*
		L'Araignée........*Aranea.*
		Le Monocle.......*Monoculus.*
		Le Binocle........*Binoculus.*
		Le Crabe.........*Cancer.*
		Le Cloporte.......*Oniscus.*
		L'Aselle..........*Asellus.*
		La Scolopendre.....*Scolopendra.*
		L'Iule............*Iulus.*

TABLEAU *systématique des* VERS, *par* M. BRUGNIERE. (Extrait de la nouvelle Encyclopédie.)

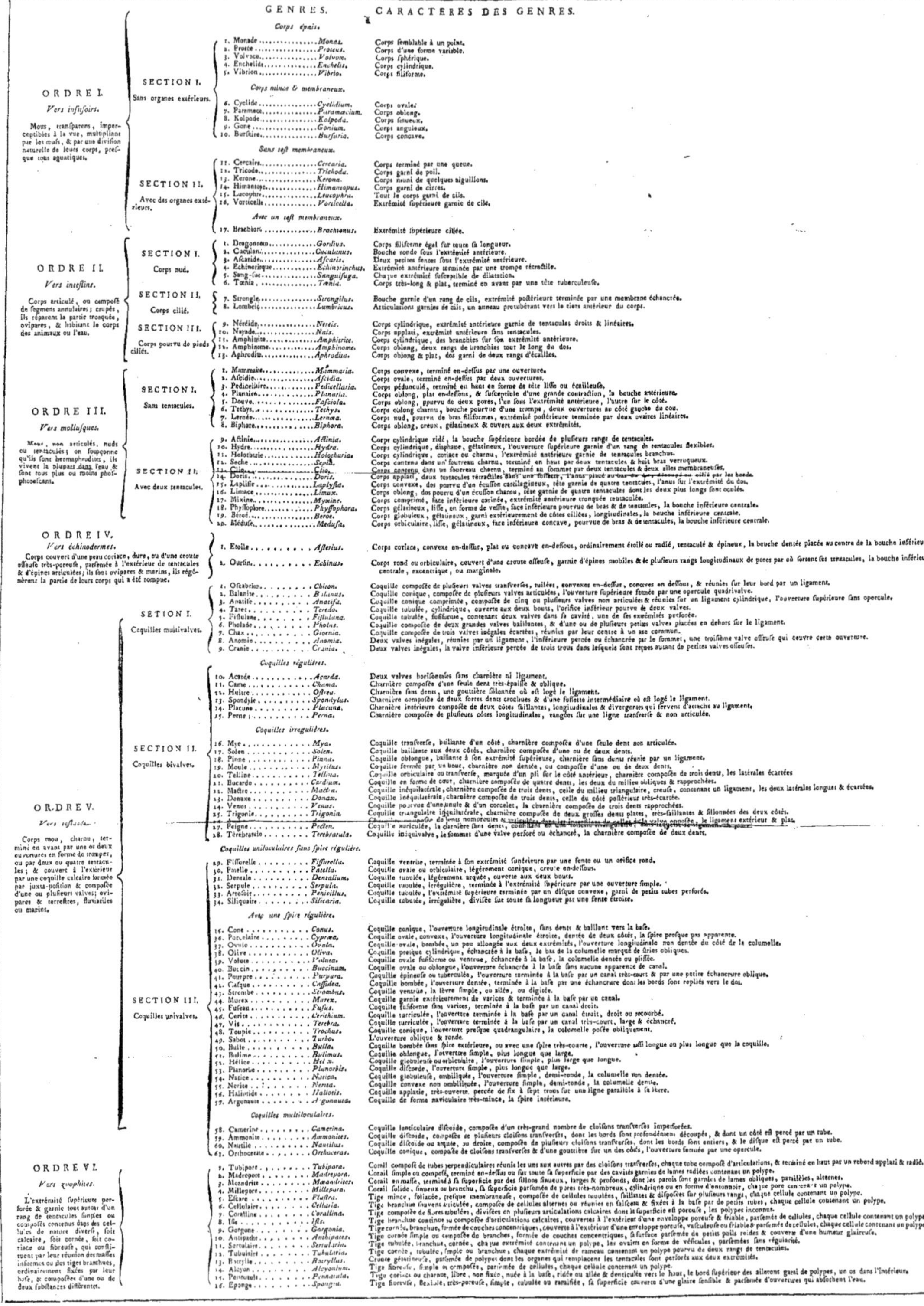

ORDRE I. *Vers infusoirs.*

Mous, transparens, imperceptibles à la vue, multiplians par les œufs, & par une division naturelle de leurs corps, presque tous aquatiques.

SECTION I. Sans organes extérieurs.

Corps épais.

N°	GENRES.		CARACTERES DES GENRES.
1.	Monade	*Monas.*	Corps semblable à un point.
2.	Protée	*Proteus.*	Corps d'une forme variable.
3.	Volvoce	*Volvox.*	Corps sphérique.
4.	Enchelide	*Enchelis.*	Corps cylindrique.
5.	Vibrion	*Vibrio.*	Corps filiforme.

Corps mince & membraneux.

N°	GENRES.		CARACTERES DES GENRES.
6.	Cyclide	*Cyclidium.*	Corps ovale.
7.	Paramece	*Paramæcium.*	Corps oblong.
8.	Kolpode	*Kolpoda.*	Corps sinueux.
9.	Gone	*Gonium.*	Corps anguleux.
10.	Bursaire	*Bursaria.*	Corps concave.

SECTION II. Avec des organes extérieurs.

Sans test membraneux.

N°	GENRES.		CARACTERES DES GENRES.
11.	Cercaire	*Cercaria.*	Corps terminé par une queue.
12.	Tricode	*Trichoda.*	Corps garni de poil.
13.	Kerone	*Kerona.*	Corps muni de quelques aiguillons.
14.	Himantope	*Himantopus.*	Corps garni de cirres.
15.	Lucophre	*Leucophra.*	Tout le corps garni de cils.
16.	Vorticelle	*Vorticella.*	Extrémité supérieure garnie de cils.

Avec un test membraneux.

N°	GENRES.		CARACTERES DES GENRES.
17.	Brachion	*Brachionus.*	Extrémité supérieure ciliée.

ORDRE II. *Vers intestins.*

Corps articulé, ou composé de segmens annulaires; crupés, ils réparent la partie tronquée, ovipares, & habitant le corps des animaux ou l'eau.

SECTION I. Corps nud.

N°	GENRES.		CARACTERES DES GENRES.
1.	Dragonneau	*Gordius.*	Corps filiforme égal sur toute sa longueur.
2.	Cuculan	*Cucullanus.*	Bouche ronde sous l'extrémité antérieure.
3.	Ascaride	*Ascaris.*	Deux petites fentes sous l'extrémité antérieure.
4.	Echinorique	*Echinorinchus.*	Extrémité antérieure terminée par une trompe rétractile.
5.	Sang-sue	*Sanguisuga.*	Chaque extrémité susceptible de dilatation.
6.	Tœnia	*Tænia.*	Corps très-long & plat, terminé en avant par une tête tuberculeuse.

SECTION II. Corps cilié.

N°	GENRES.		CARACTERES DES GENRES.
7.	Strongle	*Strongilus.*	Bouche garnie d'un rang de cils, extrémité postérieure terminée par une membrane échancrée.
8.	Lombric	*Lumbricus.*	Articulations garnies de cils, un anneau protubérant vers le tiers antérieur du corps.

SECTION III. Corps pourvu de pieds ciliés.

N°	GENRES.		CARACTERES DES GENRES.
9.	Néréide	*Nereis.*	Corps cylindrique, extrémité antérieure garnie de tentacules droits & linéaires.
10.	Nayade	*Nais.*	Corps applati, extrémité antérieure sans tentacules.
11.	Amphitrite	*Amphitrite.*	Corps cylindrique, des branchies sur son extrémité antérieure.
12.	Amphinome	*Amphinome.*	Corps oblong, deux rangs de branchies tout le long du dos.
13.	Aphrodite	*Aphrodita.*	Corps oblong & plat, dos garni de deux rangs d'écailles.

ORDRE III. *Vers mollusques.*

Mous, non articulés, nuds ou tentaculés; on soupçonne qu'ils sont hermaphrodites, ils vivent la plupart dans l'eau & sont tous plus ou moins phosphorescans.

SECTION I. Sans tentacules.

N°	GENRES.		CARACTERES DES GENRES.
1.	Mammaire	*Mammaria.*	Corps convexe, terminé en-dessus par une ouverture.
2.	Ascidie	*Ascidia.*	Corps ovale, terminé en-dessus par deux ouvertures.
3.	Pedicellaire	*Pedicellaria.*	Corps pédunculé, terminé en haut en forme de tête lisse ou écailleuse.
4.	Planaire	*Planaria.*	Corps oblong, plat en-dessous, & susceptible d'une grande contraction, la bouche antérieure.
5.	Douve	*Fasciola.*	Corps oblong, pourvu de deux pores, l'un sous l'extrémité antérieure, l'autre sur le côté.
6.	Tethys	*Tethys.*	Corps oblong charnu, bouche pourvue d'une trompe, deux ouvertures au côté gauche du cou.
7.	Lernée	*Lernæa.*	Corps nud, pourvu de bras filiformes, extrémité postérieure terminée par deux ovaires linéaires.
8.	Biphore	*Biphora.*	Corps oblong, creux, gélatineux & ouvert aux deux extrémités.

SECTION II. Avec deux tentacules.

N°	GENRES.		CARACTERES DES GENRES.
9.	Actinie	*Actinia.*	Corps cylindrique ridé, la bouche supérieure bordée de plusieurs rangs de tentacules.
10.	Hydre	*Hydra.*	Corps cylindrique, diaphane, gélatineux, l'ouverture supérieure garnie d'un rang de tentacules flexibles.
11.	Holothurie	*Holothuria.*	Corps cylindrique, coriace ou charnu, l'extrémité antérieure garnie de tentacules branchus.
12.	Seche	*Sepia.*	Corps contenu dans un fourreau charnu, terminé en haut par deux tentacules & huit bras verruqueux.
13.	Clio	*Clio.*	Corps contenu dans un fourreau charnu, terminé au sommet par deux tentacules & deux ailes membraneuses.
14.	Doris	*Doris.*	Corps applati, deux tentacules rétractiles [illegible] l'anus placé [illegible] cilié par les bords.
15.	Laplisie	*Laplysia.*	Corps convexe, dos pourvu d'un écusson cartilagineux, tête garnie de quatre tentacules, l'anus sur l'extrémité du dos.
16.	Limace	*Limax.*	Corps oblong, dos pourvu d'un écusson charnu, tête garnie de quatre tentacules dont les deux plus longs sont oculés.
17.	Mixine	*Myxine.*	Corps comprimé, face inférieure carinée, extrémité antérieure tronquée tentaculée.
18.	Physsophore	*Physsophora.*	Corps gélatineux, lisse, en forme de vessie, face inférieure pourvue de bras & de tentacules, la bouche inférieure centrale.
19.	Béroé	*Beroe.*	Corps globuleux, gélatineux, garni extérieurement de côtes ciliées, longitudinales, la bouche inférieure centrale.
20.	Méduse	*Medusa.*	Corps orbiculaire, lisse, gélatineux, face inférieure concave, pourvue de bras & de tentacules, la bouche inférieure centrale.

ORDRE IV. *Vers échinodermes.*

Corps couvert d'une peau coriace, dure, ou d'une croute osseuse très-poreuse, parsemée à l'extérieur de tentacules & d'épines articulées; ils sont ovipares & marins, ils régénèrent la partie de leurs corps qui a été rompue.

N°	GENRES.		CARACTERES DES GENRES.
1.	Etoile	*Asterias.*	Corps coriace, convexe en-dessus, plat ou concave en-dessous, ordinairement étoilé ou radié, tentaculé & épineux, la bouche dentée placée au centre de la bouche inférieure.
2.	Oursin	*Echinus.*	Corps rond ou orbiculaire, couvert d'une croute osseuse, garnie d'épines mobiles & de plusieurs rangs longitudinaux de pores par où sortent ses tentacules, la bouche inférieure centrale, excentrique, ou marginale.

ORDRE V. *Vers testacés.*

Corps mou, charnu, terminé en avant par une ou deux ouvertures en forme de trompes, ou par deux ou quatre tentacules; & couvert à l'extérieur par une coquille calcaire formée par juxta-position & composée d'une ou plusieurs valves; ovipares & terrestres, fluviatiles ou marins.

SETION I. Coquilles multivalves.

N°	GENRES.		CARACTERES DES GENRES.
1.	Oscabrion	*Chiton.*	Coquille composée de plusieurs valves transverses, tuilées, convexes en-dessus, concaves en dessous, & réunies sur leur bord par un ligament.
2.	Balanite	*Balanus.*	Coquille conique, composée de plusieurs valves articulées, l'ouverture supérieure fermée par une opercule quadrivalve.
3.	Anatife	*Anatifa.*	Coquille conique comprimée, composée de cinq ou plusieurs valves non articulées & réunies sur un ligament cylindrique, l'ouverture supérieure sans opercule.
4.	Taret	*Teredo.*	Coquille tubulée, cylindrique, ouverte aux deux bouts, l'orifice inférieur pourvu de deux valves.
5.	Fistulane	*Fistulana.*	Coquille tubulée, fusiforme, contenant deux valves dans sa cavité, une de ses extrémités perforée.
6.	Pholade	*Pholas.*	Coquille composée de deux grandes valves baillantes, & d'une ou de plusieurs petites valves placées en dehors sur le ligament.
7.	Chax	*Gioenia.*	Coquille composée de trois valves inégales écartées, réunies par leur centre à un axe commun.
8.	Anomie	*Anomia.*	Deux valves inégales, réunies par un ligament, l'inférieure percée ou échancrée par le sommet, une troisième valve osseuse qui couvre cette ouverture.
9.	Cranie	*Crania.*	Deux valves inégales, la valve inférieure percée de trois trous dans lesquels sont reçues autant de petites valves osseuses.

SECTION II. Coquilles bivalves.

Coquilles régulières.

N°	GENRES.		CARACTERES DES GENRES.
10.	Acarde	*Acarda.*	Deux valves horisontales sans charnière ni ligament.
11.	Came	*Chama.*	Charnière composée d'une seule dent très-épaisse & oblique.
12.	Huitre	*Ostrea.*	Charnière sans dents, une gouttière sillonnée où est logé le ligament.
13.	Spondyle	*Spondylus.*	Charnière composée de deux fortes dents crochues & d'une fossette intermédiaire où est logé le ligament.
14.	Placune	*Placuna.*	Charnière intérieure composée de deux côtes saillantes, longitudinales & divergentes qui servent d'attache au ligament.
15.	Perne	*Perna.*	Charnière composée de plusieurs côtes longitudinales, rangées sur une ligne transverse & non articulée.

Coquilles irregulières.

N°	GENRES.		CARACTERES DES GENRES.
16.	Mye	*Mya.*	Coquille transverse, baillante d'un côté, charnière composée d'une seule dent non articulée.
17.	Solen	*Solen.*	Coquille baillante aux deux côtés, charnière composée d'une ou de deux dents.
18.	Pinne	*Pinna.*	Coquille oblongue, baillante à son extrémité supérieure, charnière sans dents réunie par un ligament.
19.	Moule	*Mytilus.*	Coquille fermée par un bout, charnière non dentée, ou composée d'une ou de deux dents.
20.	Telline	*Tellina.*	Coquille orbiculaire ou transverse, marquée d'un pli sur le côté antérieur, charnière composée de trois dents, les latérales écartées
21.	Bucarde	*Cardium.*	Coquille en forme de cœur, charnière composée de quatre dents, les deux du milieu obliques & rapprochées.
22.	Mactre	*Mactra.*	Coquille inéquilatérale, charnière composée de trois dents, celle du milieu triangulaire, creuse, contenant un ligament, les deux latérales longues & écartées.
23.	Donaxe	*Donax.*	Coquille inéquilatérale, charnière composée de trois dents, celle du côté postérieur très-écartée.
24.	Venus	*Venus.*	Coquille pourvue d'une lunule & d'un corcelet, la charnière composée de trois dents rapprochées.
25.	Trigonie	*Trigonia.*	Coquille triangulaire inéquilatérale, charnière composée de deux grosses dents plates, très-saillantes & sillonnées des deux côtés.
26.	[illegible]	[illegible]	Charnière composée de dents nombreuses & articulées dans les intervalles de celles de la valve opposée, le ligament extérieur & plat.
27.	Peigne	*Pecten.*	Coquille auriculée, la charnière sans dents, contenant [illegible]
28.	Térébratule	*Terebratula.*	Coquille inéquivalve, le sommet d'une valve perforé ou échancré, la charnière composée de deux dents.

SECTION III. Coquilles univalves.

Coquilles uniloculaires sans spire régulière.

N°	GENRES.		CARACTERES DES GENRES.
29.	Fissurelle	*Fissurella.*	Coquille ventrue, terminée à son extrémité supérieure par une fente ou un orifice rond.
30.	Patelle	*Patella.*	Coquille ovale ou orbiculaire, légérement conique, creuse en-dessous.
31.	Dentale	*Dentalium.*	Coquille tubulée, légérement arquée, ouverte aux deux bouts.
32.	Serpule	*Serpula.*	Coquille tubulée, irrégulière, terminée à l'extrémité supérieure par une ouverture simple.
33.	Arrosoir	*Penicillus.*	Coquille tubulée, l'extrémité supérieure terminée par un disque convexe, garni de petits tubes perforés.
34.	Siliquaire	*Silicaria.*	Coquille tubulée, irrégulière, divisée sur toute sa longueur par une fente étroite.

Avec une spire régulière.

N°	GENRES.		CARACTERES DES GENRES.
35.	Cone	*Conus.*	Coquille conique, l'ouverture longitudinale étroite, sans dents & baillant vers la base.
36.	Porcelaine	*Cypræa.*	Coquille ovale, convexe, l'ouverture longitudinale étroite, dentée de deux côtés, la spire presque pas apparente.
37.	Ovule	*Ovula.*	Coquille ovale, bombée, un peu allongée aux deux extrémités, l'ouverture longitudinale non dentée du côté de la columelle.
38.	Olive	*Oliva.*	Coquille presque cylindrique, échancrée à la base, le bas de la columelle marqué de stries obliques.
39.	Volute	*Voluta.*	Coquille ovale fusiforme ou ventrue, échancrée à la base, la columelle dentée ou plissée.
40.	Buccin	*Buccinum.*	Coquille ovale ou oblongue, l'ouverture échancrée à la base sans aucune apparence de canal.
41.	Pourpre	*Purpura.*	Coquille épineuse ou tuberculée, l'ouverture terminée à la base par un canal très-court & par une petite échancrure oblique.
42.	Casque	*Cassidea.*	Coquille bombée, l'ouverture dentée, terminée à la base par une échancrure dont les bords sont repliés vers le dos.
43.	Strombe	*Strombus.*	Coquille ventrue, la lèvre simple, ou ailée, ou digitée.
44.	Murex	*Murex.*	Coquille garnie extérieurement de varices & terminée à la base par un canal.
45.	Fuseau	*Fusus.*	Coquille fusiforme sans varices, terminée à la base par un canal droit.
46.	Cerite	*Cerithium.*	Coquille turriculée, l'ouverture terminée à la base par un canal étroit, droit ou recourbé.
47.	Vis	*Terebra.*	Coquille turriculée, l'ouverture terminée à la base par un canal très-court, large & échancré.
48.	Toupie	*Trochus.*	Coquille conique, l'ouverture presque quadrangulaire, la columelle posée obliquement.
49.	Sabot	*Turbo.*	L'ouverture oblique & ronde.
50.	Bulle	*Bulla.*	Coquille bombée sans spire extérieure, ou avec une spire très-courte, l'ouverture aussi longue ou plus longue que la coquille.
51.	Bulime	*Bulimus.*	Coquille oblongue, l'ouverture simple, plus longue que large.
52.	Hélice	*Helix.*	Coquille globuleuse ou orbiculaire, l'ouverture simple, plus large que longue.
53.	Planorbe	*Planorbis.*	Coquille discorde, l'ouverture simple, plus longue que large.
54.	Natice	*Natica.*	Coquille globuleuse, ombiliquée, l'ouverture simple, demi-ronde, la columelle non dentée.
55.	Nerite	*Nerita.*	Coquille convexe non ombiliquée, l'ouverture simple, demi-ronde, la columelle dentée.
56.	Haliotide	*Haliotis.*	Coquille applatie, très-ouverte, percée de six à sept trous sur une ligne parallèle à sa lèvre.
57.	Argonaute	*Argonauta.*	Coquille de forme naviculaire très-mince, la spire intérieure.

Coquilles multiloculaires.

N°	GENRES.		CARACTERES DES GENRES.
58.	Camerine	*Camerina.*	Coquille lenticulaire discoïde, composée d'un très-grand nombre de cloisons transverses imperforées.
59.	Ammonite	*Ammonites.*	Coquille discoïde, composée de plusieurs cloisons transverses, dont les bords sont profondément découpés, & dont un côté est percé par un tube.
60.	Nautile	*Nautilus.*	Coquille discoïde ou arquée, ou droite, composée de plusieurs cloisons transverses, dont les bords sont entiers, & le disque est percé par un tube.
61.	Orthocerate	*Orthoceras.*	Coquille conique, composée de cloisons transverses & d'une gouttière sur un des côtés, l'ouverture fermée par une opercule.

ORDRE VI. *Vers zoophites.*

L'extrémité supérieure perforée & garnie tout autour d'un rang de tentacules simples ou composés contenus dans des cellules de nature diverse, soit calcaire, soit cornée, soit coriace ou fibreuse, qui constituent par leur réunion des masses informes ou des tiges branchues, ordinairement fixées par leur base, & composées d'une ou de deux substances différentes.

N°	GENRES.		CARACTERES DES GENRES.
1.	Tubipore	*Tubipora.*	Corail composé de tubes perpendiculaires réunis les uns aux autres par des cloisons transverses, chaque tube composé d'articulations, & terminé en haut par un rebord applati & radié.
2.	Madrepore	*Madrepora.*	Corail simple ou composé, terminé en-dessus ou sur toute sa superficie par des cavités garnies de lames radiées contenant un polype.
3.	Meandrite	*Mæandrites.*	Corail en masse, terminé à sa superficie par des sillons sinueux, larges & profonds, dont les parois sont garnies de lames obliques, parallèles, alternes.
4.	Millepore	*Millepora.*	Corail solide, sinueux ou branchu, sa superficie parsemée de pores très-nombreux, cylindrique ou en forme d'entonnoir, chaque pore contenant un polype.
5.	Escare	*Flustra.*	Tige mince, foliacée, presque membraneuse, composée de cellules tubulées, saillantes & disposées sur plusieurs rangs, chaque cellule contenant un polype.
6.	Cellulaire	*Cellaria.*	Tige branchue souvent articulée, composée de cellules alternes ou réunies en faisceau & fixées à la base par de petits tubes, chaque cellule contenant un polype.
7.	Coralline	*Corallina.*	Tige composée de fibres tubulées, divisées en plusieurs articulations calcaires dont la superficie est poreuse, les polypes inconnus.
8.	Isis	*Isis.*	Tige branchue continue ou composée d'articulations calcaires, couvertes à l'extérieur d'une enveloppe poreuse & friable, parsemée de cellules, chaque cellule contenant un polype.
9.	Gorgone	*Gorgonia.*	Tige cornée, branchue, formée de couches concentriques, couverte à l'extérieur d'une enveloppe poreuse, vasculeuse ou friable & parsemée de cellules, chaque cellule contenant un polype.
10.	Antipathe	*Anthipates.*	Tige cornée simple ou composée de branches, formée de couches concentriques, sa surface parsemée de petits poils roides & couverte d'une humeur glaireuse.
11.	Sertulaire	*Sertularia.*	Tige tubulée, branchue, cornée, chaque extrémité contenant un polype, les ovaires en forme de vésicules, parsemées sans régularité.
12.	Tubulaire	*Tubularia.*	Tige cornée, tubulée, simple ou branchue, chaque extrémité de rameau contenant un polype pourvu de deux rangs de tentacules.
13.	Botrylle	*Botryllus.*	Croute gélatineuse, parsemée de polypes dont les organes qui remplacent les tentacules sont perforés aux deux extrémités.
14.	Alcyon	*Alcyonium.*	Tige fibreuse, simple ou composée, parsemée de cellules, chaque cellule contenant un polype.
15.	Pennatule	*Pennatula.*	Tige coriace ou charnue, libre, non fixée, nuée à la base, ridée ou ailée & denticulée vers le haut, le bord supérieur des ailerons garni de polypes, un os dans l'intérieur.
16.	Eponge	*Spongia.*	Tige fibreuse, flexible, très-poreuse, simple, tubulée ou ramifiée, sa superficie couverte d'une glaire sensible & parsemée d'ouvertures qui absorbent l'eau.

TABLEAU DE LA NOMENCLATURE CHIMIQUE,

PROPOSÉE PAR MM. DE MORVEAU, LAVOISIER, BERTHOLET ET DE FOURCROY, en Mai 1787.

	I. SUBSTANCES NON DÉCOMPOSÉES.		II. MISES A L'ÉTAT DE GAZ PAR LE CALORIQUE.		III. COMBINÉES AVEC L'OXIGÈNE.		IV. OXIGÉNÉES GAZEUSES.		V. OXIGÉNÉES AVEC BASES.		VI. COMBINÉES SANS ÊTRE PORTÉES À L'ÉTAT D'ACIDE.	
	Noms nouveaux, ou adoptés.	Noms anciens.	Noms nouveaux, ou adoptés.	Noms anciens.	Noms nouveaux, ou adoptés.	Noms anciens.	Noms nouveaux, ou adoptés.	Noms anciens.	Noms nouveaux, ou adoptés.	Noms anciens.	Noms nouveaux, ou adoptés.	Noms anciens.
1	Lumière.											
2	Calorique.	Chaleur latente, ou matière de la chaleur.										
3	Oxigène.	Base de l'air vital.	Gaz oxigène. Nota. Il paroît que la lumière concourt à le mettre en état de gaz.	Air déphlogistiqué, ou air vital.								
4	Hydrogène.	Base du gaz inflammable.	Gaz hydrogène.	Gaz inflammable.	Eau.	Eau.						
5	Azote, ou Radical nitrique.	Base de l'air phlogistiqué, ou de la mofette atmosphérique.	Gaz azotique.	Air phlogistiqué, ou mofète atmosphérique.	Base du gaz nitreux. Acide nitrique. Et avec excès d'azote, Acide nitreux.	Base du gaz nitreux. Acide nitreux blanc. Acide nitreux fumant.	Gaz nitreux. Gaz acide nitreux.		Nitrate de potasse. de soude, &c. Nitrite de potasse.	Nitre commun. Nitre cubique.		
6	Carbone, ou Radical carbonique.	Charbon pur.			Acide carbonique.	Air fixe, ou Acide crayeux.	Gaz acide carbonique.	Air fixe, air mephitique.	Carbonate {de chaux, de potasse, &c. de fer, &c.	Craie. Alkalis effervescens. Rouille de fer. &c.	Carbure de fer.	Plombagine.
7	Soufre, ou Radical sulfurique.				Acide sulfurique. Et avec moins d'oxigène. Acide sulfureux.	Acide vitriolique. Acide sulfureux.	Gaz acide sulfureux.	Gaz acide sulfureux.	Sulfate {de potasse, de soude, de chaux, d'alumine, de baryte, de fer, &c. Sulfite de potasse, &c.	Tartre vitriolé. Sel de Glauber. Sélénite. Alun. Spath pesant. Vitriol de fer. Sel sulfureux de Stahl.	Sulfure {de fer, d'antimoine, de plomb, &c. Gaz hydrogène sulfuré. Sulfure de potasse, Sulfure de soude, &c. Sulfures alkalins tenant des métaux. Sulfure alkalin tenant du charbon.	Pyrite de fer artificielle. Antimoine. Galène. Gaz hépathique. Foies de soufre alkalins. Foies de soufre métalliques. Foie de soufre tenant du charbon.
8	Phosphore, ou Radical phosphorique.				Acide phosphorique. Et avec moins d'oxigène. Acide phosphoreux.	Acide phosphorique. Acide phosphorique fumant, ou volatil.			Phosphate {de soude, calcaire. Phosphate sursaturé de soude. Phosphite de potasse, &c.	Sel phosphorique à base de natrum. Terre des os. Sel perlé de Haupt.	Gaz hydrogène phosphorisé. Phosphure de fer.	Gaz phosphorique. Sydérite.
9	Radical muriatique.				Acide muriatique. Et avec excès d'oxigène. Acide muriatique oxigéné.	Acide marin. Acide marin déphlogistiqué.	Gaz acide muriatique. Gaz acide muriatique oxigéné.	Gaz acide marin. Gaz acide marin déphlogistiqué.	Muriate {de potasse, de soude, calcaire, &c. ammoniacal. Muriate oxigéné de soude, &c.	Sel fébrifuge de Sylvius. Sel marin. Sel marin calcaire. Sel ammoniac.		
10	Radical boracique.				Acide boracique.	Sel sédatif.			Borate sursaturé de soude ou borax. Borate de soude, &c. la soude saturée d'acide	Borax du commerce.		
11	Radical fluorique.				Acide fluorique.	Acide spathique.	Gaz acide fluorique.	Gaz spathique.	Fluate de chaux, &c.	Spath fluor.		
12	Radical succinique.				Acide succinique.	Sel volatil de succin.			Succinate de soude, &c.			
13	Radical acétique.				Acide acéteux. Et avec plus d'oxigène. Acide acétique.	Vinaigre distillé. Vinaigre radical.			Acétite {de potasse, de soude, de chaux, d'ammoniaque, de plomb, de cuivre. Acétate de soude, &c.	Terre foliée de tartre. Terre foliée minérale. Sel acéteux calcaire. Esprit de Mendererus. Sucre de Saturne. Vert de gris, verdet.		
14	Radical tartarique.				Acide tartareux.				Tartrite acidule de potasse. Tartrite de potasse. Tartrite de soude, &c.	Crême de tartre. Sel végétal. Sel de Seignette.		
15	Radical pyro-tartarique.				Acide pyro-tartareux.	Acide tartareux empyreumatique, ou esprit de tartre.			Pyro-tartrite de chaux. Pyro-tartrite de fer, &c.			
16	Radical oxalique.				Acide oxalique.	Acide saccharin.			Oxalate acidule de potasse. Oxalate de chaux. de soude, &c.	Sel d'oseille.		
17	Radical gallique.				Acide gallique.	Principe astringent.			Gallate {de soude, de magnésie, de fer, &c.			
18	Radical citrique.				Acide citrique.	Suc de citron.			Citrate de potasse. Citrate de plomb, &c.	Terre foliée avec le suc de citron.		
19	Radical malique.				Acide malique.	Acide des pommes.			Malate de chaux, &c.			
20	Radical benzoïque.				Acide benzoïque.	Fleurs de benjoin.			Benzoate aluminueux. de fer, &c.			
21	Radical pyro-lignique.				Acide pyro-ligneux.	Esprit de bois.			Pyro-lignite de chaux. Pyro-lignite de zinc, &c.			
22	Radical pyro-mucique.				Acide pyro-muqueux.	Esprit de miel, de sucre, &c.			Pyro-mucite de magnésie. Pyro-mucite ammoniacal, &c.			
23	Radical camphorique.				Acide camphorique.				Camphorate de soude, &c.			
24	Radical lactique.				Acide lactique.	Acide du lait.			Lactate de chaux, &c.			
25	Radical saccho-lactique.				Acide saccho-lactique.	Acide du sucre de lait.			Saccholate de fer, &c.			
26	Radical formique.				Acide formique.	Acide des Fourmis.			Formiate ammoniacal, &c.	Esprit de magnanimité.		
27	Radical prussique.				Acide prussique.	Matière colorante du bleu de Prusse.			Prussiate de potasse, &c. Prussiate de fer &c.	Alkali phlogistiqué, ou Alkali prussien. Bleu de Prusse.		
28	Radical sébacique.				Acide sébacique.	Acide de la graisse.			Sébate de chaux, &c.			
29	Radical lithique.				Acide lithique.	Calcul de la vessie.			Lithiate de soude, &c.			
30	Radical bombique.				Acide bombique.	Acide du ver à soie			Bombiate de fer, &c.			
							OXIDES AVEC DIVERSES BASES (*).					
31	L'Arsenic.	Régule d'arsenic.			Oxide d'arsenic. Et avec plus d'oxigène. Acide arsenique.	Arsenic blanc, ou chaux d'arsenic. Acide arsenical.	Oxide d'arsenic sulfuré {jaune, rouge. Oxide arsenical de potasse.	Orpiment. Réalgar. Foie d'arsenic.	Arseniate de potasse, &c. Arseniate de cuivre, &c.	Sel neutre arsenical de Macquer.	Alliage d'arsenic & d'étain.	Étain arsenique.
32	Le Molybdène.				Oxide de molybdène. Acide molybdique.	Chaux de molybdène. Acide molybdique.	Sulfure de molybdène.	La molybdène.	Molybdate.		Alliage, &c.	
33	Le Tungstène.				Oxide de tungstène. Acide tungstique.	Chaux jaune de tungstène.			Tungstate calcaire.	Tungstène des Suédois.	Alliage, &c.	
34	Le Manganèse.	Régule de manganèse.			Oxide de manganèse {blanc, noir, vitreux.	La Manganèse.					Alliage de manganèse & de fer.	
35	Le Nickel.				Oxide de nickel.	Chaux de nickel.					Alliage de nickel, &c.	
36	Le Cobalt.	Régule de cobalt.			Oxide de cobalt {gris, vitreux.	Chaux de cobalt.	Oxides cobaltiques alkalins.	Précipités de cobalt redissous par les alkalis.			Alliage, &c.	
37	Le Bismuth.				Oxide de bismuth {blanc, jaune, vitreux.	Magistère de bismuth, ou blanc de fard. Chaux jaune de bismuth. Verre de bismuth.	Oxide de bismuth sulfuré.	Bismuth précipité par le foie de soufre.			Alliage, &c.	
38	L'Antimoine.	Régule d'antimoine.			Oxide d'antimoine {par l'acide nitreux, par l'acide muriatique, sublimé} blanc, vitreux.	Antimoine diaphorétique. Poudre d'Algaroth. Fleurs ou neige d'antimoine. Verre de régule d'antimoine.	Oxide d'antimoine sulfuré {gris, rouge, orangé, vitreux. Oxide d'antim. alkalisé.	Chaux grise d'antimoine. Kermès minéral. Soufre doré. Verre & foie d'antimoine. Fondant de Rotrou.			Alliage, &c.	
39	Le Zinc.				Oxide de zinc. Oxide de zinc sublimé.	Chaux de zinc. Fleurs de zinc, Pompholix, &c.	Oxide de zinc sulfuré.	Précipité de zinc par le foie de soufre, ou blende artificielle.			Alliage, &c.	
40	Le Fer.				Oxide de fer {noir, rouge.	Éthiops martial. Safran de Mars astringent.	Oxide de fer sulfuré.				Alliage, &c.	
41	L'Étain.				Oxide d'étain blanc.	Chaux, ou potée d'étain.	Oxide d'étain sulfuré, &c.	Or mussif.			Alliage, &c.	
42	Le Plomb.				Oxide de plomb {blanc, jaune, rouge, vitreux.	Céruse, ou blanc de plomb. Massicot. Minium. Litharge.	Oxide de plomb sulfuré.				Alliage, &c.	
43	Le Cuivre.				Oxide de cuivre {rouge, vert, bleu.	Chaux brune de cuivre. Chaux verte de cuivre, ou verd de gris. Bleu de montagne.	Oxide de cuivre ammoniacal.				Alliage, &c.	
44	Le Mercure.				Oxide mercuriel {noirâtre, jaune, rouge.	Ethiops per se. Turbith minéral. Précipité per se.	Oxide de mercure sulfuré {noir, rouge.	Ethiops minéral. Cinnabre.			Alliage ou amalgame de, &c.	
45	L'Argent.				Oxide d'argent.	Chaux d'argent.	Oxide d'argent sulfuré.				Alliage, &c.	
46	Le Platine.	La Platine.			Oxide de platine.	Chaux de platine.					Alliage de platine & or.	
47	L'Or.				Oxide d'or.	Chaux d'or.					Alliage, &c.	
48	La Silice.	Terre vitrifiable, quartz, &c.										
49	L'Alumine.	Argile, ou terre d'alun.										
50	La Baryte.	Terre pesante.										
51	La Chaux.	Terre calcaire.										
52	La Magnésie.											
53	La Potasse.	Alkali fixe végétal du tartre, &c.										
54	La Soude.	Alkali minéral, marin. Natrum.										
55	L'Ammoniaque.	Alkali volatil fluor, ou caustique.	Gaz ammoniacal.	Gaz alkalin.								

(Side labels: rows 5–30 « Bases acidifiables. » ; rows 31–47 « Substances métalliques. » ; rows 48–52 « Terres. » ; rows 53–55 « Alkalis. »)

DÉNOMINATIONS APPROPRIÉES DE DIVERSES SUBSTANCES PLUS COMPOSÉES ET QUI SE COMBINENT SANS DÉCOMPOSITION.

	1	2	3	4	5	6	7	8	9	10	11	12	13	14	15	16	17
Noms nouveaux.	Le Muqueux.	Le Glutineux, ou le Gluten.	Le Sucré.	L'Amidon.	L'Huile fixe.	L'Huile volatile.	L'Arome.	La Résine.	L'Extractif.	L'Extracto-résineux {quand l'extractif domine.	Le Résino-extractif {quand la résine est plus abondante.	La Fécule.	Alcohol, ou Esprit-de-vin.	Alcohol {de potasse, de gayac, de scammonée, de myrrhe, &c.	Alcohol {nitreux, gallique, muriatique.	Ether {sulfurique, nitrique, acétique, &c.	Savons {alkalins, terreux, acides, métalliq. Savonule de thérébentine, &c.
Noms anciens.	Le Mucilage.	La matière glutineuse.	La matière sucrée.	La matière amilacée.	L'Huile grasse.	L'Huile essentielle.	L'Esprit recteur.	La Résine.	La matière extractive.			La Fécule.	Esprit-de-vin.	Teinture {alkaline, de gayac, de scammonée, de myrrhe, &c.	Esprit de nitre dulcifié. Teinture de noix de galles. Acide marin dulcifié.	Ether {de Frobenius, nitreux, marin, acéteux, &c.	Savons alkalins, terreux, &c. Combinaisons des huiles volatiles avec des bases.

(*) Comme les substances placées dans le bas de cette colonne ne peuvent pas être mises en état de gaz, ainsi que plusieurs de celles qui sont situées au dessus, nous avons changé le titre de cette colonne, & à l'aide de celui que nous y substituons, nous exprimons des combinaisons particulières de métaux.

www.ingramcontent.com/pod-product-compliance
Ingram Content Group UK Ltd.
Pitfield, Milton Keynes, MK11 3LW, UK
UKHW012003240726
13965UKWH00001B/124